纺织服装高等教育“十四五”部委级规划教材
东华大学课程（教材）建设项目经费资助

服饰品设计

傅 婷 著

東華大學出版社·上海

内容简介

本书通过大量的服饰品设计案例呈现服饰品设计过程，全面系统地讲述服饰品设计的基础理论及设计方法。本教材的编写基于服装服饰设计教学系统理论建设的需要，将服饰品设计按系统课程设置分类编写，主要介绍了主题服饰品设计、风格化服饰品设计、服饰艺术品设计、逻辑思维与服饰品设计、科技与服饰品设计、非遗元素服饰品设计、服饰品设计定位和产品架构以及服饰品设计与服饰品制作。

本书适用于服装设计专业和产品设计专业等相关课程的教学，也可供设计人员参考。

图书在版编目（CIP）数据

服饰品设计 / 傅婷著. —上海：东华大学出版社，2021.1

ISBN 978-7-5669-1644-0

Ⅰ. ①服… Ⅱ. ①傅… Ⅲ. ①服饰—设计 Ⅳ. ①TS941.2

中国版本图书馆CIP数据核字（2019）第201001号

服饰品设计

FUSHIPING SHEJI

傅 婷 著

出　　版：东华大学出版社（上海市延安西路1882号，200051）
网　　址：http://dhupress.dhu.edu.cn
天猫旗舰店：http://dhdx.tmall.com
营销中心：021-62193056　62373056　62379558
印　　刷：上海万卷印刷股份有限公司
开　　本：889 mm × 1194 mm　1/16　印张：12.5
字　　数：440千字
版　　次：2021年1月第1版
印　　次：2024年7月第2次印刷
书　　号：ISBN 978-7-5669-1644-0
定　　价：78.00元

目 录 CONTENTS

第一章　服饰品与服饰品设计

1.1　服饰品

1.1 服饰品

服饰品是指服装主体之外的一切人体装饰物品，这些人体装饰物品和服装一起装扮人，让作为着装主体的人有一个“样子”参与社会生活，这个“样子”是旁观者眼中的你，是人们参与社会生活的服饰形象。服饰品和服装主体是相互映衬、不可分割的整体，它们一起构成了人们服饰穿着的视觉形象。

1.1.1 服饰品是人类文化的载体

服饰品的起源、发展和变化与人类劳动、生活和文化的发展是分不开的，服饰品造型受到社会环境、习俗、审美等诸多因素的影响，经过不断的演进和完善，才形成了今天丰富多样的款式，它体现了生活艺术与社会经济、精神需求之间的密切关系。在人类社会的发展中，任何事物的起源都要受到当时历史背景的影响和制约，如果脱离了时代背景，我们也就无法理解事物产生的根源，更无法揭示事物所呈现出的外部形式与文化因素之间的关系。对服饰品的产生要从人类赖以生存的环境对服饰品产生所起到的作用，以及服饰品产生的动机和目的等方面加以探讨和研究。服饰品体现所属时代的文化，体现所属时代特有的美。服饰品的这个特点体现了服饰品与人及文化发展之间的关系。

1.1.2 服饰品是群体文化特征和信仰的符号

服饰品的造型、材料、色彩、图案等，都是随着社会的发展而逐步形成并演进的，具有时代、地域、民族风情及政治、宗教、经济、文化等多方面的烙印。原始装饰物的审美性有其特别的含义，如自身的美化可以引起人们的注意、吸引异性、满足自己的美感要求，以及维系在同伴中的地位和关系。装饰物能够更加直接地给人以特定的视觉表现，表达象征着所属群体的祖先或图腾形象。现代人也会通过文身、佩戴装饰物来表达自己的个性和信仰。这种文化“符号”特性在服饰品上的体现赋予服饰品群族特色和区域特色美。

1.1.3 服饰品是表达个性美的形象道具

服饰品在着装者的服饰形象中起着重要的作用。适当合适的装饰能使人的外观视觉形象更为整体；服饰品的造型、色彩以及装饰形式可以弥补服装的某些不足；服饰品可以利用错视修饰着装者的不完美之处，使人物接近理想美；服饰品承载的文化印记符号可以表达着装者独特形象品味。服饰品独特的设计语言，能够满足人们不同的心理需求。在许多场合，人们所追求的精神与外表上的完美，是借助服装和服饰品一起完成的。在不同的生活场景中，人们可以按照自己的喜好修饰装扮自己，选用合适的服饰品能起到很好的修饰点缀作用，服饰品是着装者融入生活的形象道具。

1.1.4 服饰品是随时代进程发展而变化的

不同时期的文化、科技、工艺水平、政治、宗教等对服饰品产生了深刻的影响，这种影响必然映射出艺术性、审美性、公益性、装饰性等方面的变化。社会经济的发展、工艺技术的提高，也能给服饰品带来新的发展和变化。如金属冶炼技术的发明和进步，使金属首饰的发展从无到有，愈加完善；纺织面料的出现使包袋、鞋帽等由皮革制品或单一的编结制品发展为多面料、多品种、多功能的形式，造型也更加完美。因此，服饰品的发展和变化，与社会的进步是分不开的。

科技进步产生了更多的“新材料”，打开了服饰品设计在材料选择上的“自由空间”。科技的进步和社会可持续发展的推进，全球高新技术产业迅速壮大，多学科交叉、多技术融合快速推进了新材料的创新、新功能的发现和材料性能的提升，科技材料层出不穷，高新技术材料的应用也更为广泛。在这样的时代背景下，传统意义上的服饰品已不能满足快生活节奏下的消费者需求，这就要求现代服饰品设计顺应时代变化，让服饰品突破单一的审美价值，融入各种功能，在生活上对佩戴者有一定的辅助作用，使服饰品成为一件生活化、趣味性、兼具装饰性和实用性的时尚产品。

1.1.5 服饰品与服装的关系

服饰品与服装具从属关系。一个人的仪表要通过内在因素、身体条件和外在服饰装扮三个方面体现出来。内在因素包括个人气质、文化修养等；身体条件包括高矮胖瘦、肤色黑白、发色等；外在服饰装扮是通过服装、服饰品、发型、化妆等方面体现出来，只有三方面有机结合才能完美。服饰装扮中服装具有主导地位，相对于服装本身而言，服饰品、化妆、发型等都要围绕服装主体来考虑，通过服饰品、化妆、发型烘托出服饰人物主体形象，完美穿着者的整体形象，由此体现着装者和设计师的审美水平和艺术品味。

服饰品穿戴的相对独立性。一方面，在某些特定的场合中，为了突出装饰物，设计师也可能将服装与配件的关系倒置，从而产生意想不到的特殊效果来突出服饰品独立的美感。另一方面，服饰品在使用过程中可以随穿戴者心意搭配服装，不像服装会受高矮胖瘦的限制。

1.1.6 服饰品分类

服饰品分类体现服饰品与服装在生活中使用方式的关系。按饰品与服装的关系可将服饰品为分三类(表1.1)。①分体饰品。饰品可以与服装分离，具有独立的使用功能。分体饰品可以单独售卖，根据着装者的需要自行搭配。②一体饰品。饰品不可以与服装分离，饰品是服装不可分割的重要组成部分，独特的工艺和独特设计的饰品是用来体现服装的韵味及风格属性的。③妆扮饰品。包括香水、彩妆或者文绘，是氛围的营造。

表1.1 服饰品分类与服饰需求表

分类		服饰品类	服饰需求
分体饰品	1	首饰——头饰、颈饰、耳饰、手镯、戒指	基本服饰品
	2	鞋——皮鞋、布鞋、绣花鞋、运动鞋	必需服饰品★
	3	包——手拿包、手挽包、手提包、背包、钱包	必需服饰品★
	4	帽——草帽、皮帽、毡帽	基本服饰品
	5	围巾——披肩、颈巾	基本服饰品
	6	袜子——装饰袜子、丝袜、棉袜	必需服饰品★
	7	腰饰——腰带、腰饰	基本服饰品
	8	领饰——领带、领花	基本服饰品
	9	花饰品	常用服饰品
	10	扇子——团扇、折扇、羽毛扇	常用服饰品
	11	手帕	常用服饰品
	12	手套——皮手套、蕾丝刺绣手套、丝绸手套	常用服饰品
	13	伞——装饰伞、雨伞、阳伞	常用服饰品
	14	耳罩、耳机、装饰耳机	常用服饰品
	15	手机套	常用服饰品
	16	挂件	基本服饰品
一体饰品	1	扣件——按扣、搭扣、珠扣	必需服饰品★
	2	拉链	必需服饰品★
	3	绣片	基本服饰品
	4	沿条	基本服饰品
	5	装饰边	基本服饰品
装扮饰品	1	香水	必需服饰品★
	2	彩妆	基本服饰品
	3	修身内衣、衬裙	基本服饰品

上面服饰品分类中服饰需求有三种：必需服饰品，是指在生活中和服装一样的生活服饰必需品，是每日必用品；基本服饰品，是指在生活中有一部分人视作必需的服饰品；还有常用服饰品。服饰品分类与服饰需求表反映出服饰品与人们生活的关系，其中服饰品类和服饰需求会因为时代的不同而变化，也因个人的生活喜好不同而变化。标记服饰需求的目的是提示设计者，在服饰品设计中需把握数量、价格、工艺和材质等要素的尺度。

1.1.7 服饰品在服装品类系统中的商业价值

服饰品与服装是相互依存的关系。服饰品和服装一起塑造的服饰形象能够成为人们“美好形象样板”，塑造美的服饰形象时服装对人的身材、头发颜色、肤色、气质甚至生活工作环境等有要求，特别是需要一个“适合的”身材才能驾驭。但是服饰品基本对“身材”没有限制，要想拥有理想的服饰形象可以购买心仪的服饰品和服装一起装扮形象。

服饰品“不挑人”。服饰品没有身材限制，可以根据喜好任意购买。

服饰品的选择包含着“淘货”和“搭配”的趣味。服饰品与服装的不同穿着搭配会影响甚至改变整体服饰形象，所以人们可以拥有很多服饰品以方便搭配。

服饰品是工艺艺术品。服饰品可以承载最精致的工艺，其既可以佩戴，也可以欣赏把玩。

服饰品是情感纪念物。就像人们结婚需要戒指以作为人生重要纪念日有念想的“物证”，服饰品也可以是重要的纪念礼物。出门旅行时，具有各个地方不同文化烙印的服饰纪念品会给人留下美好回忆。

服饰品和服装相比较没有那么容易过时。

服饰品品类众多，因其商品流通性好，被品牌拥有者称为“现金奶牛”。

1.1.8 服饰品与文化传承

服饰品是民族文化的载体。服饰品的款式、色彩、装饰纹样、工艺等，都打上了所属时代和所属民族的烙印，这个烙印就是文化的符号。它的形成和发展受这个民族生活地域的自然条件、生产方式、生产力发展水平、周边民族的影响、民族共同的审美观等多种因素影响。能够流传至今的饰品都是前人创新发展的杰作，它蕴含了不可替代的历史的、艺术的、科学的价值，是经过若干代人的保护和传承，服饰品的变化历程中蕴含着民族文化世代相传的使命。为传承与发扬民族文化，继承优秀的传统文化，只有取其精华，去其糟粕，努力创新，不断添加新的时代内涵和现代形式的表达，使中华民族最基本的文化基因与当代文化相协调，民族文化才能源远流长。

1.1.9 服饰品设计学习目标

服饰品设计不仅仅是画一张美丽的“图画”，服饰品设计的目标是设计一个可以制作出来的服饰产品，在画完美丽的图画后，能够制作出和“美丽画面”一样的真实服饰品。

服饰品设计中收集、检索资料的重要性。服饰品设计的过程也是学习和进步的过程。生活是动态的，只有不断学习才能解决“动态生活”中的问题。不断学习也是为了防止在服饰品设计中的主观判断。

服饰品设计动手实验是学习制作工艺的重要方法。通过动手制作可以学习工艺方法，以获得更多的设计自由。制作工艺的实验过程也是激发创作的最有效途径之一。

第二章　服饰品主题故事与设计

2.1 服饰品主题故事

2.1.1 主题故事的重要性

服饰品是文化载体，讲述着特定时间下的文化故事。一件服饰品上细微的变化都诠释着它特有的材料、形态、意向及意识形态等因素所汇聚的时代特征，向观者传递其所属时期、地区、技艺技术、科技水平、生活状态、意识形态等多重信息。服饰品的设计者身处历史时期所特有的时代因素都会左右创造者的设计和制作。文化和生活是服饰品主题故事的灵感源头。

服饰品运用主题故事营造出的文化认同和情感共鸣与购买者建立联系，“这种联系”即是服饰品的“代入感”，由此购买者对服饰品产生的“认同”感是服饰品被消费者购买的重要因素。

2.1.2 现代服饰品与传统服饰品主题故事

现代服饰品与传统服饰品都表达了人们的美好祈愿。传统服饰品的主题体现了所隶属的时代特征；现代服饰品的主题更加丰富，体现大众生活的多姿多彩。现代服饰品设计主题的选择目的在于更直接地表达人们的思想，如人们所关心的社会内容可以成为服饰品创作的主题。大自然中的花鸟鱼虫、地质风貌，人物、人们的生活细节和生活场景，艺术风格和艺术作品甚至哲学思辨等都能成为服饰品创作故事的灵感来源。在百花齐放的文化生态中，将科技进步、工艺水平的提高运用于现代艺术表现理念所设计的服饰品中，让每个主题都蕴含着一个故事，这个故事中的文脉、隐喻、象征等形式语言都会对生活做出当代意义的诠释。

2.1.3 服饰品的流行主题

服饰品的流行主题源于人们生活中所关注的热点问题，可从生活的五个方面展开。①社会。如表现民生的环境保护“生态学”；民族符号将继续热门，故事的源头及当下的形式与边缘的另类将成为民族风格的新重点的“当代图腾”等。② 经济。如随着新能源的大力开发，国家在相应领域的政策扶持上将做出巨大的投入，因此未来在有关能源体系内的行业经济将成为热点的“能源发展”；人们的消费观已进入到非计划消费时代，应季购物或计划购物已逐渐被随机购物或临时购物的高占比取代的“随机消费”等。③ 文化。大量新科技与技术成果在产业中的应用，使得科技创新与艺术结合的案例越来越多，而有相当一部分艺术家致力于用科技的手段来创造属于新时代的艺术品“科创艺术”；数字化将覆盖我们的生活，数字化也越来越接近真实，而真实在于人们的感知与体验，因此高仿真艺术将随着高科技的不断升级而再次成为艺术界的热点“致敬自然”等。④ 科技。从仿生模仿到基因技术的应用，特别是自动化将在未来成为改变生活方式的重要导向“自动时代”；通过计算、模拟得到更为个性的真实状态，3D扫描与3D打印的结合就可轻松实现“数字造物”。⑤ 设计。传统技术的继承与迭代在中国备受关注，设计的纵深与广度也逐渐被提升，因此回归传统的力量是为了启航新一轮的潮流“回归传统”；当民族风格在各种应用范围中大行其道，世界上地域风格也逐渐被人们认知“世界力量”等。作为设计师必然是要在对社会现象与流行主题、服饰风格的关系深入研究的基础上深刻理解，才能具有敏锐的时尚感悟力，从而创作出与社会需要“共鸣”的服饰品，创造出具有高附加值的服饰商品。

2.1.4 服饰品的经典主题

世代传承的美好祈愿是服饰品的经典主题，这类服饰品是人们生活的刚性需要。如婚庆服饰中“百年好合”“龙凤呈祥”“鸾凤和鸣”等经典主题饰品；生肖纪念主题“龙马精神”“生龙活虎”“画龙点睛”等饰品；传统节日主题：情人节以美好爱情为主题、中秋节以亲人团聚和亲情为主题的饰品。我国传统的服饰品经典主题蕴含着中国特色文化，设计师要依托独特的文化资源，通过主题故事提炼、创意转化、科技提升和市场运作提供具有鲜明区域特点和民族特色的服饰品。

2.1.5 服饰品的主题故事和设计内容

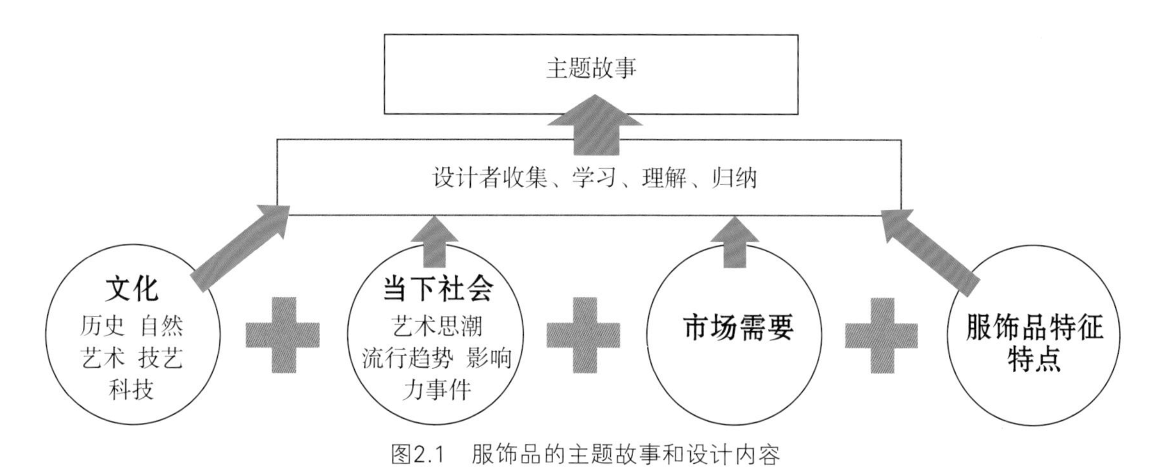

图2.1 服饰品的主题故事和设计内容

主题故事就是设计的内容(图2.1)。主题故事可以是一个概念、一句话、一个词或者一件事；主题故事可以是抽象的，也可以是具象的。主题故事来源于生活，可以是设计者某一视角下的认识，也是一个设计团队的共同创造。从设计到制造完成品牌是品牌中的每一个产品系列，品牌产品是由不同的主题故事构建的多个服饰产品系列构成满足不同目标消费人群的服饰产品架构。艺术创作需要灵感，设计通常需要“培育灵感”和“寻找灵感”，尤其对学习设计的学生来说，“培育灵感”和“寻找灵感”非常重要。这一章介绍服饰品的单品设计，单品设计通常以一个设计师为主，设计的服饰品不免偏于主观，但容易形成个人设计风格。

2.2 服饰品主题故事与设计实例

2.2.1 男神 · 胸针 MALE GOD BROOCH

图2.2 男神 · 胸针 MALE GOD BROOCH

图2.2的胸针设计用概括的点线面语言表现中国传统题材的“龙”形象。首饰运用多面层叠、直线、折面、尖角等现代语言表达“龙”的多面性和威严；龙角的翡翠是尊贵和体面的象征。威风的“龙”就是今天的“男神”。“龙”在今天已经不是至高无上的权利象征，“龙”是吉祥，“龙”是人们对美好的追求。对传统的最好的继承方式就是让传统和现代生活融合。

2.2.1.1　设计灵感来源

瑞兽文化从古至今都是我国传统文化的重要组成部分之一，它既受社会文化变化的影响，也影响着社会文化的变化，它是时代文化的符号之一。随着社会的变迁、时代的变化，每个时代都有每个时代不同的文化、习俗及审美等，因此作为时代文化符号之一的瑞兽文化一定会跟随这种变迁而变化。每个时代的瑞兽形象都是这个时代人民精神面貌的缩影，它反映了当时人们的生活状态、社会风气甚至开放程度。龙为先民想像中的神物，它一直被当作富有神性的祥瑞之物，是权威、神圣、尊严的象征。

2.2.1.2　思考过程

瑞兽在中国人心中占据了十分重要的地位，这不仅因为它象征了中国人对吉祥美好生活的向往，更受几千年来瑞兽文化为皇家所用的影响。中国大多数传统瑞兽形象是不存在于现实中的，它的存在充满浪漫主义色彩。

由于传统瑞兽形象大多为皇家专属，因此传统瑞兽首饰设计的表现形式过于固定，都是通过用贵重金属、宝石来表现当时的瑞兽形象。这与当时人们对饰品的需求有关，当时社会等级制度森严，因此人们需要通过使用佩戴这些贵重材料所制成的首饰来彰显自己的身份地位。传统玉石瑞兽首饰，大多以玉石雕刻、玉石镶嵌为主，无论是雕刻的玉石还是镶嵌的玉石，均是根据设计图纸将大块玉石改小，这就难免造成了玉石资源的浪费。这种情况在贵重金属的使用过程中也同样存在，人们崇尚使用高纯度的贵重金属来提高首饰的价值，但高纯度的贵重金属饰品往往更容易损坏。

在本设计实践中，设计者为了表现龙的形象，尝试了许多不同的风格，而后决定将龙嘴轮廓保留下来，而龙嘴以上的部分用张扬流畅的线条加以概括，既描绘出龙在空中飞舞时的神态，也能体现龙的威严，让观者能联想到龙飞舞的姿态和威严的神情。

形象只有在细节的修饰下才能表达得更加准确，细节也才能让形象“活”起来。因此，本设计在细化方案时，以四根翡翠为龙角，连接在飞舞的龙的鬃毛间，更让龙多了一份神秘感。在制作纸模的过程中，为了表达出龙头鬃毛蓬勃张扬的感觉，设计者用多层中间弯折的卡纸搭在一起，每层卡纸弯折程度的不同让龙头上的鬃毛脱离了平面，也让胸针整体更有立体感。

为了让胸针整体更有龙的威严感觉，设计者在每层金属鬃毛上都增加了镂空的细节以让胸针更加透气，也让龙飞舞的感觉更加强烈。为了准确表达龙形象，在玉石镶嵌方式上增加了细节：用金属将玉石龙角“立”起来，又以金属为托让龙眼睛探出，让龙形象更加生动。

2.2.2 二十四节气概念首饰
——冬至荷塘·胸针 WINTER LOTUS POND BROOCH

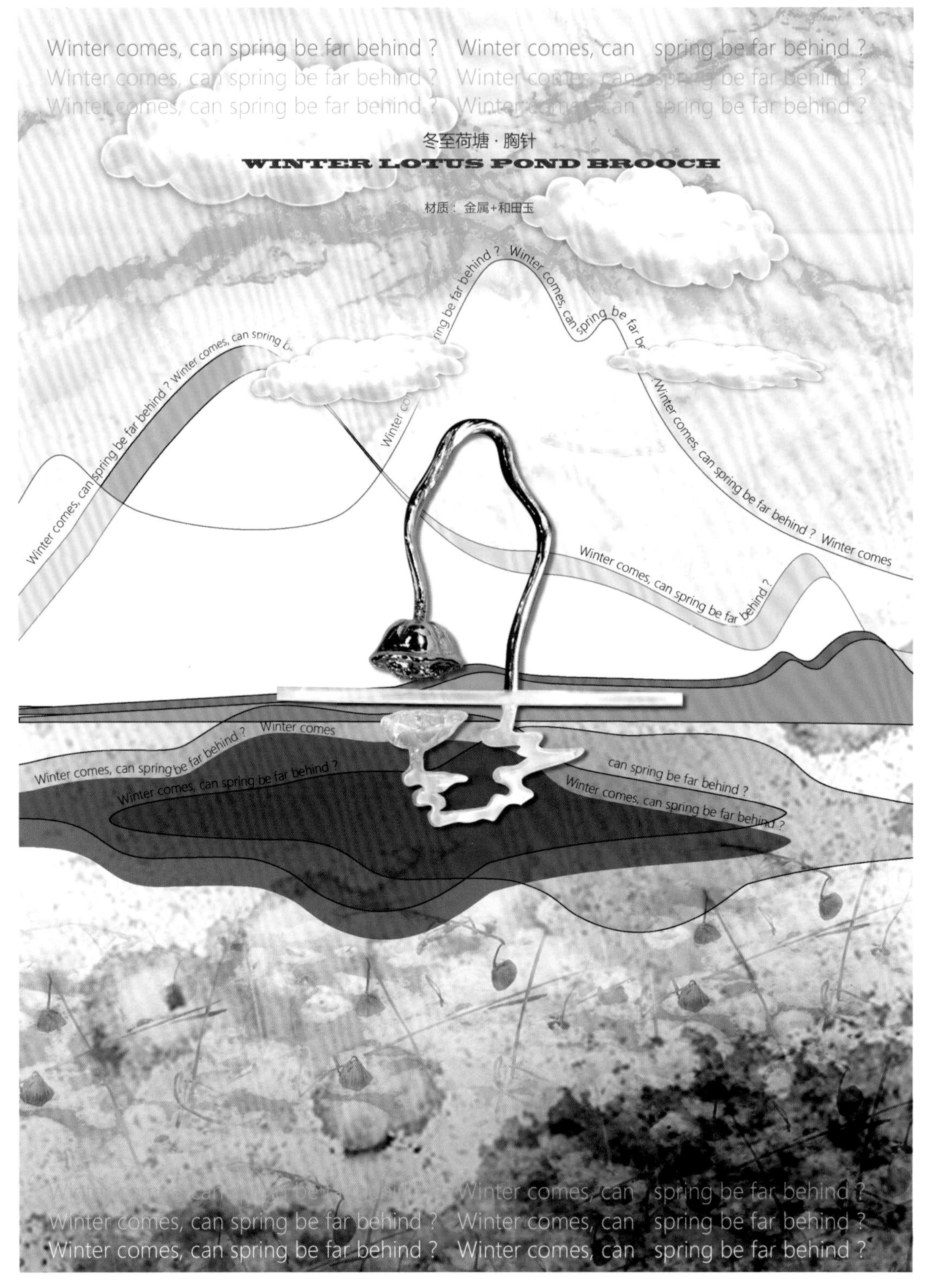

图2.3 冬至荷塘·胸针 WINTER LOTUSPOND BROOCH

图2.3冬至荷塘胸针表现的是冬至荷塘画面，冬日残荷呼应水中的倒影。残荷用金属制作，倒影用和田玉制作，手饰出神入化地刻画出冰雪的晶莹和倒影的光怪陆离；和田玉衬托出金属的活力和质感，首饰用材质对比大胆表现冬日荷塘画面张力，恰到好处地表达荷花“出污泥而不染”的精神魅力。冬天来了，春天还会远吗？这是情和景的交“融”。

2.2.2.1　设计灵感来源

首饰以二十四节气为设计主题。二十四节气是长久以来人们总结出的大自然的时刻表，设计者的目的也是希望通过这次设计能带给人们一些有关善待自然的启发和思考。

2.2.2.2　思考过程

设计的起初是想找到四季中可以代表着不同季节特性的植物或事物，如一开始从“春分”开始设计时，将春笋与木纹结合为一组画面，体现春的萌芽和自然之态。绘制草图之后的问题来了，怎样都找不到可以相呼应的“夏至”“秋分”“冬至”，而设计出的图样放在一起总会有一种不在一个主题下，讲得好像是四个不同的故事。

经过思考后更改了设计方案，慢慢地明白了之前的问题出在哪里。设计者所借鉴的摄影“决定瞬间”只是当下的瞬间，是独立的，并不与其他时刻发生联系。而是需要“二十四节气首饰系列设计”中的四个节气的瞬间，目的并不只是体现一个瞬间而是要通过瞬间的变化表现时间的流动。设计不仅是要通过当下瞬间的状态来表现各节气的特质，更是要将四个瞬间联系起来，展示大自然春、夏、秋、冬四个不同季节的四种状态，从而表现时间的流动。

大量绘制草图通过多次筛选，最终确定以“荷”这种传统题材中的常见元素来贯穿首饰整个设计。在最后选取“二十四节气首饰系列设计”中“春分”“夏至”“秋分”“冬至”，都是选取了荷在每个季节的一刹那的状态，他可能并不是一定要具体到节气的那一天，而是在一个时间范围内主观地将他作为那个节气的代表。如“春分”通常指太阳黄经位于0度的时刻，在春分后白昼越来越长，因此定格的瞬间是荷花的含苞待放；“夏至”，太阳运行至黄经90度，太阳直射地面的位置到达一年的最北端，北半球各地的白昼时间达到全年最长，中国古代将夏至分为三候：“一候鹿角解；二候蝉始鸣；三候半夏生。”麋与鹿虽属同科，但古人认为，两者一属阴一属阳。鹿的角朝前生，所以属阳。夏至日阴气生而阳气始衰，所以阳性的鹿角便开始脱落，因而夏至定格的画面是盛放后荷叶开始逐渐掉落露出鲜嫩的莲蓬；秋分者，阴阳相半也，故昼夜均而寒暑平。”秋分之“分”为“半”之意，秋分后气候由热转凉，褪去了燥热转向沉静，因而“秋分”定格的画面瞬间是莲蓬逐渐干枯从而莲子乍得暴露出来；“冬至”俗称“冬节”、“长至节”或“亚岁”，又被称为“小年”，在冬至日气候为最冷，也是四季的总结，同时也是春的储备，是春的开始，因而“冬至”定格的画面是：结冰的湖上，干枯的莲蓬倔强地低垂向湖面；残冰下，湖水潺潺倒映着垂莲的影子……寓意顽强的生命力和对“春”的期盼。是湖面降低逐渐被动的坚硬而此时荷是干枯的且莲蓬低垂向湖面，似乎在沉思，水中映出倒影。

这样一来，一方面记录了荷在“春分”“夏至”“秋分”“冬至”四时的“瞬间”，另一方面四张荷的瞬间从整体上看来四季都有着自己的特质，是运动变化着的，也是大自然生命的循环往复。而后在首饰设计初期的图稿设计中，也要从形态、尺寸上进行主观的调整，从而区分强调四季不同的特质。如春的含蓄、夏的盛放、秋的沉静、冬的顽强。

设计将以荷在四季中的不同形态——春天的花苞、夏日盛开后略显凋零的花、在干瘪的莲蓬中乍现的莲子、枯折的荷花在湖面低垂映出倒影，这样四种形态来表达时间的流逝与自然生命的轮回往复。

2.2.3 我与新鲜空气·颈饰 MY FRESH AIR NECKLACE

图2.4 我与新鲜空气·颈饰 MY FRESH AIR NECKLACE

图2.4首饰设计以气球模拟承载新鲜空气的容器，气球颈饰作为身体的外延为佩戴者创造并隔绝出一个充满新鲜空气的空间。首饰以行为艺术的方式呈现，赋予气球新的符号，背后是对大气环境的焦虑以及人类自我的反思，具有现实意义

2.2.3.1 设计灵感来源

由于工业的快速发展导致城市的空气变差，曾经随处可得的新鲜空气如今变得奢侈，设计界逐渐兴起了一种“贩卖空气”的反讽行为。

2.2.3.2 思考过程

在传统珠宝首饰领域中，人们对其的象征意义都有着广泛的共识。传统的珠宝首饰对人们展示财富地位起到了支撑作用，首饰的价值通常取决于首饰原材料的价值。最近的一些当代首饰尝试以身体作为参照，将观念意志、个性思考、精神诉求注入在首饰设计中，在某些情况下，身体是首饰的附属品，首饰的价值也上升到与创作者的精神层面建立起了联系。

当代艺术首饰在试图表达一个概念，就是希望公众能够对当代艺术首饰的目的和意图重新审视并且调整对其的理解，对首饰的可穿戴性及其内涵的创新思考持开放态度。当代首饰服务于人，也就是说它可以作为我们看待世间所有事物的媒介。英国作家德扬萨德吉克（Deyan Sudjic）指出，自我定位是由性别、文化认同、社会条件等混合而成的。当代首饰不能单单用传统珠宝首饰的价值标准来评估和评判，通常生活中常见的珠宝首饰，人们约定成俗是为展现财富和身份地位，而现代首饰主要是表达自我观念，是首饰和自己的对话。

当代首饰与传统商业首饰的价值取向不同，它的价值取决于人的剖析自我的主题意识。当代首饰以各种方式挑战传统：概念、内容的艺术表达，使用的材料，它的穿用方式，强调创作者本人的意识。澳大利亚艺术家马库斯班扬（Markus bunyan）认为当代首饰挑战了传统意义上的珠宝首饰作为个人装饰的价值取决。在质疑首饰的社会角色时，他写道，“首饰在传统认知上的价值标准、永久性、可穿戴性、审美、观念等都受到了当代首饰的直接挑战”。

服饰品的情感力量是强大的，展示了人对客观事物产生的主观反映，能够使创作者直接向佩戴者和观赏者传达情感，并将情感表达通过设计的形式直接投射在首饰上。

2.2.4 塑料垃圾 颈饰 NECKLACE PLASTIC WASTE

图2.5的设计中设计者是通过看瞳孔结构联想到人们对事物的三种不同的事物看待方式，瞳孔的结构从正面看和从侧面看大不同，事物也是如此。设计提示人们能够尝试换个角度看事物。首饰主要工艺为尼龙扎带编织，没有用任何彩色而是使用尼龙扎带原来的白色，意在留给观者想象的空间，让他们自己去想象每一个作品分别象征着什么。

2.2.4.1 设计灵感来源

颈饰从综合材料的应运出发，展现人性化、环保化、个性化的设计思路，结合材料特性引发人们哲思，探讨综合材料在当代首饰设计中的应用。

图2.5 塑料垃圾·颈饰 NECKLACE PLASTIC WASTE

2.2.4.2 思考过程

思想，是当代首饰表达的灵魂，同时也是首饰设计作品中非常有价值的一部分。而综合材料则是承载这份思想的重要介质。下面对首饰艺术家作品的介绍与分析阐释怎样将“思想”结合材料运用到首饰设计中。

艺术家娜奥米·菲尔默（Haomi Filmer）将人体作为艺术表达的一部分。在她的作品语境中，首饰不仅仅是身体的“装饰”，而是可以了解一个人生活方式和思维的窗口。她的设计用反常规的思维去解构人体，结合金属、玻璃和皮革等材料来创作那些杂糅了未来主义、黑暗美学甚至宗教意味的概念化首饰。

在Naomi Filmer的首次个人展览中，她以冰为材料制作了一系列体验首饰，旨在探讨传统首饰与当代首饰的区别。在传统观念中，首饰是由贵重的材料制成的可以长久保存的身体装饰物。但冰具有转瞬即逝的属性，与传统首饰可以保存的功能相悖。虽然如此，但用来制作冰的水对于生命来说却又是极其珍贵的，而冰在身体上融化的那种刺骨的记忆也是让人难忘的。所以从某种意义上来讲，将这样难忘的记忆“佩戴”在身上又何尝不是佩戴着首饰呢?

极具个人风格的观点在Naomi Filmer的首饰设计中体现的淋漓尽致，她是当代首饰设计领域非常值得学习与借鉴的一位艺术家。她的作品对首饰的概念进行了重新定义，鼓励更多的设计师与艺术家为自己的观点发声

这也让设计师联想到了事物的多面性。很多时候，人们习惯于单方面的思考一个问题，事实上，万千事物都是有两面性或者多面性的，人们应该更全面地去看待这些问题。

2.2.5 黎锦时装包LI JIN FASHION BAG

图2.6所示这款时装包设计灵感来源于环法自行车比赛，设计师以专业运动设备水囊作为设计原型，用皮料立裁拼接展现新的背包形式，再用非物质文化遗产黎锦作为肩带材料。这个设计是希望通过背包这一载体让更多的年轻人了解黎锦、喜欢黎锦，让非遗融入现代生活，让传统技艺焕发出新的生命活力。

2.2.5.1 设计灵感来源

通过服饰品设计探索让面临逐渐消失危机的民族文化的“新生”，其核心意义在于“重建”。重建如何让民族文化与现代生活融合，创造出具有民族符号的产品，满足现代人的需求，实现民族文化的传承。

2.2.5.2 思考过程

中国的民族文化是中国文化的基因，是我们设计创作的人文资源。人文资源是中华民

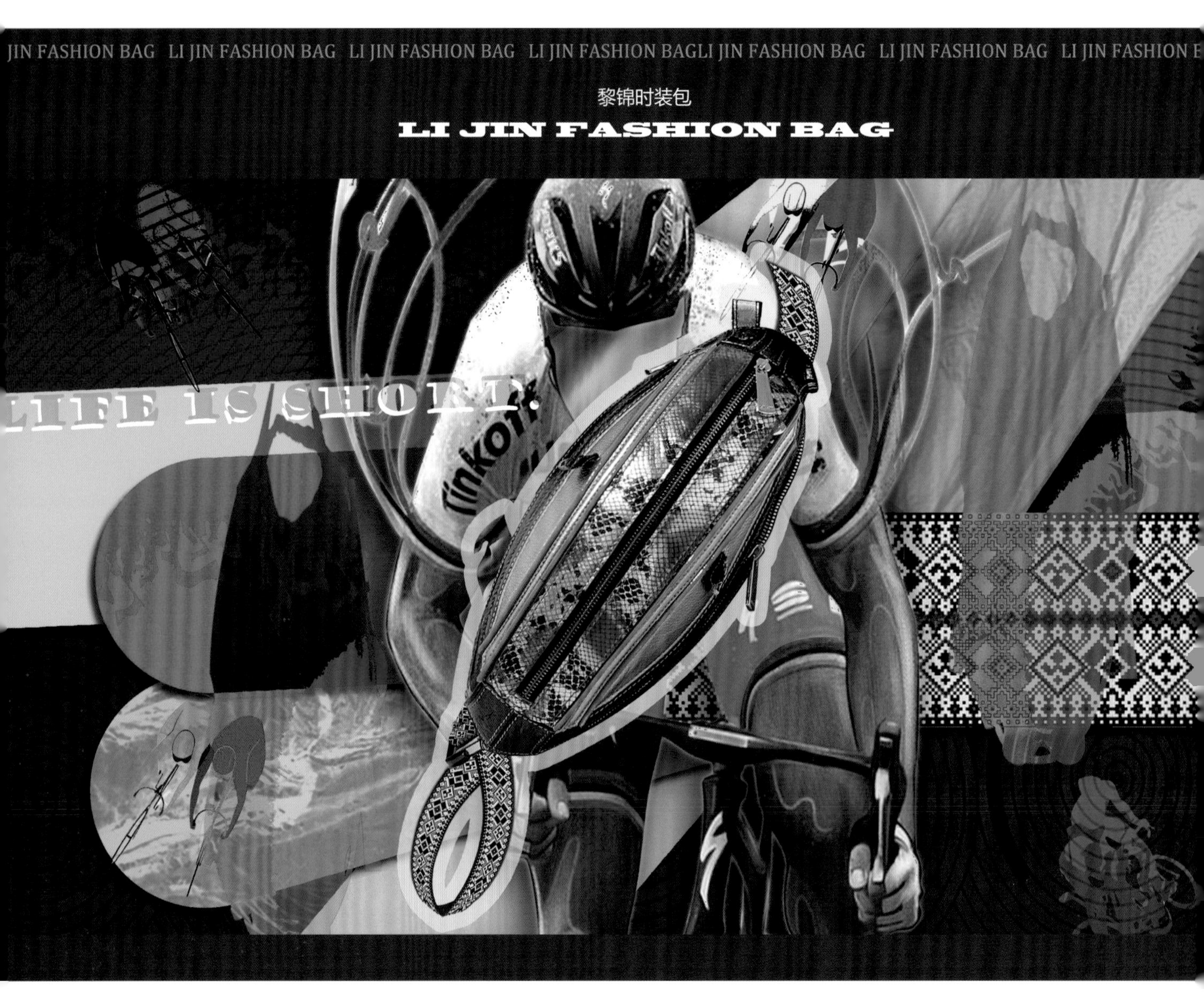

图2-6 黎锦时装包 LI JIN FASHION BAG

族的文化遗产，它代表着我们民族的光辉，也是培育中华民族精神的沃土。如何将“文化遗产”转换成文化资本？是当前中国设计急待思考的问题。

民族纹样作为民族艺术与社会文化的纽带，在全球化的大背景下，民族文化的研究是民族自信重建的关键。在文化传统和自然环境的双重影响下，民族文化发展出了很多特别的艺术形式。民族纹样是民族艺术与社会文化的纽带，人们对于民族纹样的使用、改造和创新层出不穷。但如果脱离了现代生活的背景，仅仅只是单纯的运用民族元素已经无法融入现代生活，进入现代人的视野，必须将民族元素融入现代文化生活中，才得以真正实现民族文化的振兴。

服饰品设计以时装包为载体，结合海南黎族的黎锦进行设计创作，设计出能够融入现代生活的民族文化产品，使服饰品既能传承传统技艺，又能为现代生活所用。

黎锦是黎族棉(麻)纺、染、织、绣技艺的物质形态，它浓缩了黎族悠久的历史与文化，体现了黎族妇女卓越的艺术创造才能。黎锦图案是黎族的标志符号，所以在运用黎锦进行产品设计时首先要学习了解黎族文化，在文化中品味、捕捉黎锦的特征，要根据所要设计的服饰品外形需要组织排列图案，最后还要根据产品定位选择应用手工黎锦还是机织黎锦。总之，设计思考过程是从文化到图形再到制作工艺细节的整个过程。

2.2.6　古陶罐时装包ANCIENT POTTERY FASHION BAG

图2.7所示这款设计以原始时期彩陶为灵感，用皮料立裁结构表达陶器古朴稚拙气质和饱满器型；彩陶的锯齿绘纹用现代手工编织的工艺呈现，包的边缘和肩带用苗绣装饰，增添时装包的手工艺价值。时装包既保留了“古陶罐”的韵味，又体现现代时尚美感。此系列时装包既能平时背用，又可作为家居氛围装饰摆件。古陶罐时装包是多种工艺的“融”，也是多种功能的“融”。

2.2.6.1　设计灵感来源

以稚拙风格为基础，从民族艺术的角度出发解决民族艺术与手工技艺的结合表达，以

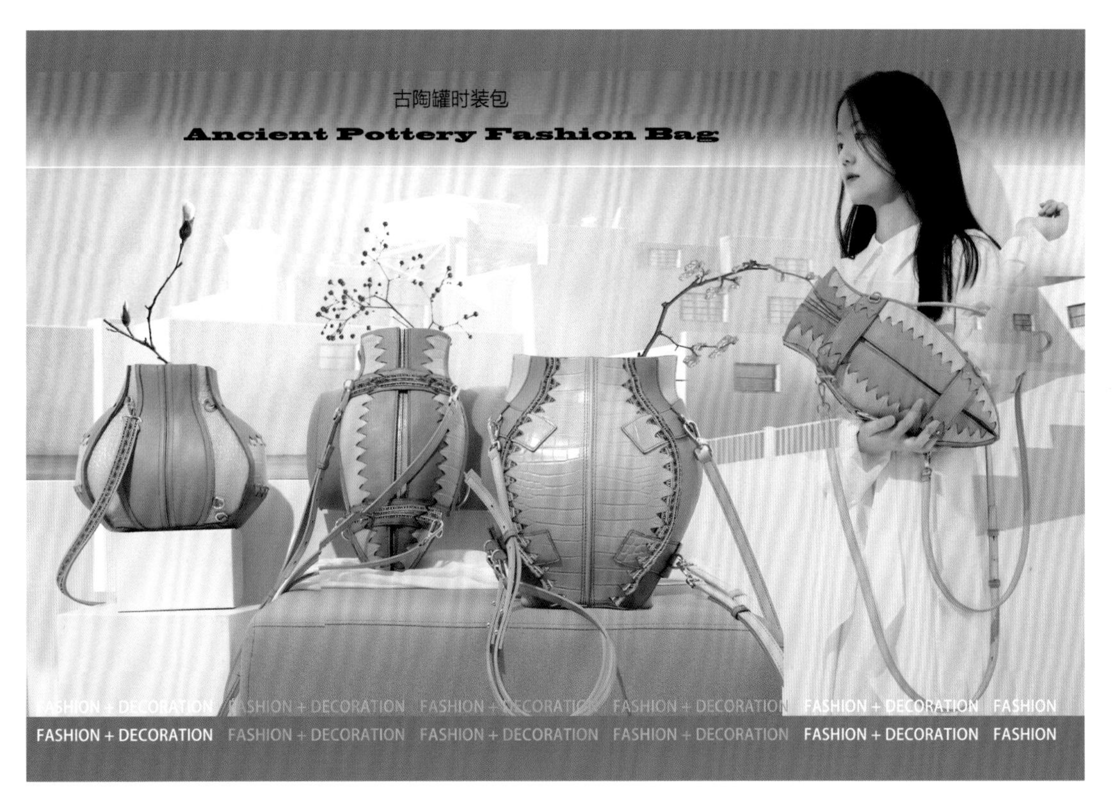

图2-7　古陶罐时装包　ANCIENT POTTERY FASHION BAG

原始时期彩陶为例，探究民族艺术的造型、附色、装饰、情感等艺术语言在时装包设计中的运用。

2.2.6.2 思考过程

信息时代各种传播媒体发展迅速，这些媒体中充斥着各色各样的文化，现代设计表达的语言也是变化多端，在形形色色的设计表达中，人们希望看到一种表达本真的、稚拙的语言。

稚拙风格抽象的表现形式，是分离、提纯、简略的过程，通过自我加工提取，是一种自我情感的表达而不是单纯的具象的描绘。稚拙风格以夸张抽象的方式使作品更有想象空间，充满魅力、创造力。抽象语言形式在我国原始时期仰韶、马家窑文化中得到体现，展现一种粗犷的、原始的质朴美感。彩陶旋涡纹盆的纹样是原始人民从生活中提取，用夸张抽象的方式，使纹样符号化，给人一种天地自然、水纹流转的无限遐想，正是美作为“有意味的形式”的原始形式的形成过程。彩陶纹样中的稚拙蕴含着现代感，这不仅仅是稚拙的形式特点，西方抽象派艺术大师蒙德里安的“冷抽象”与康定斯基的“热抽象”与我国原始时期的彩陶纹样上的网纹、锯齿纹、鱼纹和兽纹等抽象和半抽象图形极其相似。

一个民族的风俗习惯、社会状态、思想影响着民族的文化艺术发展。不同地区的民族和不同的生活环境都有自己不同的生活习俗和文化背景，在漫长岁月中经当地百姓、艺术家、有心人的继承和创新，才形成各具特色的民族艺术。而对于年轻人来说，普遍对民族文化的了解较少，我们有这个使命和责任去了解民族文化，传承和发扬民族文化，并从中获取营养，运用所学知识进行再创新。

第三章　服饰品风格与设计

3.1 服饰品风格

服饰品和服装一样都注重风格的呈现。服饰品与服装的组合，构成人的整体着装效果，这个着装效果就是着装者的“服饰形象”，服饰品在整体“服饰形象”上呈现的有代表性的式样面貌。这个“式样面貌”是服装服饰颜色、款式搭配，也是服装服饰上符号性的一些装饰细节；是由服装和服饰综合展现的总体特点。这些特点是有规律的，不同时代、不同民族、不同人群都有基于自己文化和生存环境的表达。风格是识别和把握不同“人群特征”的标志。服饰品风格不同于一般的艺术风格，是设计师通过服饰品所表现出来的相对稳定、内在，反映时代、民族或设计者的思想、审美等的内在风格，是设计师对审美的独特鲜明的表现，有着无限的丰富性。

服饰品风格就是服饰文化在饰品上的表现，也是服饰品之间相互区别的符号，服饰品风格定位在服饰品设计中非常重要。

3.2 服饰品风格特点

3.2.1 服饰品风格个性化和多元化共存

服饰品本身种类的多样性以及消费者审美的多样性决定了服饰品风格的多样性和多元化。另一方面，每个设计师由于其创作个性和商品定位的制约一般在整体上呈现出一种占主导地位的个性化风格特征。在服饰品设计中，服饰品风格的多元化与个性化相互联系、相互渗透，极大地促进了服饰品的繁荣和发展。

3.2.2 服饰品传承的文化印记

服饰品设计和制造者由于生活经历、艺术素养、情感倾向、审美的不同，在创作服饰品时形成了受到时代、社会、民族等历史条件影响的服饰品表达方式，这样，在服饰品发展历程中，每一个时代的服饰品上都深深地留下了地域、民族、政治、宗教、经济、文化等时代的烙印，并以其独有的传承方式呈现给社会。

现实生活中，设计师常常以某一种艺术风格或某位艺术家的作品为灵感设计服饰品。这种设计方式既要研究学习“作为灵感来源的”艺术风格或艺术家，又要在设计中表达设计师自己的理解和自己的产品态度，这就是创造和传承。

3.2.2.1 服饰品风格与设计实例 1
——“安乐椅”式艺术包袋系列设计

图3.1包袋系列设计灵感来源：亨利•马蒂斯（Henri Matisse）的作品《这个野兽世界》。马蒂斯是享誉世界的著名画家，其绘画理念力求将艺术变为舒适的“安乐椅”，以起到抚慰欣赏者的心灵的作用。

主题故事：1908年，马蒂斯发表了他的《画家札记》，生动地论述了自己的艺术观，对现代绘画影响极大。“我所梦想的艺术，充满着平衡、纯洁、静穆，没有令人不安、引人注目的题材。一种艺术，对每个精神劳动者，像对艺术家一样，是一种平息的手段，一种精神慰藉的手段，熨平他的心灵。对于他，意味着从日常辛劳和工作中求得宁静。”他毕生的作品，无不贯彻了这种精神。

图3.1① “安乐椅”式艺术包袋系列设计1

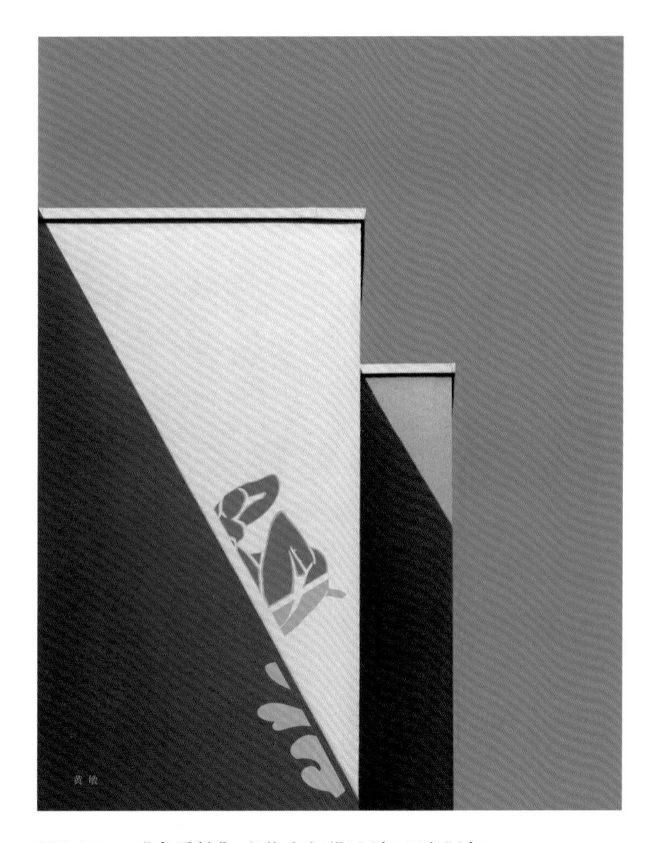

图3.1② “安乐椅”式艺术包袋设计系列设计2

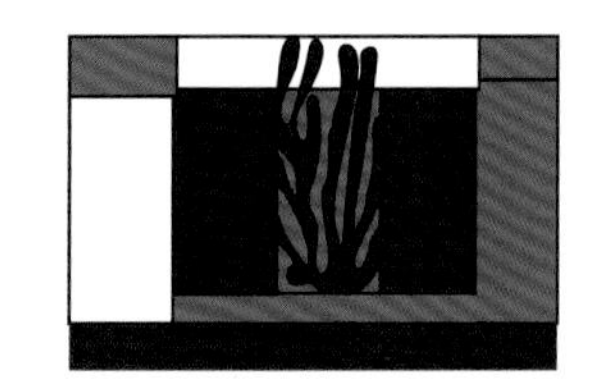

图3.1③ “安乐椅”式艺术包袋设计系列设计3

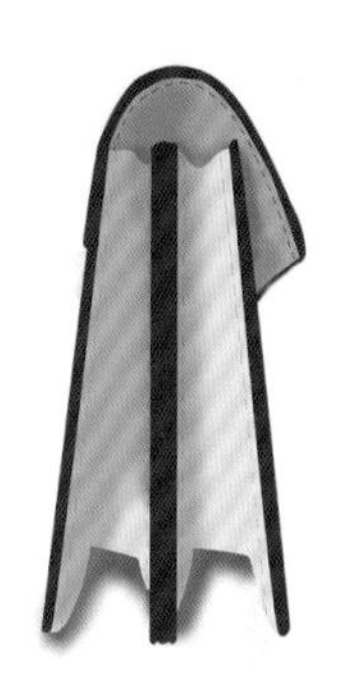

图3.1④ “安乐椅”式艺术包袋设计系列设计4

注：“安乐椅”式艺术 包袋系列动态展示视频请收看bilibili网“一个野兽派画家的安乐椅式艺术”

3.2.3 服饰品风格与服装风格的一致性和服饰品独立存在的价值

在服装历史中，世界各个国家和民族都有属于自己独特的服饰品，它们形式各异，却又与服装密不可分。服饰品风格与服装风格的一致性是指服装和服饰品在“穿戴”中相互补充，共同建立起了一个完整的服饰形象。服饰品既能补充服装的缺憾与不足，又能起到点缀、强化着装效果的作用，所以，服饰品在整体着装中是一个重要的组成部分，服饰品与服装作为一个整体，在人们的社交、民俗、宗教、礼仪等场合中是不可替代的文化符号。服饰品的独立性体现在其表达内容和形式的相对独立性。另外，服饰品的独立性也表现在现代生活中“穿戴搭配”上的自由性和个性表达。

3.2.4 东西方相互影响的服饰品风格

今天，我国的城市生活服饰主要以西式服装服饰为主，随着世界文化、经济的交流，服饰品也跨越空间进行着传播，我们对国际流行服饰的传播和吸纳，让服装服饰设计师开拓了视野，同时也把西方的服饰文化带给中国。另一方面，中国是东方文化大国，我们有几千年的服饰文化传承和丰富多样的民族服饰，这种深入骨髓的民俗基因是无法撼动的。最后，中国幅员辽阔，每一个区域因为比邻国家不同，在服装服饰上都会相互影响。所以，中国的服饰风格是在东西方文化相互影响作用下形成的多种风格并存的服饰世界。

东西方服饰风格的交互影响使服饰美超越了国界、人种，具有国际性与广泛性。服饰风格的发展、演变不仅构成了艺术的发展历程的写照，而且也反映了各时代社会思潮和审美理想的变化。东西方文化的相互影响也造就出一批具有自己独特风格的服饰品设计师。

服饰设计的艺术家们常常用设计的作品表达自己的思维、观点和态度，他们有自己的设计语言，消费者会因为喜欢“艺术家的个人风格”而购买服饰品。

3.2.4.1 服饰品风格与设计实例 2

——“鱼缸海盗”主题风格帽饰系列设计 · 设计师自己的故事（图3.2）

图3.2① “鱼缸海盗”主题风格帽饰系列设计与服饰形象

设计风格：反讽幽默。

艺术表达：一方面，自我小世界里创造的局限性；另一方面，自我小世界的思维无边界。

Pirates Of Aquarium

鱼缸海盗

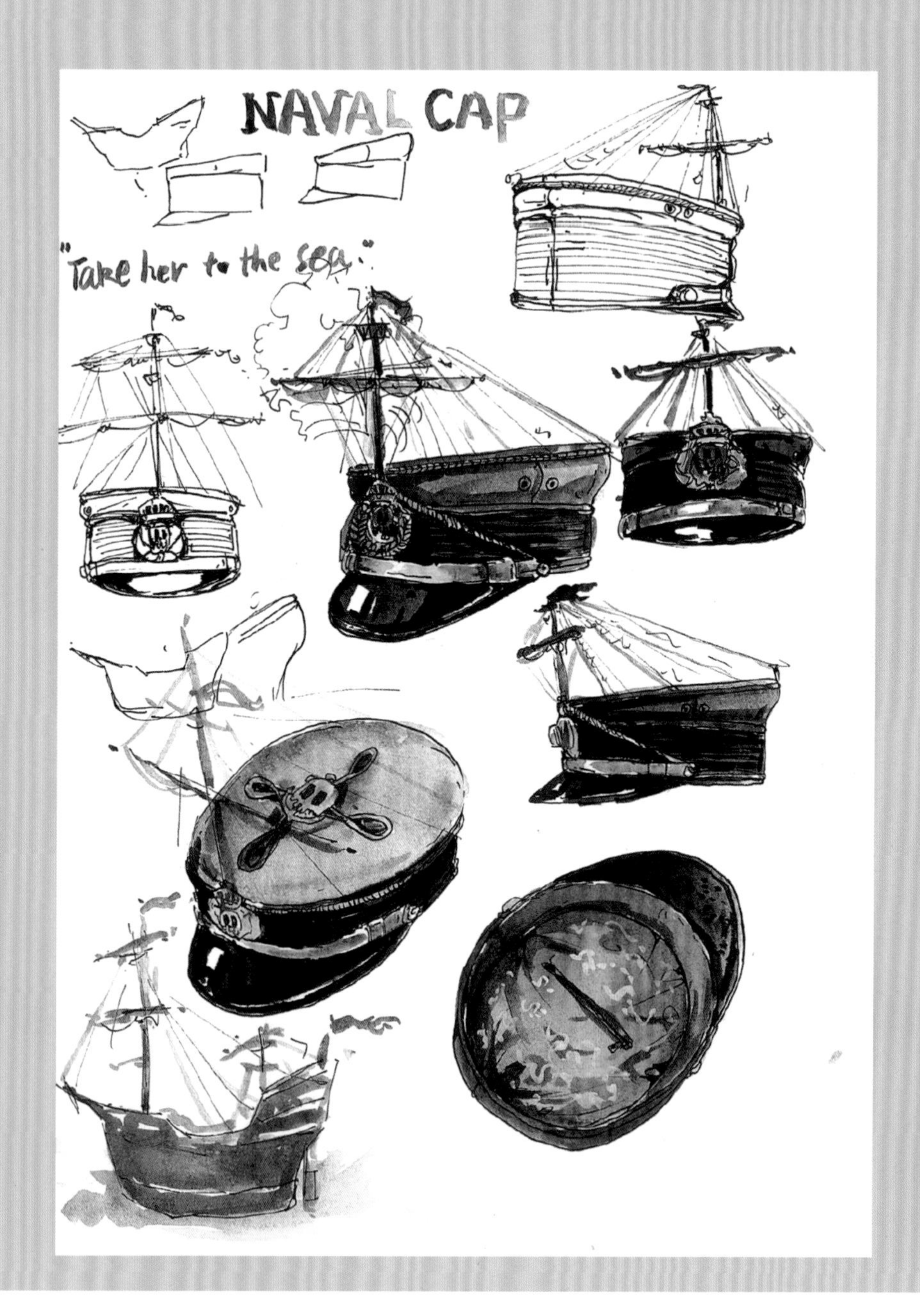

图3.2② “鱼缸海盗”主题风格帽饰系列设计·设计构思

3.3 服饰品风格是人们社会服饰形象的需要

人们为了更好地融入社会生活，都有自己的服饰形象。这个“服饰形象”实际上就是个人服饰风格。现实生活中，对服饰衣着的判断经常会听到“这衣服是你的风格”、“这样穿着才是你的风格”这样的评价，这就是你的形象在你生活的环境里人们心中的样子，一定程度上已经形成了你的个人服装服饰风格。社会服饰形象是人们为在社会交际中与别人交流、争取别人认同，实现社会自我而展示的自我形象。

3.3.1 服饰品风格形象是大众生活需要

服饰品设计可以从人们的生活需要出发找到大众需要的服饰品风格，每一种服饰品风格都是一种社会服饰形象。

都市风格，随着城市规模的不断扩大，为满足城市快节奏生活和职业竞争的需要，人们需要都市风格的服饰品，以满足人们工作中的服饰形象要求，服饰品设计者开始迎合人们心理需求设计“都市风格”服饰品，使消费者能够找到表达自我服饰品形象的产品。

古典风格，是高雅、贵气、知性，表达成熟的服饰品形象。

浪漫动感风格，是清新、年轻、梦幻、充满活力的服饰品形象。

东方风格，是体现东方文化底蕴，具有东方韵味的服饰品形象。

前卫风格，对美和时尚有独特的见解和追求，是展示自己超前意识和出众的审美品味和个性的服饰品形象。

3.3.1.1 服饰品风格与设计实例 3
——“SLOGAN”包袋系列设计

设计风格：现代都市风格。

艺术表达：相应Logo、消费主义、后现代拼接。

设计介绍：图3.3的包袋设计以SLOGAN字母招贴为主题的印花图案、PU皮和硬纸板质感的板皮材料制作的白色字母为基础；加上蓝色漆皮材质的边缘拼接。以红蓝为主的活泼色彩表达年轻活力。包的廓型为弧型，包袋以不同的形状、不同的大小、不同的穿戴形式穿插搭配于服装之间，形成了现代都市风格的服饰形象。

图3.3① “SLOGAN”现代都市风格包袋系列设计与服饰形象

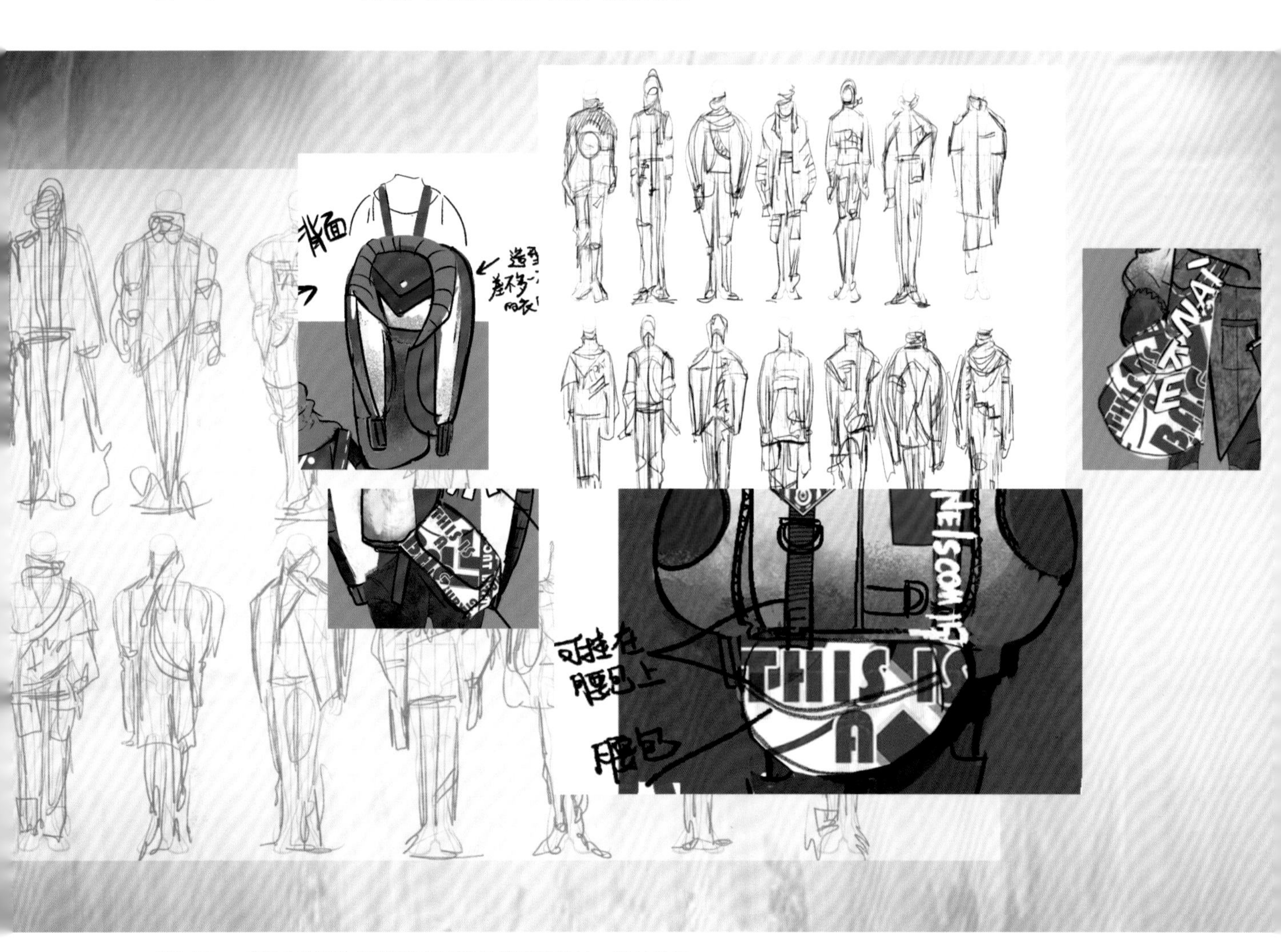

图3.3② “SLOGAN”现代都市风格包袋系列设计·设计构思

3.3.2 服饰品风格是服饰艺术的体现

服饰品设计可以从文化艺术历史中发掘有现实价值的艺术风格。

极简主义风格。用简单的几何形体创造出统一而有序的排列，突出极端的贫瘠感。

波普艺术风格。以广告、媒体及购物为基础创造丰富多彩的图像，与大众产生共鸣。

洛可可风格。自然的元素、柔和的色彩、弯曲的线条，表现精致、优雅的装饰。

嬉皮风格。怀旧、浪漫和自由的设计，异域情调。

波西米亚风格。鲜艳的手工装饰、层叠的蕾丝，浪漫、民俗和自由的表达。

3.3.3 服饰品风格是独特个性的表达

对于服饰风格演绎每个服饰品品牌、每个设计师都有自己对风格的独特理解和表达方式。以波普风格服饰品设计为例，波普服饰风格宗旨是打破了艺术循规蹈矩的高雅、低俗之分，打破了原来公认的严肃艺术应该是高级艺术的界限，把平淡无奇的日常生活内容、商业内容等利用商业符号的拼凑方式，以通俗文化为主题、用最常见的商业化视觉形象为创作素材，运用通俗、庸俗、大众化、游戏化、绝对客观主义的设计创作方式演绎服饰风格。同是波普风格服饰每个品牌都有自己的设计演绎。普拉达2018春夏时装包用女性漫画家的画作为装饰图案，让经典的漫画和现代风格相遇，意为传达年轻人的活力和独立个性，鼓舞女性在现代生活中坚强生活、努力演绎好自己的故事。范思哲VERSACE2018春夏时装和包袋以经典的波普名作安迪·沃霍尔Andy Warhol的《玛丽莲·梦露》为灵感设计，一方面是为纪念1991年Versace推出的以安迪·沃霍尔Andy Warhol的《玛丽莲·梦露》为图案设计的服装来祭奠设计师Versace，另一方面是为表达美与俗相互协作增效的审美主张。莱思奇诺MOSCHINO2013新创意总监杰瑞米·斯科特Jeremy Scott以生活中的垃圾袋、爆米花、洗衣粉、麦当劳标志等为灵感设计了一系列服装和包袋，具有典型的波普特色，设计运用通俗的题材表达新消费主义的心态设计出雅俗共赏的服饰品。

波普风格设计师自己强调自己是非个人化的、中性的客观主义的，但他们的设计作品依然有很清晰的个人倾向，尤其是1990年代新波普运动后，设计师们具有一种强烈的、对于他们所生活的世界的热爱。作品“布衣仙界”是2019年学生设计的波普风格时装包，作品以布依族传统文化为背景、以布依族刺绣和布依族八音坐唱为设计灵感设计时装包，时装包外形是八音坐唱的乐器形状；包表面的装饰图形是布依族传统绣花图案，绣花图案是丝网印花和传统手工刺绣相结合；面料是布依族手工织布和皮料。时装包是为宣传和传承布依族传统文化，倡导“文化特色”旅游文创产品设计开发。作品从外观形式到制作以布衣民族独特文化为设计源泉，加上设计者对传统文化的理解基础上设计创新，这种表达恰恰是区别于其他的波普服饰风格设计的个性特质，在这个设计里，服饰风格是服饰品独特个性的表达。

3.4 服饰品风格是服饰品的独特内容与表现形式的相统一

每一种服饰风格都包含独特的文化内容。服饰风格是“艺术风格”以服饰品为载体的表达形式，艺术风格产生的时代背景、发展变化历程、变化历程中代表艺术家和经典作品等，艺术风格所表达的核心内容都浓缩成风格的视觉元素，转换成服饰风格的色彩及配色、图形元素、材料语汇、形状和组合搭配方式。所以，风格化的服饰品设计要深入研究艺术风格的文化内容，抓住“风格”特征的同时融入设计师自己的设计理念，从而设计出“有风格”的服饰品。

图3.3③　布衣仙界·布依族刺绣时装包

服饰品风格与设计实例 4

——“THE FUTURE”波普风格包袋系列设计与服饰形象（图3.4）

设计风格：波普风格。

艺术表达：碰撞的火花、对比的和谐。

图3.4① “THE FUTURE”波普风格包袋系列设计与服饰形象

图3.4② “THE FUTURE”波普风格包袋系列设计与服饰形象

图3.4③ “THE FUTURE”波普风格包袋系列设计与服饰形象

图3.4④ “THE FUTURE”波普风格包袋系列设计与服饰形象

主题故事：当超现实的未来科技遇上寂寞荒凉的末世之景，当反叛的信息时代遇上强烈的现代艺术，冲破禁锢的波普打翻现实自命不凡的清高，表现出未来的新奇世界。

3.5 服饰品系列设计是品牌建构服饰形象的方式

服饰品品牌通过服饰品塑造出人们心中理想的服饰形象，服饰品的系列化、服饰品针对需求的完整性、服饰形象故事等，通过设计制造的服饰品秀展示推广和售卖输出“理想服饰形象”。服饰品系列化设计就是通过“主题风格要素”重复强化主题风格氛围，形成良好的“形象带入感”。

服饰品品牌的核心内容是创造有品牌风格的服饰品，品牌风格是通过具体的服饰品体现出来的，因此，由服饰品系列设计搭建的产品架构是形成服饰形象的实质内容。

服饰品风格体现在服饰品的诸要素中。它既表现为设计者对题材选择的一贯性和独特性，对主题思想的挖掘、理解的深刻程度与独特性，也表现为对设计手法的运用、塑造服饰产品形式的方式、对设计语言的驾驭等的独创性。真正具有独创风格的服饰品能够产生艺术感染力，从而成功地实现设计者特有的思想、情感、审美等与欣赏者的共鸣。

注：视频收看bilibili网“当冲破魔都的波普打破现实的自命清高”

第四章　服饰品设计定位和产品架构

服饰品设计教学的"服饰品设计定位和产品架构"课程，是培育学生在有明确的设计目标之下展开的设计。设计目标定位是要有明确的设计主题；产品架构是在明确的设计目标之下的品类、款式、系列、数量等，它们是设计练习的"坐标"，让学生通过设计练习过程学习服饰品设计。这个设计练习需要学生组成设计小组，设计主题目标由小组成员一起调研、讨论确定。设计过程是每位学生充分发掘个人潜力、展现个人优势、体现个人价值的学习过程，也是团队成员相互制约、相互激发、相互促进的成长过程。这个设计练习既可以制约"个人设计"的任性表达，又可以开拓学生的设计视野，训练学生具有多样化、丰富的设计表达能力。

4.1 服饰品设计定位

服饰品设计定位是指设计什么？为谁设计？明确了设计什么和为谁设计才会有与之匹配的服饰产品架构。前面讲到服饰品有很多品类，那么为谁设计？就要有设计目标和针对使用者的人群定位。设计中通常会根据性别和年龄来定位使用人群，或者根据服饰的穿戴场合定位使用人群，这些定位目标人群的方式有一定的道理，但在服饰品设计中这种方法更适合"必需品的服饰品"设计定位。服饰品通常都不是生活必需品，人们购买服饰品的目的一般都不是"没有服饰品可用"，而是缺少一个某某明星背的包或者杂志上某美女穿的一双鞋，并且想象着自己穿戴服饰品以后的美丽形象，所以服饰品设计定位应该是定位"一个服饰形象"，这也是著名的服装品牌去做服装发布秀、拍形象广告和找明星和网红代言的原因。鲜活的服饰形象有无可比拟的代入感。

服饰品设计定位，为设计者提供设计方向和形象范本。明确的设计定位会让你知道用什么材料、款式以及产品特色表达产品。

4.2 服饰品设计定位和服饰品设计实例

——多维乌托邦·主题系列服饰品设计

多维乌托邦·主题系列服饰品设计定位：高级成衣配饰，经典样式和多维元素的结合。

设计关键词：女性主义、抽象艺术、迷幻先锋。

灵感来源于《网》(*Giulio Turcato*)，1958年，意大利艺术家创造出在画布上表现自由浮动的恒星和原子组成的宇宙、生物维度。

主题故事：存在着多个维度或垠的宇宙世界，这个浩瀚无垠的宇宙世界存在着无尽未知。“每个维度”的女子都像太阳一样绽放属于自己的光芒，像花朵一样散发属于自己的芳香。她们或坚强，或骄傲，或勇敢；如风儿一样自由，也如清水般柔软。她们是共同存在体——千篇一律；她们是独有的自由存在体——千变万化，她们生活的维度是“多维乌托邦”。

设计团队：“多维乌托邦”主题设计由8位同学组成设计小组，每位同学设计一个系列，发掘不同的设计点和服饰形象特质，一起用设计的服饰品建构一个饱满的主题产品架构。团队设计在调研学习品牌产品整体服饰品架构规律基础上设计完成（图4.1）。

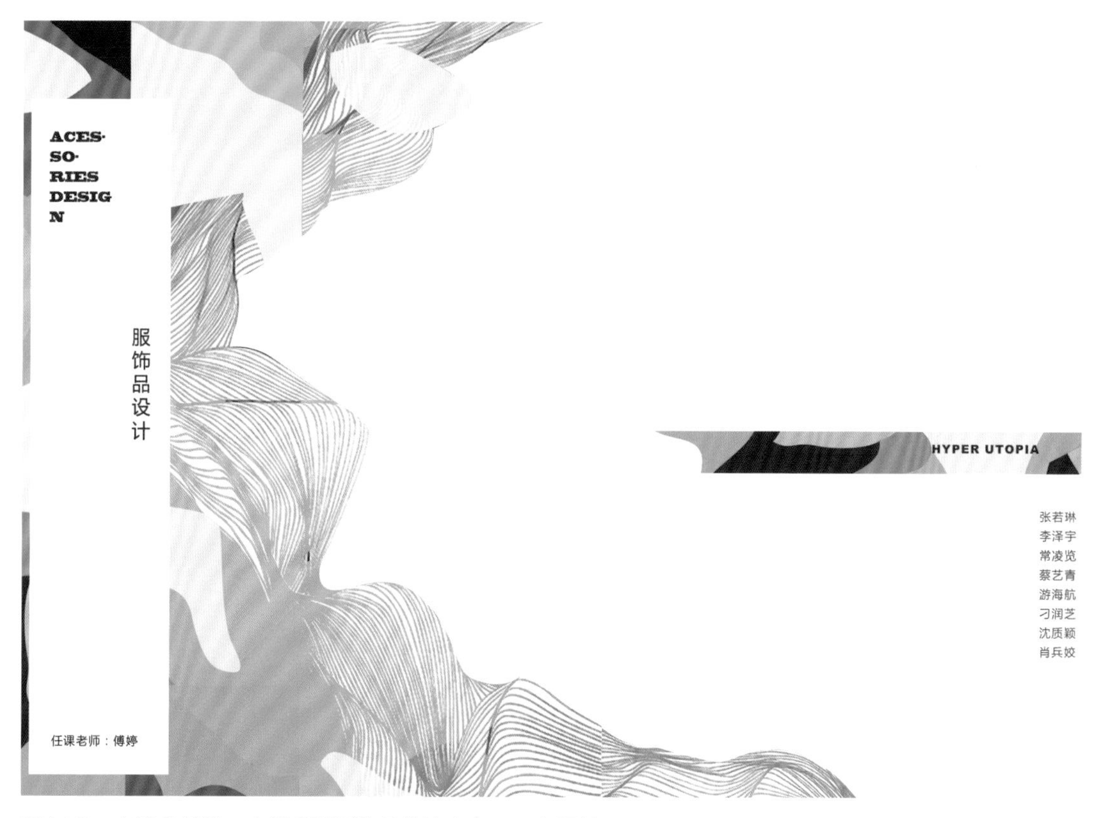

图4.1① 多维乌托邦·主题系列服饰品设计方案——主题封面

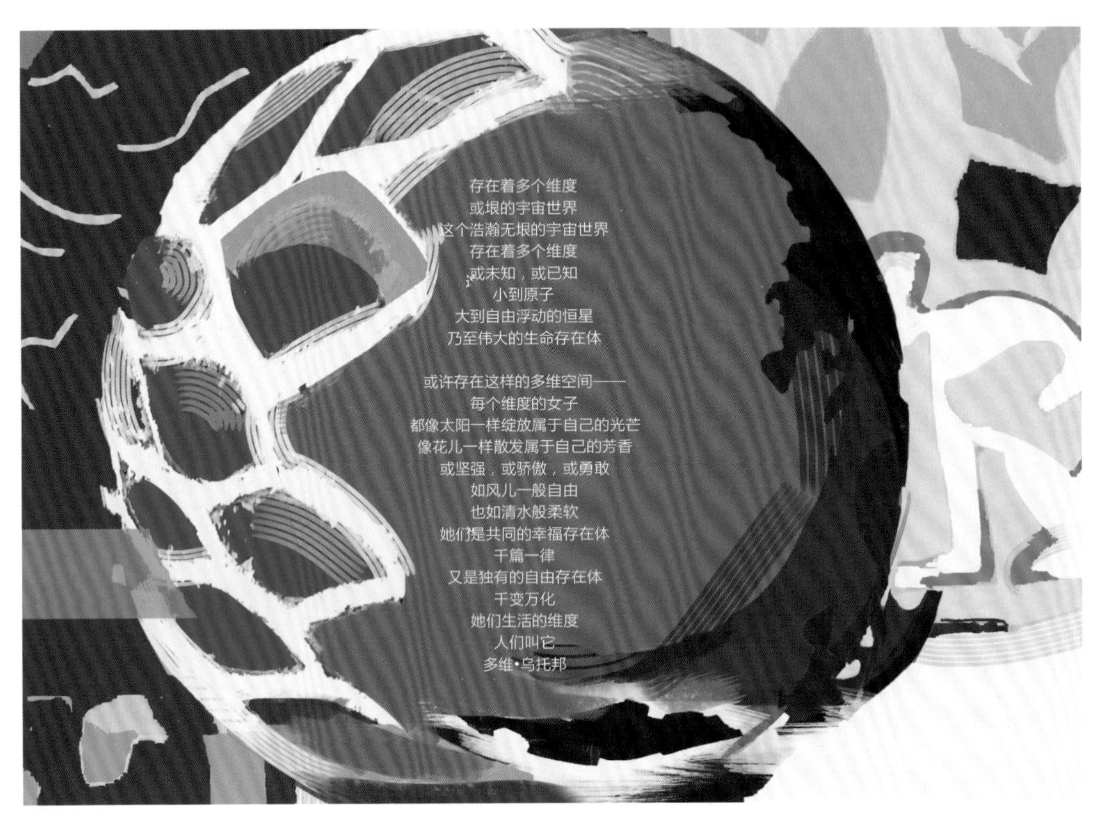

图4.1② 多维乌托邦·主题系列服饰品设计方案——主题故事

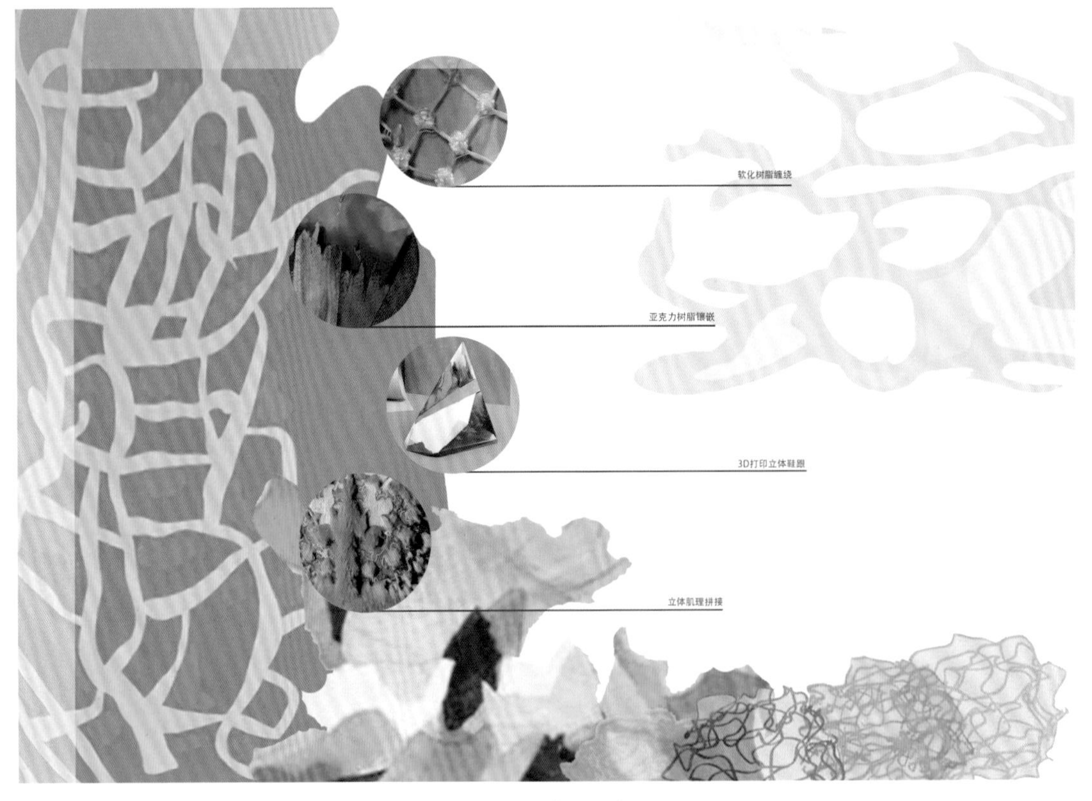

图4.1③ 多维乌托邦·主题系列服饰品设计方案——工艺肌理版面

4.2.1　多维乌托邦·主题系列服饰品设计系列 1（图4.2）

设计主题定位、设计切入点及设计特色表达：应用立体的线条元素；块面色彩强对比的拼接；新材料的运用。独特之处在于皮革下透彻闪烁的树脂镶嵌，设计用流畅大胆的线条与色块的碰撞交织中奏响多维狂想曲。

形象：个性独立。

材质：皮革、网眼面料、亚克力、金属材质。

工艺：拼接、印花、亚克力镶嵌、金属铆钉镶嵌。

图4.2①　多维乌托邦·主题系列服饰品设计 1——服饰品3款及服饰形象

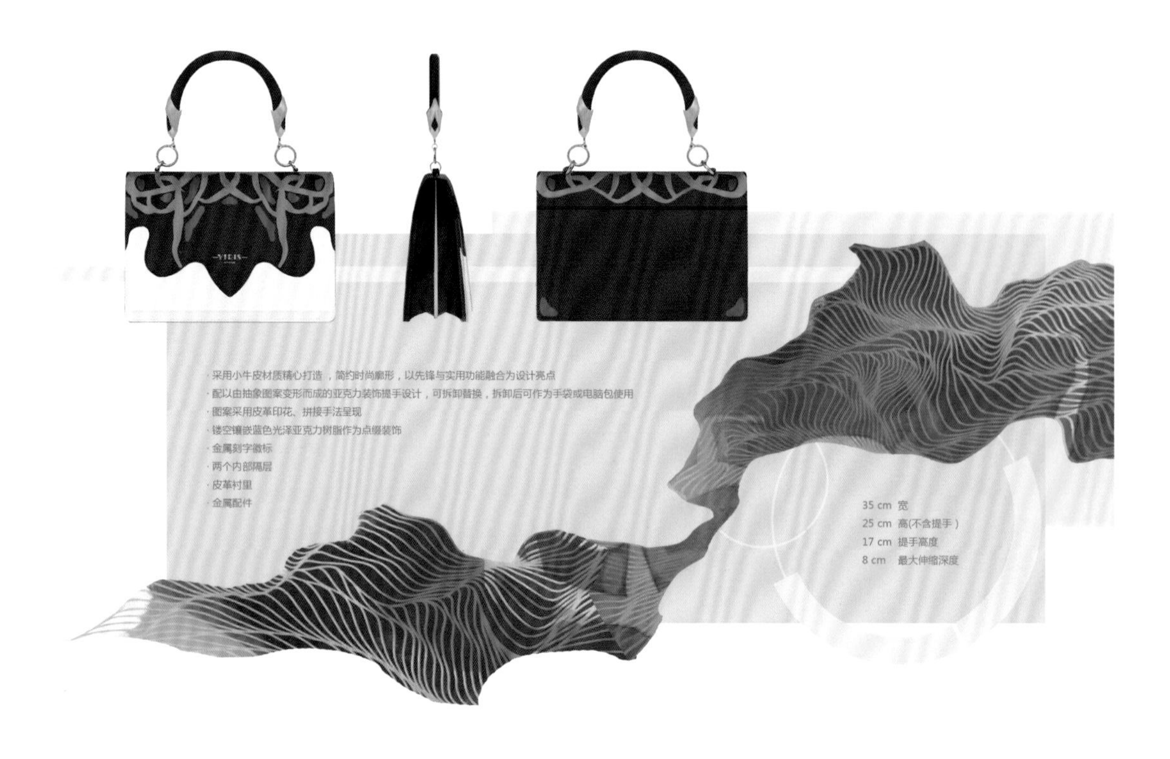

图4.2② 多维乌托邦 · 主题系列服饰品设计 1——系列手提包

图4.2③ 多维乌托邦 · 主题系列服饰品设计 1——系列小背包

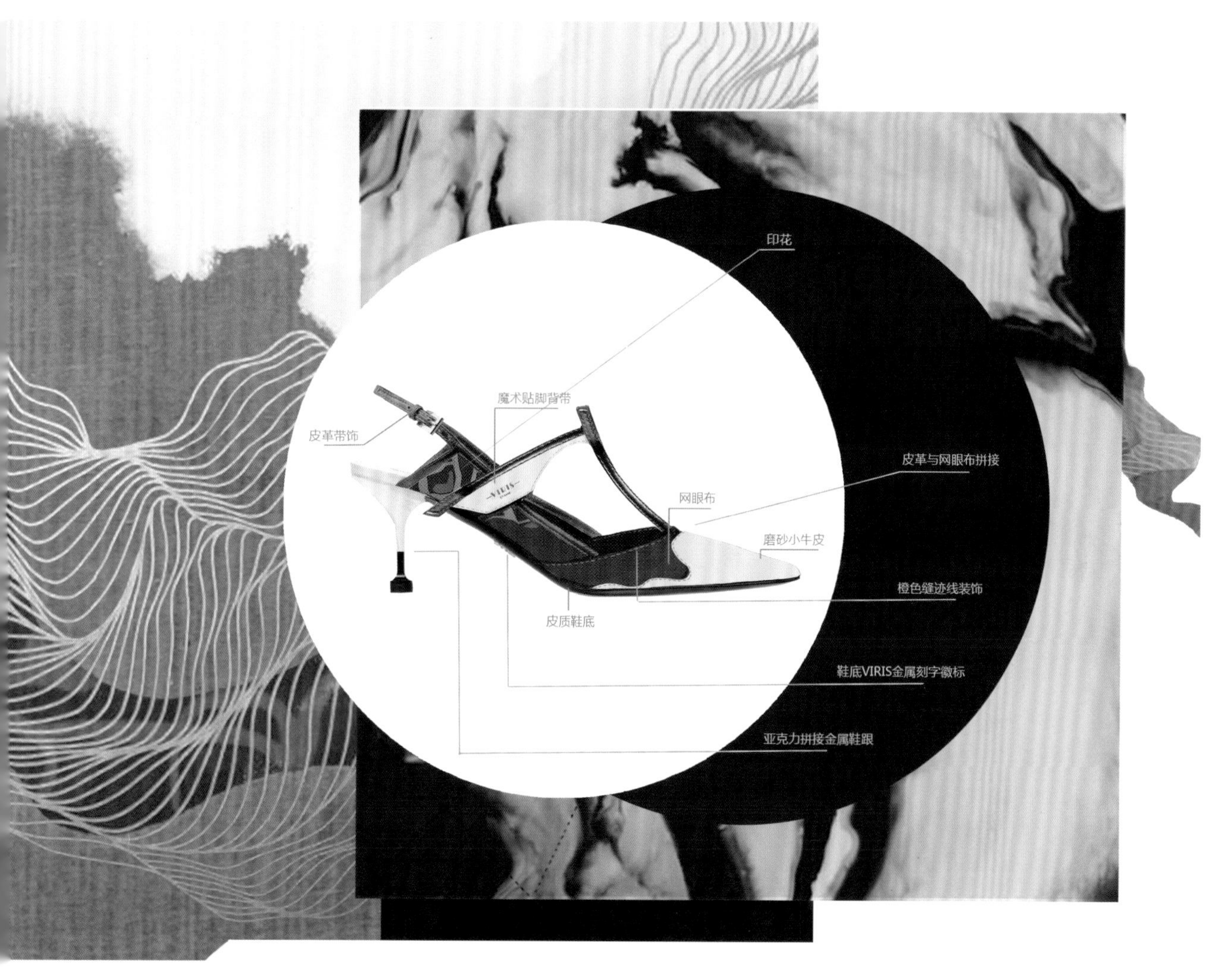

图4.2④ 多维乌托邦·主题系列服饰品设计 1——系列时装鞋

4.2.2 多维乌托邦·主题系列服饰品设计系列 2（图4.3）

设计主题定位、设计切入点及设计特色表达：设计运用动感的线条元素，灵动韵律美感塑造服饰品。抽象线条无规律缠绕下展现自由的灵魂，多维的想象正是艺术家的理想世界里的乌托邦。

形象：优雅浪漫。

材质：皮革、网眼面料、亚克力、金属材质。

工艺：皮革拼接、印花、亚克力镶嵌、金属铆钉镶嵌。

图4.3① 多维乌托邦·主题系列服饰品设计 2——系列服饰品3款及服饰形象

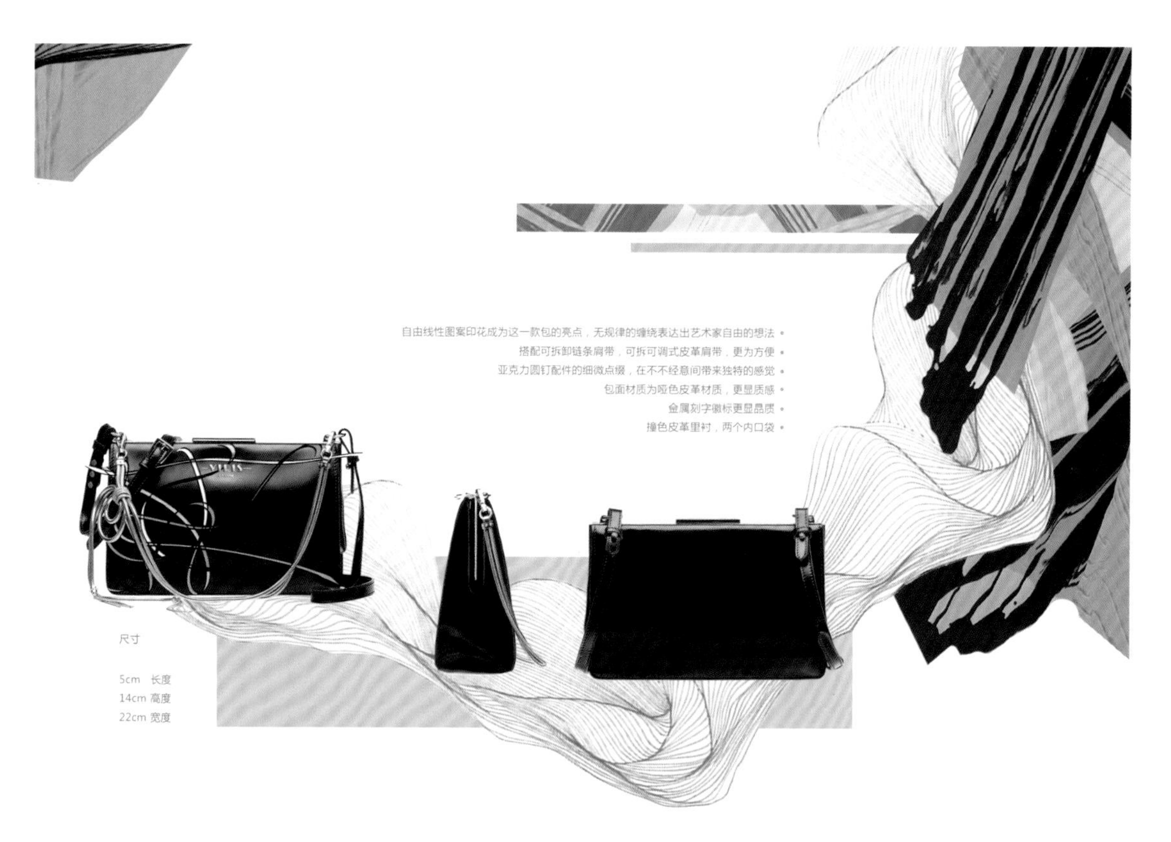

图4.3② 多维乌托邦·主题系列服饰品设计 2——系列时装包

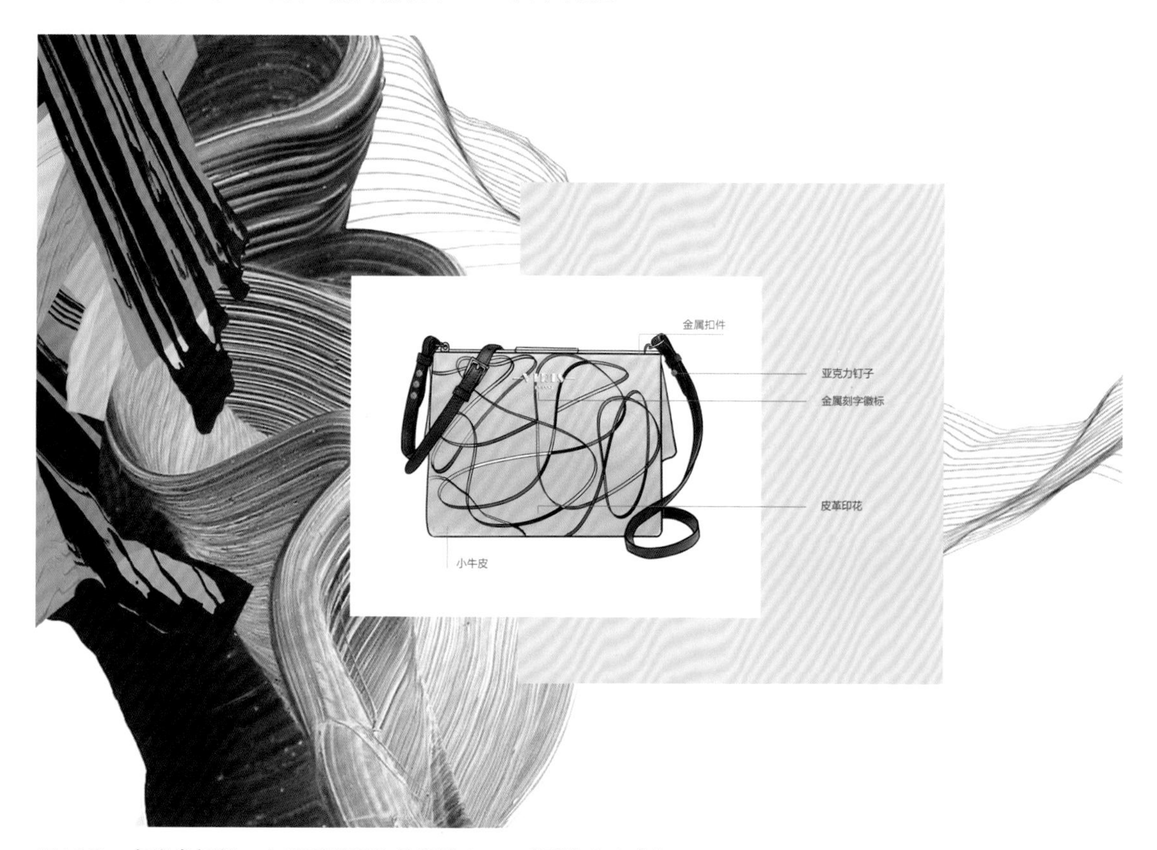

图4.3③ 多维乌托邦·主题系列服饰品设计 2——系列单肩小背包

图4.3④ 多维乌托邦·主题系列服饰品设计 2——系列时装鞋

4.2.3 多维乌托邦·主题系列服饰品设计系列 3（图4.4）

设计主题定位、设计切入点及设计特色表达：设计元素运用霓虹迷彩，多变的细节结构，表现年轻活力。同一个世界里的每个维度的女性，身上都带着不一样的色彩，或如霓虹，或如迷彩，她们都自信无畏地生活在多维乌托邦中。

形象：动感活力。

材质：皮革、网眼面料、亚克力、金属材质。

工艺：皮革拼接、印花、亚克力镶嵌、金属铆钉镶嵌。

图4.4① 多维乌托邦 · 主题系列服饰品设计 3——系列服饰品4款

图4.4② 多维乌托邦•主题系列服饰品设计 3——系列手提包

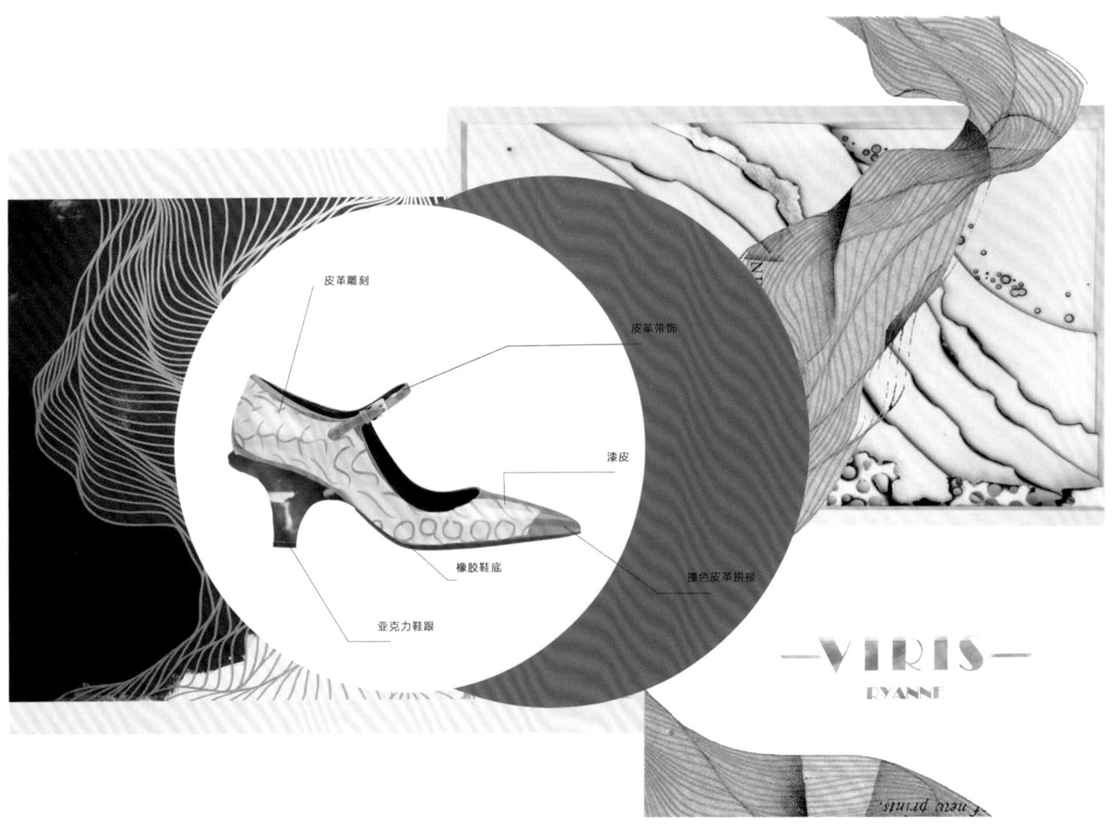

图4.4③ 多维乌托邦•主题系列服饰品设计 3——系列时装鞋

4.3 服饰品设计定位的重要性

服饰品设计定位是在确定的服饰形象下，对设计元素的归纳。每个知名服饰品牌都有自己的形象定位，哪怕都是表现“优雅的女性”形象，一种“优雅的女性形象”是女神，另一种“优雅的女性形象”是女强人，这两种定位完全不同，“女神”强调的是“仙气”，可以是飘逸和浪漫，是垂荡飘逸的线条，是蕾丝和网纱；“女强人”强调的是块面干净利落的结构、棉、麻、皮材质和尖头高跟鞋。

4.4 服饰品设计定位与产品架构

树立一个完美的服饰形象要有完备的服饰品道具，这个完备的服饰品道具存在于品牌容纳多种多样服饰品的产品架构中。是从服饰品所处的形象情境，创建服饰产品系列，搭建起服饰品架构，从而提升产品价值，强化品牌符号、增强品牌优势。品牌服饰形象下的服饰产品架构是在确定的主题故事下，通过收集、提炼、归纳到服饰形象定位确定并明确设计元素（设计元素有基本组合、变化组合）；到确定要设计的服饰品品类；品类款式中经典款、变化款、创新款的款式及数量比例，对于服饰品品牌的设计团队来说确定服饰品设计定位与产品架构非常重要。

4.5 服饰品设计定位和产品架构设计实例
——京味儿童年·主题系列服饰品设计（图4.5）

京味童年·主题系列服饰品设计定位：高级时装，中国文化体现。

设计关键词：京味儿、童趣、华丽复古。

灵感来源于童年对北京的美好记忆。

主题故事：五彩斑斓的风筝、俏皮可爱的虎头帽、晶莹剔透的玻璃球、浑圆憨厚的陀螺……这些都是属于北京“90后”孩子特有的回忆。设计以京味儿童年为主题，以孩子的视角对2019年春季系列的服装配饰品进行设计，设计力求体现“童真趣味”，运用精致华美的京绣、古朴纯真的漆雕工艺、光彩夺目的琉璃材质，将孩子眼中的“京味儿”淋漓尽致地表现出来（图4.5）。

设计团队：京味儿童年·主题系列服饰品设计由7位同学组成设计小组，每位同学设计一个系列，是在调研学习品牌产品整体架构规律基础上设计完成的。

在设计上，服饰品架构主要表现在由款式、图形等元素的关联性所体现的差异。一个设计团队需要统筹设计，才能在继承品牌基因的基础上不断发展壮大。

图4.5① 京味儿童年·主题系列服饰品设计方案——主题封面

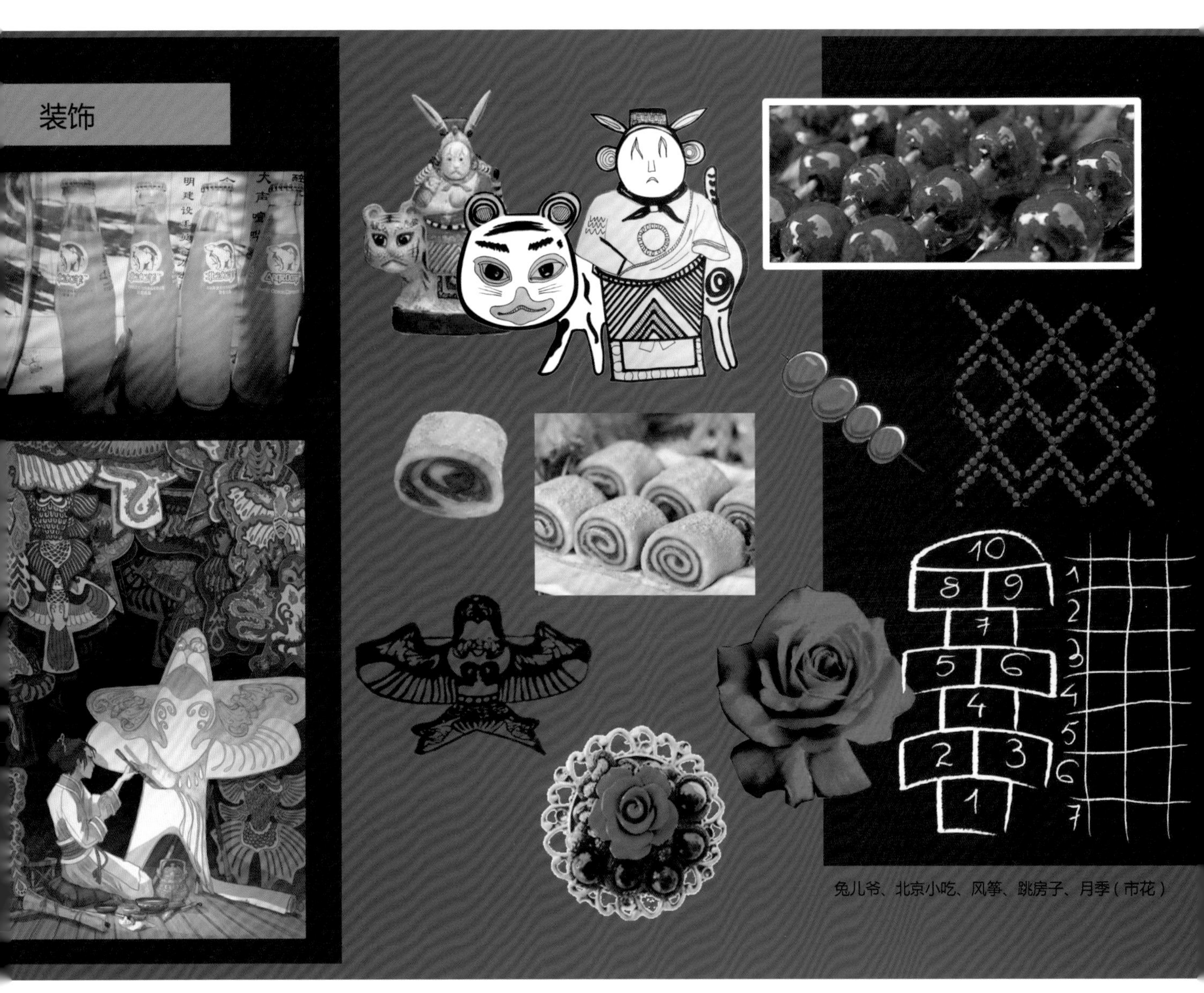

图4.5② 京味儿童年·主题系列服饰品设计方案——主题图形元素版面

图4.5③ 京味儿童年·主题系列服饰品设计方案——主题色彩版面

4.5.1 京味儿童年·主题系列服饰品设计 1（图4.6）

设计主题元素应用：发饰设计应用北京传统吹糖人的元素进行设计创作，设计者将糖人与珠宝花饰融合在一起。鞋子选取北京传统兔爷形象，将其诙谐地运用在女人的鞋跟上，花朵簇拥的兔爷，尽显诙谐浪漫。时装包的装饰花纹是由一个个糖葫芦组成的菱形二方连续花纹，用钻石花饰装点，彰显时尚大气。

设计特色表达：直观，浓郁、强烈。

材质：皮革、丝绒、木材、亚克力、硅胶、金属材质。

工艺：漆雕工艺、电镀金、镶嵌。

图4.6① 京味儿童年·主题系列服饰品设计 1——系列服饰品3款

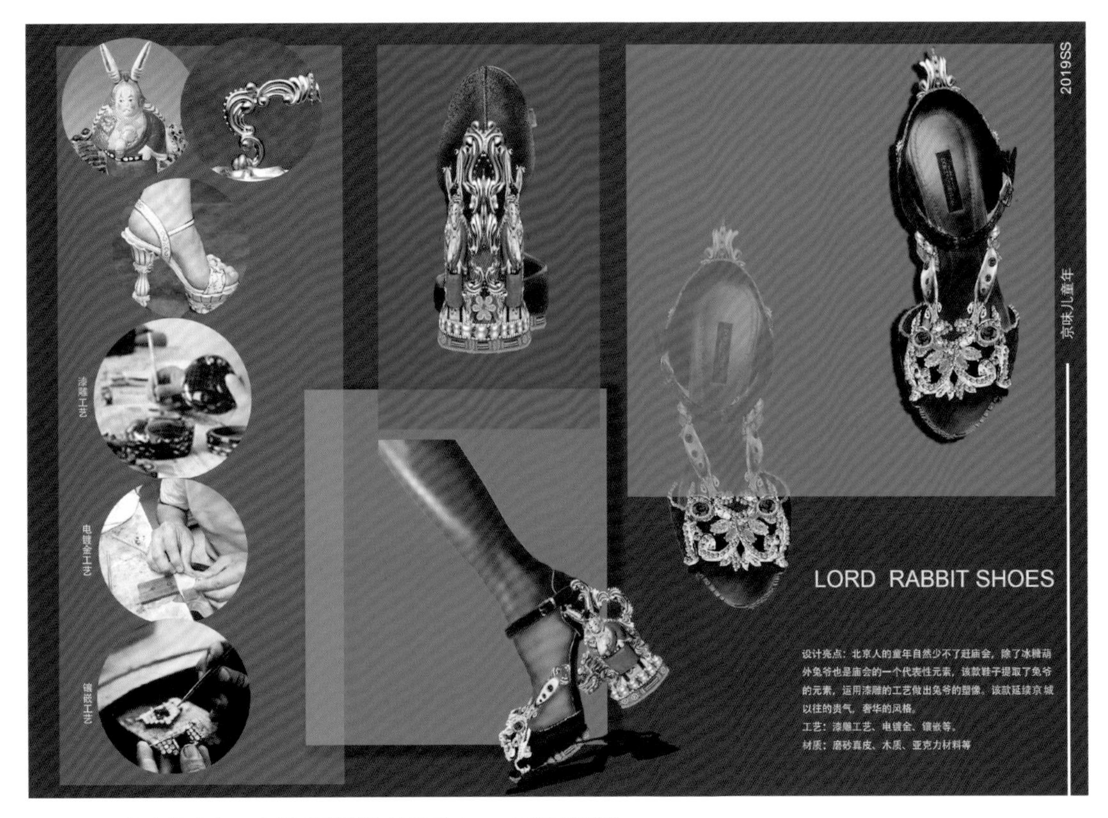

图4.6② 京味儿童年·主题系列服饰品设计 1——系列时装鞋

图4.6③　京味儿童年·主题系列服饰品设计 1——系列时装包

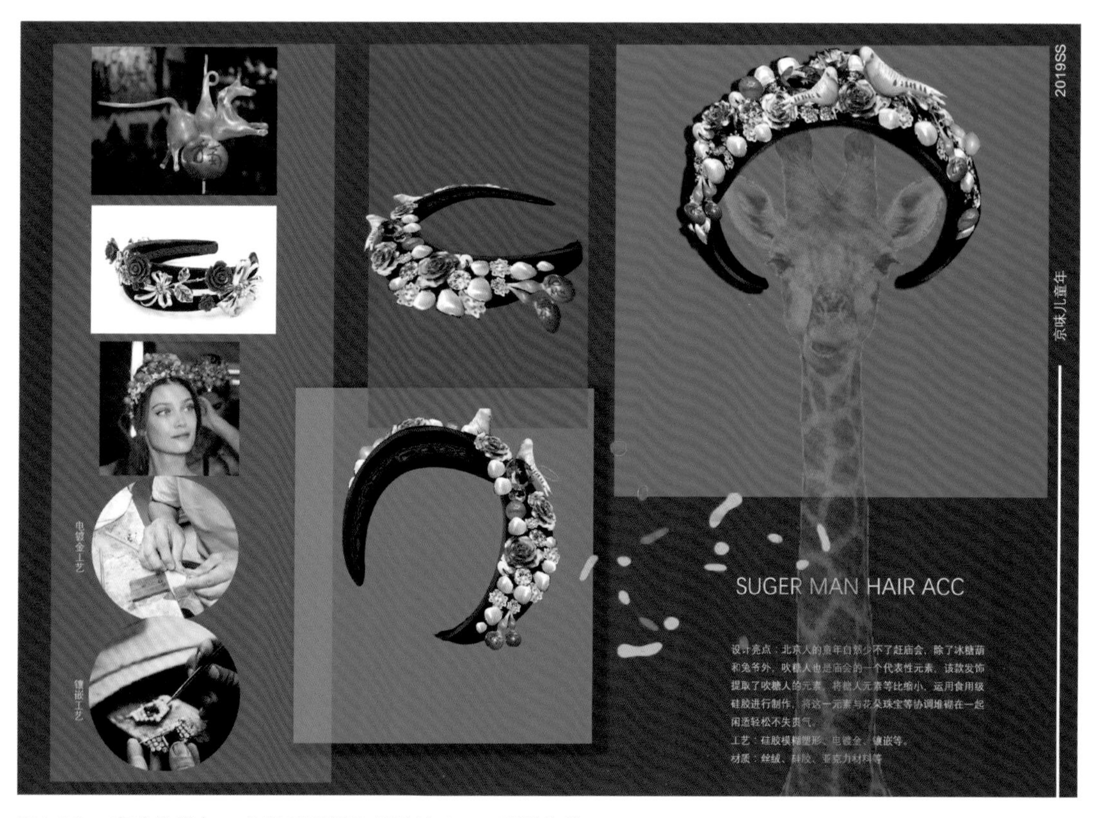

图4.6④　京味儿童年·主题系列服饰品设计 1——系列头饰

4.5.2 京味儿童年·主题系列服饰品设计 2（图4.7）

设计主题元素应用：此系列设计以白色和黄色为主色调，辅以金属色。图形元素主要是童年的两个玩偶上，以童趣风格诠释当下新生代流行的特色。可爱有趣的京味儿图案镶以金线，采用各种宝石镶嵌，无不洋溢“京味儿”的华丽味道。

设计特色表达：以白色和黄色为主，雅致；手绘涂鸦、童趣。

材　质：皮革、真丝、木材、亚克力、硅胶、金属材质。

工　艺：手绘涂鸦、镶嵌。

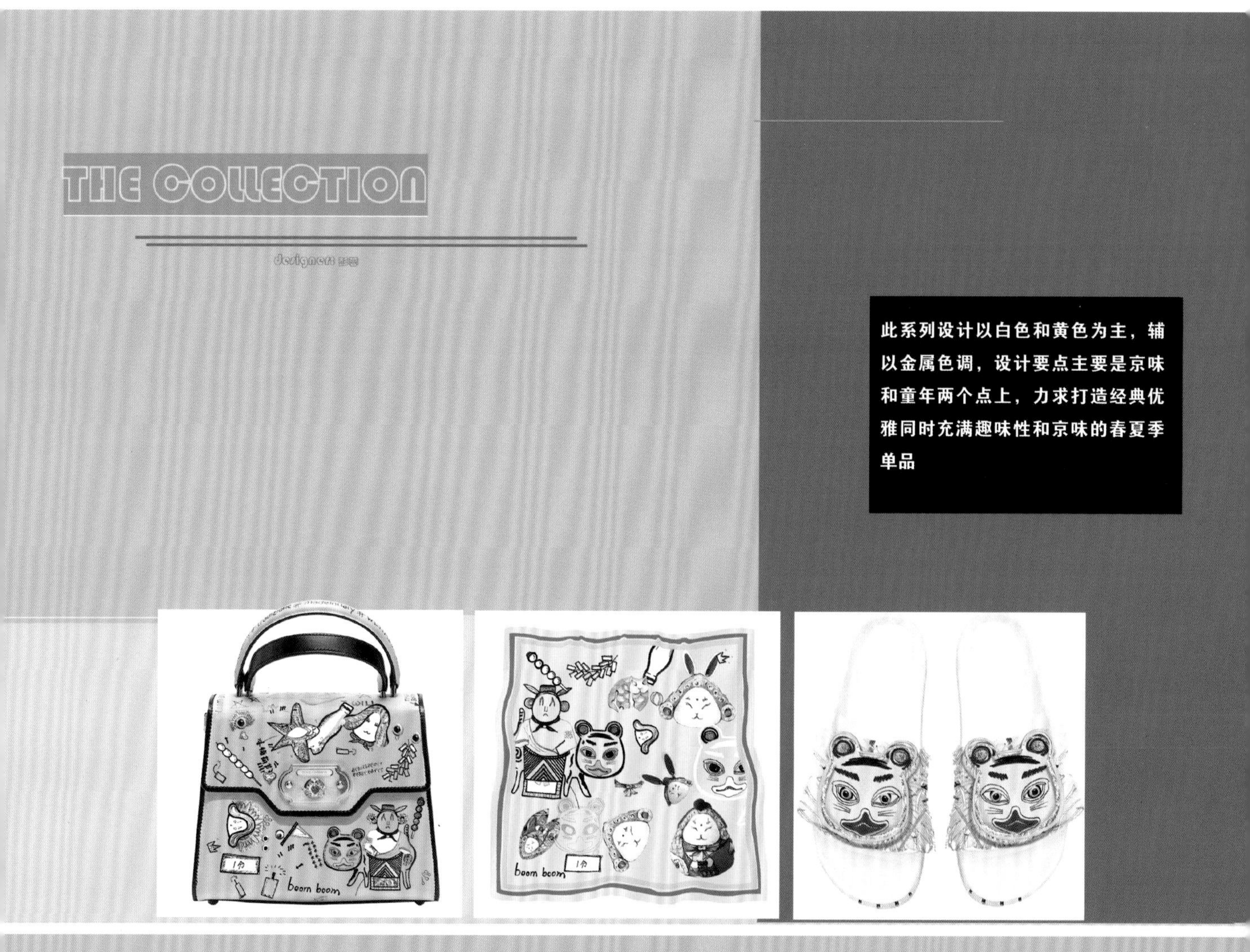

图4.7① 京味儿童年·主题系列服饰品设计 2——系列服饰品3款

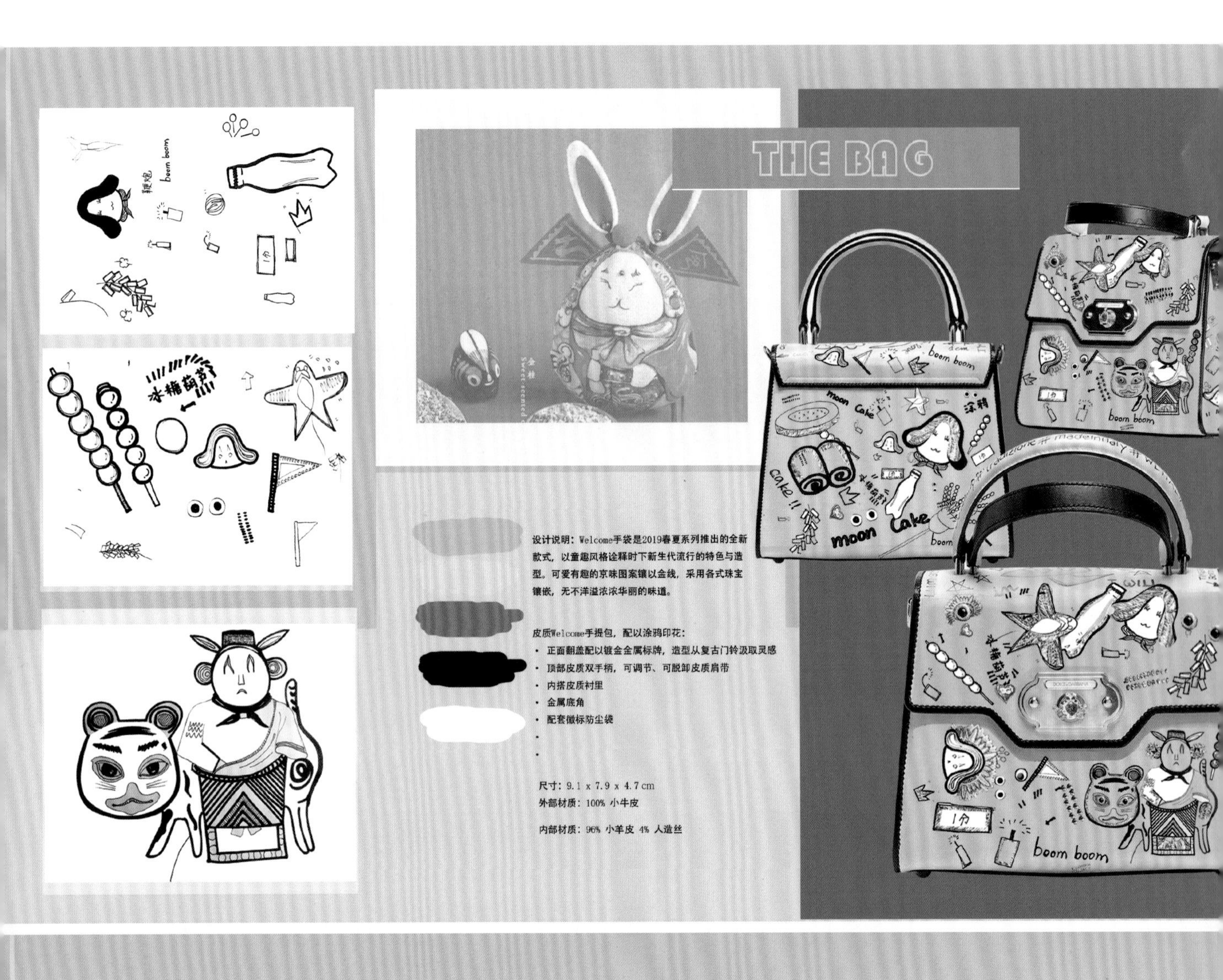

图4.7② 京味儿童年·主题系列服饰品设计 2——系列时装手袋

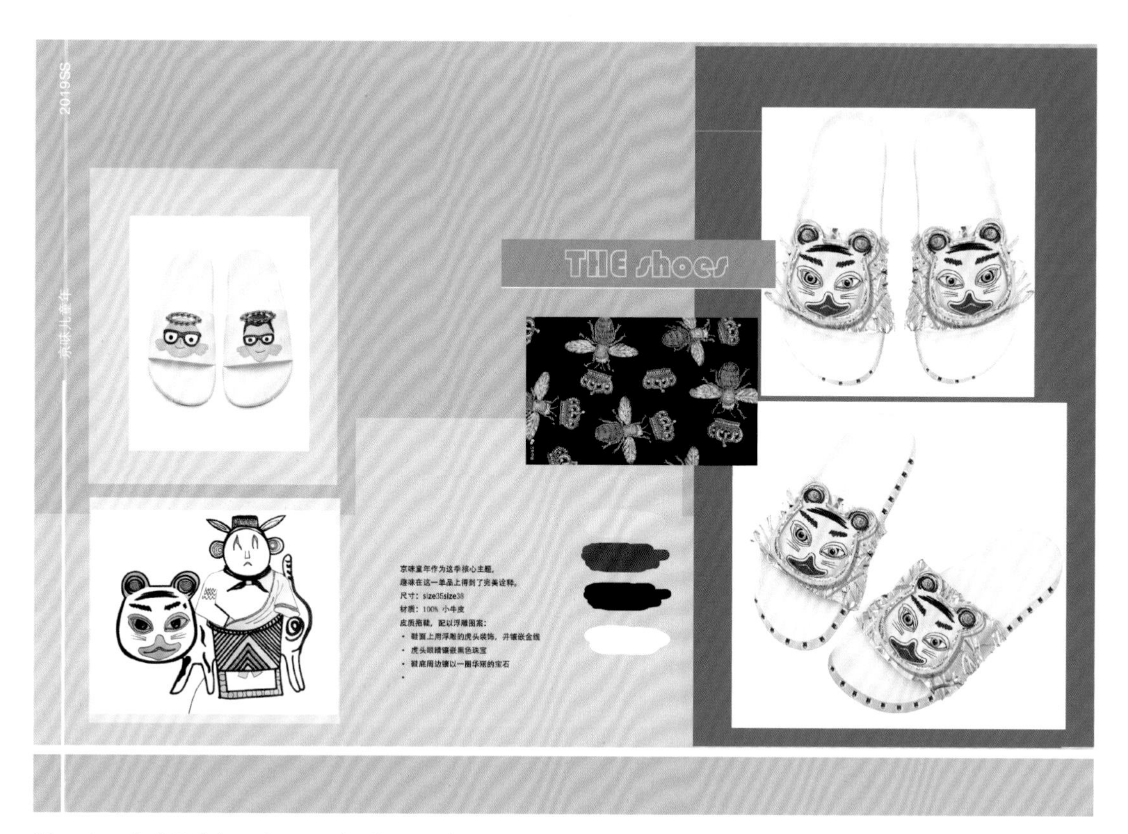

图4.7③ 京味儿童年 · 主题系列服饰品设计 2——系列时装拖鞋

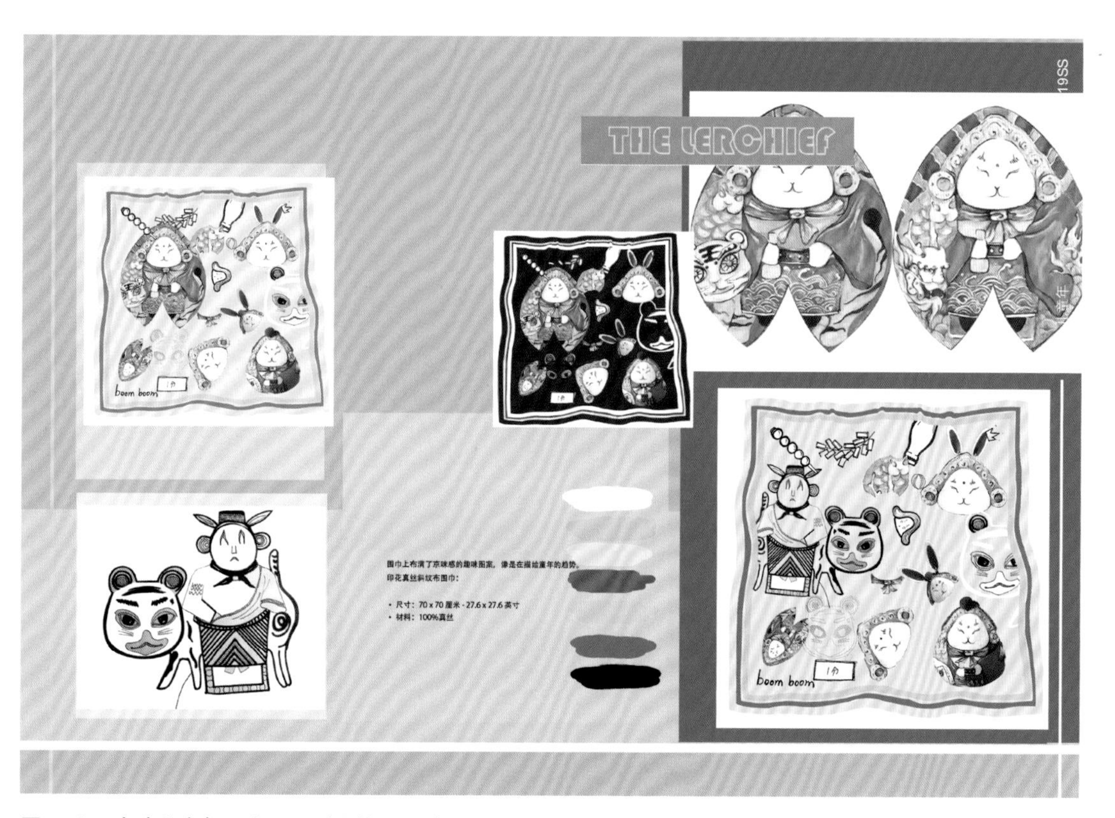

图4.7④ 京味儿童年 · 主题系列服饰品设计 2——系列装饰围巾

4.5.3 京味儿童年·主题系列服饰品设计 3（图4.8）

设计主题元素应用：拉洋片——老北京天桥杂耍之一，是设计小盒子包的灵感来源。装有镜头的木盒和包背面的故事图是“样片机”上的经典元素；时装包身上的珠宝花朵、包盖上的琉璃扣襻表达“京味儿”的贵气和奢华。人力车——老北京人力三轮车造型的鞋子，采用经典的鱼嘴鞋式样；鞋子身上运用漆雕工艺；车轮模拟20世纪90年代的儿童自行车造型并串联五彩的玻璃珠；车背面镶嵌宝石代表老北京车牌号，鞋子整体华丽而趣味十足。风车、兔爷、糖人元素的景泰蓝珠子串结成项链。

设计特色表达：神秘、趣味。

材质：皮革、丝绒、琉璃、亚克力、景泰蓝、金属材质。

工艺：漆雕工艺、景泰蓝工艺、电镀金、镶嵌。

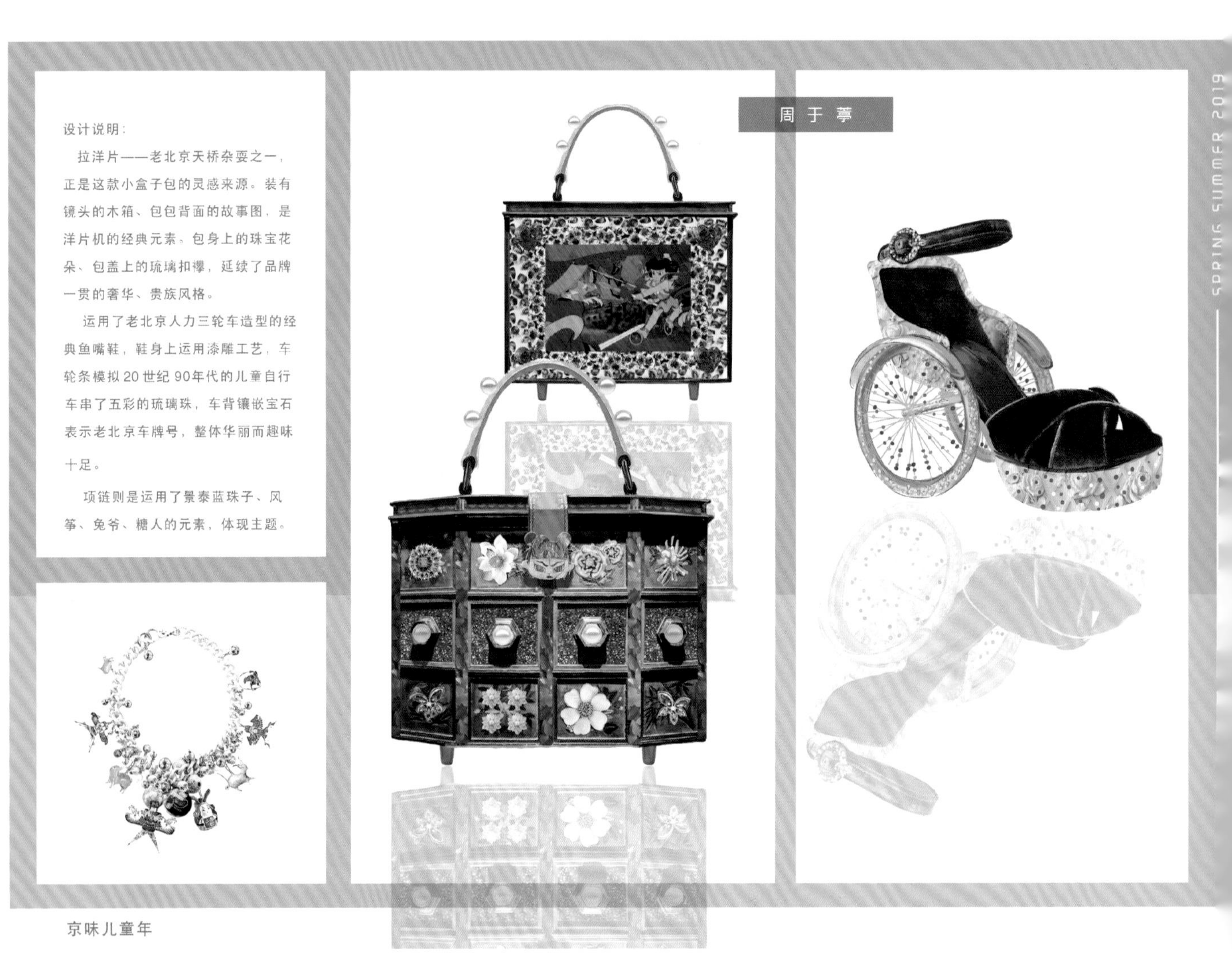

图4.8① 京味儿童年·主题系列服饰品设计 3——系列服饰品3款

图4.8② 京味儿童年·主题系列服饰品设计 3——系列时装包

图4.8③ 京味儿童年·主题系列服饰品设计 3——系列时装鞋

图4.8④ 京味儿童年`主题系列服饰品设计3——系列首饰

4.6 向品牌学习服饰品系列化的设计方法

服饰品牌之所以能够得到人们的认可，是因为有人们喜欢的服饰产品，为了满足人们的需求，这些产品也在不断更新，有庞大的服饰产品体系支持。这个庞大的服饰产品体系是由服饰品类和款式汇聚的大海，而服饰品产品系列就是汇聚入海的一个个产品支流，每一季的服饰品“爆款”只是由无数产品和岁月沉淀后的产品“引爆点”。研究学习著名的服饰品牌服饰品设计方法，就是要学习品牌“服饰品系列化”设计的方法。服饰品品牌分为：单一服饰品类品牌、服装服饰品牌和专业功能性服饰品品牌。单一服饰品品牌是只提供一个品类服饰品的品牌，例如专门鞋子品牌只提供鞋子产品；服装服饰品牌是同时提供服装和各种服饰品的品牌，例如：GUCCI品牌、PRADA品牌等；专业功能性服饰品品牌，例如游泳帽服饰品，是专门的泳具品牌、高尔夫手套，是专业运动服饰品品牌。

学习首先要选择一个著名服饰品牌为例研究学习，研究学习分两个方面，一方面是品牌文化方面的研究学习，包括品牌的创立时代背景文化、品牌创立、品牌历来设计师、重要设计师的设计特点对品牌的影响和贡献、品牌服饰形象等。另一方面是品牌服饰产品的研究和学习，包括品牌企业服饰产品分类和特点、服饰品系列和服装的关系，服饰品的品类、款式，服饰品经典款和变化款有哪些？服饰品系列产品材质和价格关系，每一系列设计元素与主题的关系，近三年服饰品产品的变化和联系，近三年品牌服饰品的主题故事、服饰品品类、服饰品款式、服饰品材质、服饰品色彩、服饰品工艺等资料分类归纳、分析研究，找出品牌形象、服饰定位与服饰品的关系，学习服饰产品架构的系统设计方法。

第五章　服饰艺术品设计与制作工艺

5.1 服饰艺术品设计

服饰艺术品是服饰品中的一种，服饰品包括服饰艺术品、日常生活实用服饰品和功能服饰品。这三种服饰品的区别主要体现在三个方面：首先，三种服饰品所要突出的功能特性不同。服饰艺术品要突出表达思想性、实验性、工艺性、创新性，开辟新生活需要；日常生活实用服饰品要突出表达舒适性、和服装的配套性，满足日常生活需要；功能服饰品要具有某种功能，在生活解决问题方面发挥作用。其次，三种服饰品的使用场合不同。服饰艺术品用于表演、展览、主题聚会和隆重的仪式活动；日常生活实用服饰品用于人们日常生活，例如：工作、购物、出行、居家等常规生活场合。功能服饰品用于生活防护和特殊的生活环境，例如：滑雪帽、棒球手套、相机包、手机保护套等。最后，三种服饰品的外部形式特征不同。服饰艺术品外部形式独特，具有艺术性；日常生活实用服饰品外部形式是常规服饰品外部形式的延续；功能服饰品的外部形式是以在实现其功能基础上的有限的外部形式变化，功能服饰品的外部形式的变化究其根本是材料的变化。

综上所述，服饰艺术品在现实生活中具有重要的存在价值，我们在所有的品牌服饰品中都能见到服饰艺术品的身影。服饰艺术品除了能满足人们生活需要，服饰艺术品设计最核心的价值就是贡献了创造性思维，对一个设计成功的服饰艺术品的评价就是它有创新点和它的创新过程。学习服饰品设计就是学习如何创新设计。

5.2 服饰艺术品设计与制作工艺

服饰艺术品设计偏向表达设计者主观的想法，设计中可以自由展开想象、流畅地表达设计者心中的理想，这种“表达心中理想”的愿望会成为设计者学习工艺制作方法的动力。学习服饰艺术品设计制作就是学习如何“制造理想”；学习其工艺制作就是学习如何准确表达自己的设计。

服饰艺术品制作通常有手工制作和机械加工两种。学会服饰艺术品手工制作对开始学习服饰艺术品设计者来说非常重要，通过手工制作实验了解制作工艺和研究制作方法会让你的设计避免出现“纸上谈兵”的尴尬，并且让你的设计有更大的空间。

5.3 服饰艺术品设计实例 1——帽饰设计

图5.1是一个针织帽饰系列设计，作品用于学生毕业设计服装秀展示中。此系列设计中设计者设计思维是主观的，设计师表达出了心中的理想，是设计师预想的式样、肌理和色彩，是设计草图方案。要制作出此系列设计实物需要具体的材料、制作工艺和结构，这就需要知道要用哪种具体工艺，用什么结构才能实现将设计制成实物。

收集查阅资料，了解式样和结构，绘制分板结构图；了解针织的各种实物视觉效果及对

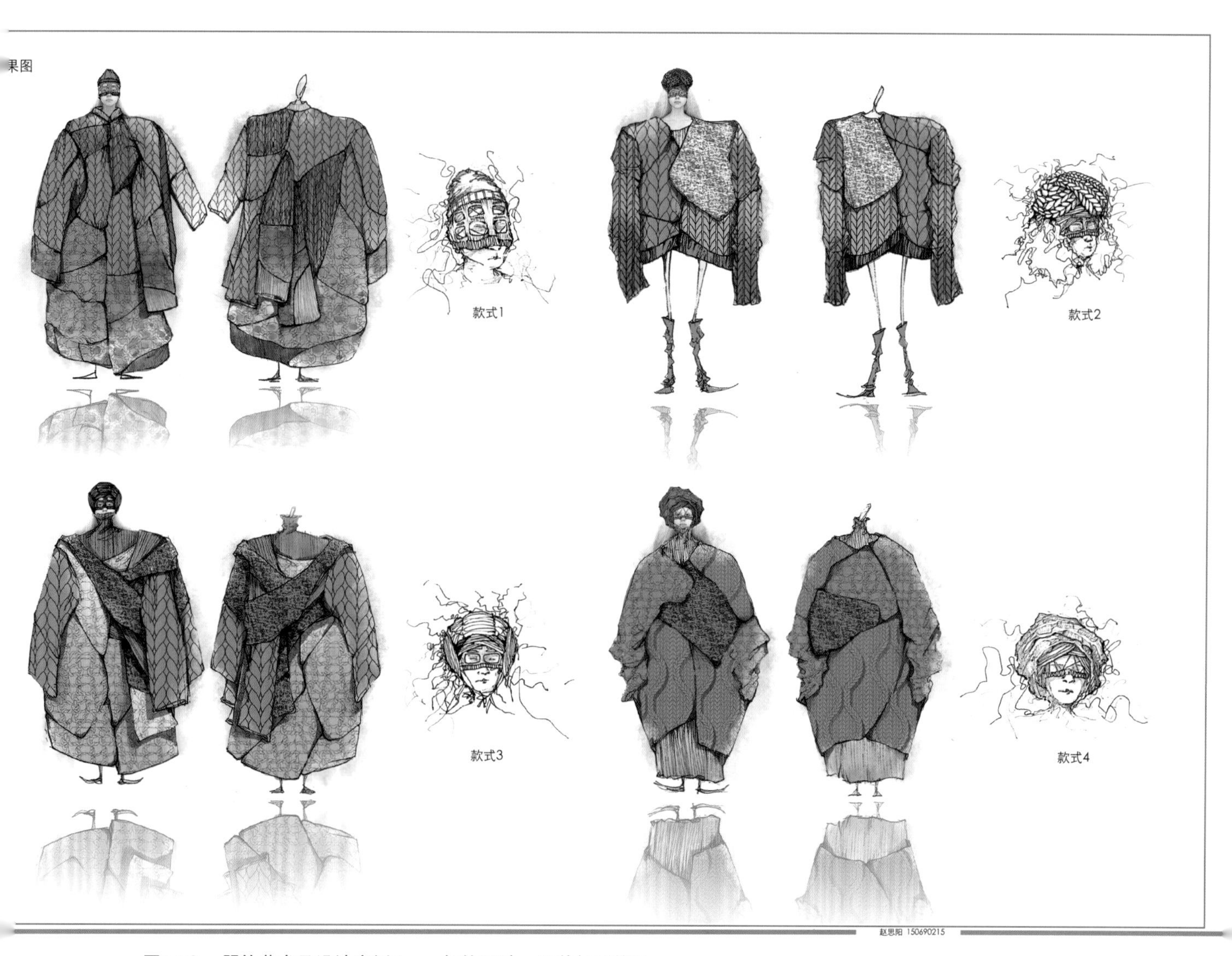

图5.1① 服饰艺术品设计实例 1——帽饰设计·服装氛围效果

图5.1② 服饰艺术品设计实例 1——帽饰设计·服装与帽饰设计草图

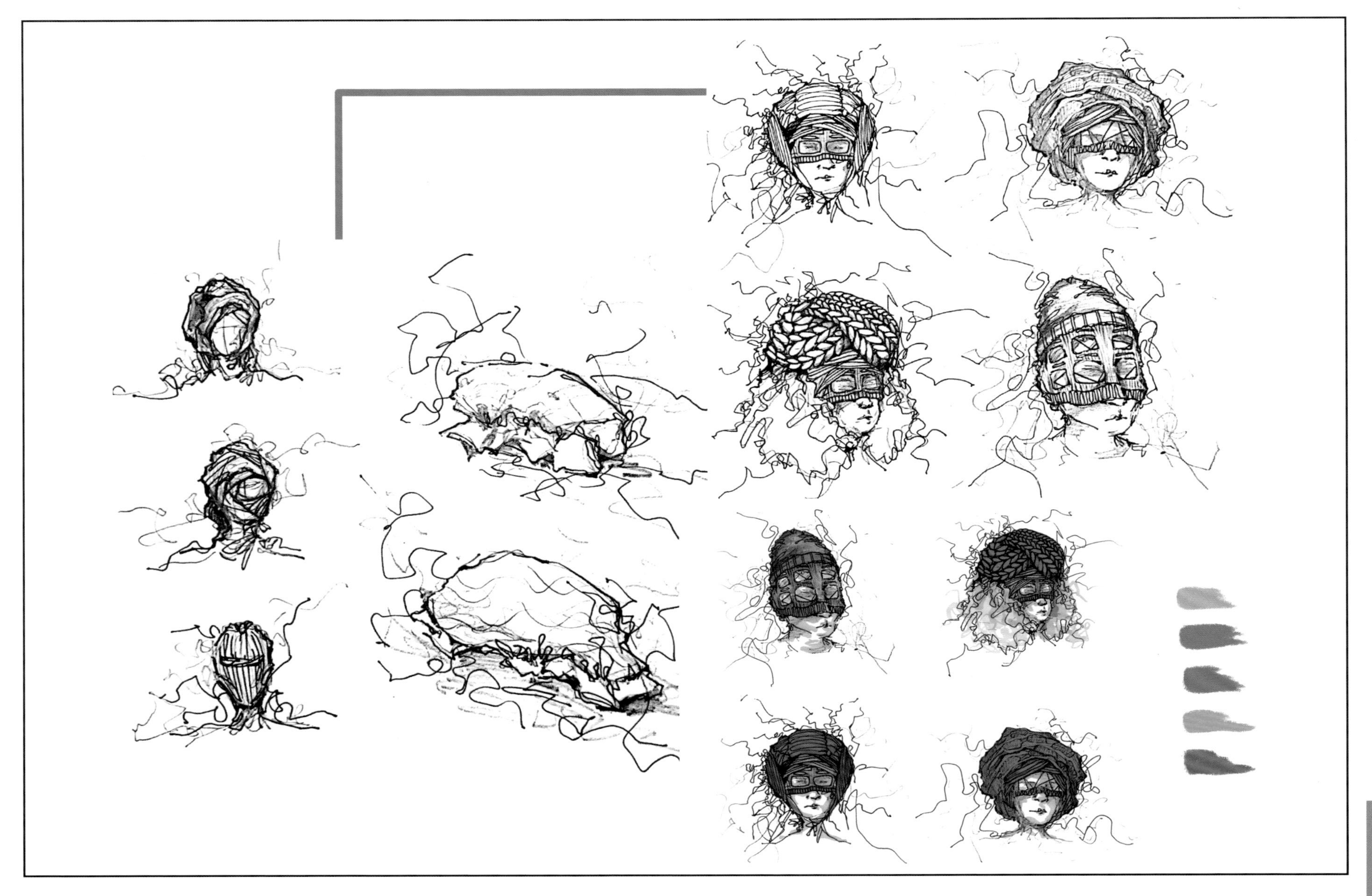

图5.1③ 服饰艺术品设计实例1——帽饰设计·帽饰设计草图

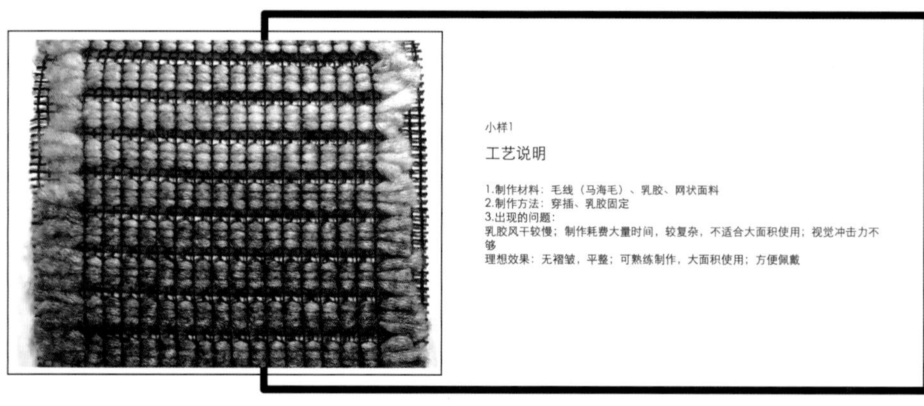

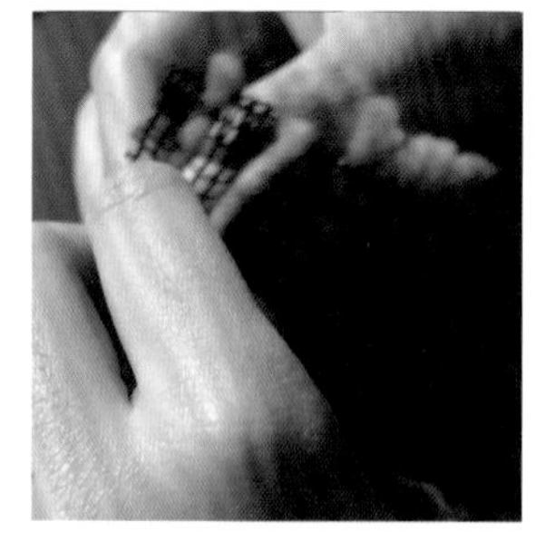
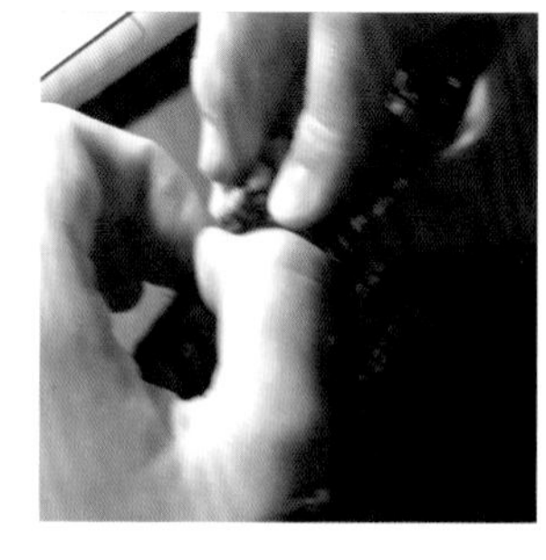

图5.1④　服饰艺术品设计实例 1——帽饰设计 · 工艺实验 1

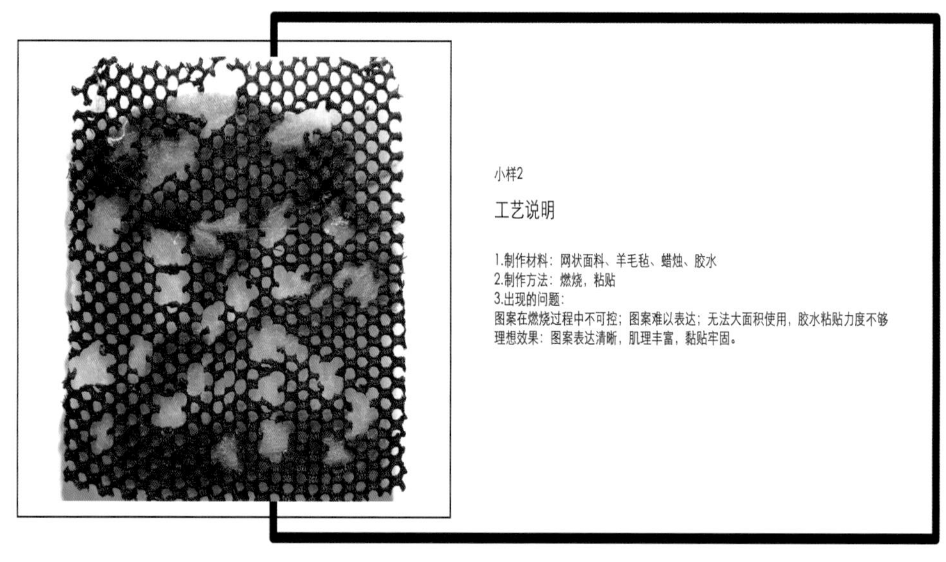

图5.1⑤　服饰艺术品设计实例 1——帽饰设计 · 工艺实验 2

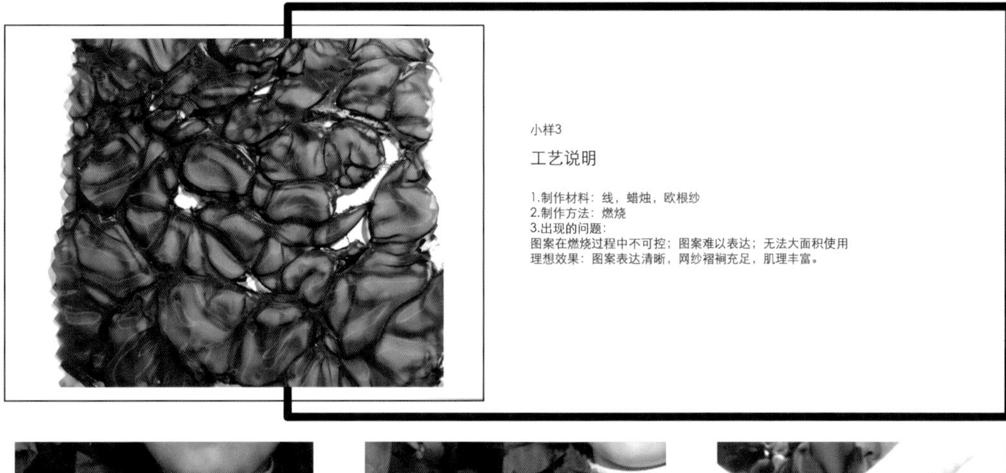

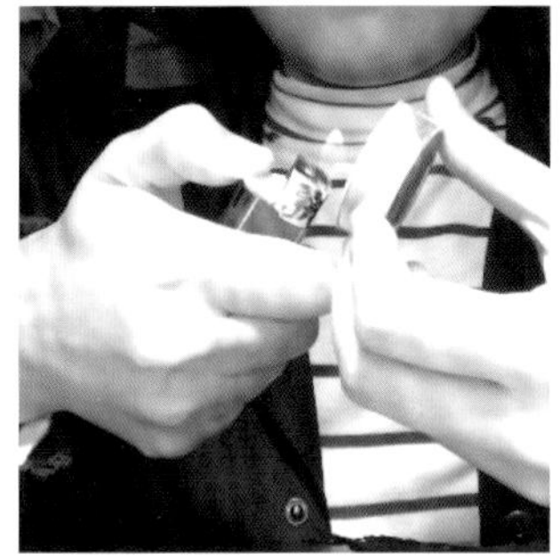

图5.1⑥ 服饰艺术品设计实例 1——帽饰设计 · 工艺实验 3

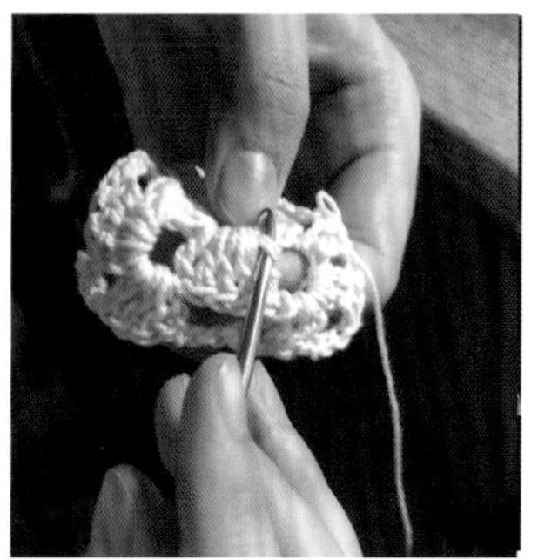

图5.1⑦ 服饰艺术品设计实例 1——帽饰设计 · 工艺实验 4

小样5

工艺说明

1.制作材料：毛线（钩针蕾丝线）、棉线，编织肌理面料
2.制作方法：手工针织+编织+棉线缝制塑形
3.出现的问题：
肌理不够，造型局限，不够夸张丰富；制作耗时，大面积使用有困难。
理想效果：塑形准确，肌理明确，制作熟练，造型多变丰富。

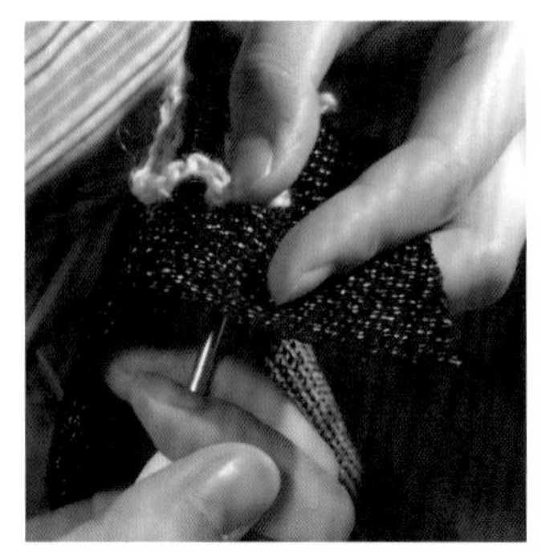

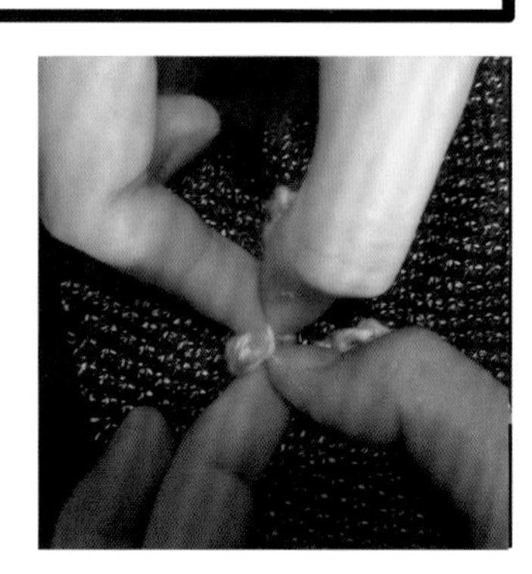

图5.1⑧ 服饰艺术品设计实例 1——帽饰设计·工艺实验 5

小样6

工艺说明

1.制作材料：毛线（透明丝、马海毛、雪尼尔、钩针蕾丝线）
2.制作方法：手工针织+编织
3.出现的问题：
肌理不够，造型局限，不够夸张丰富；制作耗时，大面积使用有困难；颜色层次不够丰富。
理想效果：塑形准确，肌理明确，制作熟练，造型多变丰富，面部造型明显，易佩戴。

图5.1⑨ 服饰艺术品设计实例 1——帽饰设计·工艺实验 6

小样7

工艺说明

1.制作材料：针织纱线（腈纶混羊毛各50%）
2.制作方法：横机针织
3.出现的问题：
由于肌理只能用单层针织打出，颜色单一；氛围难以表达；褶量不够
理想效果：色彩有层次，呼应主题，氛围表达到位，褶裥充足，肌理丰富。

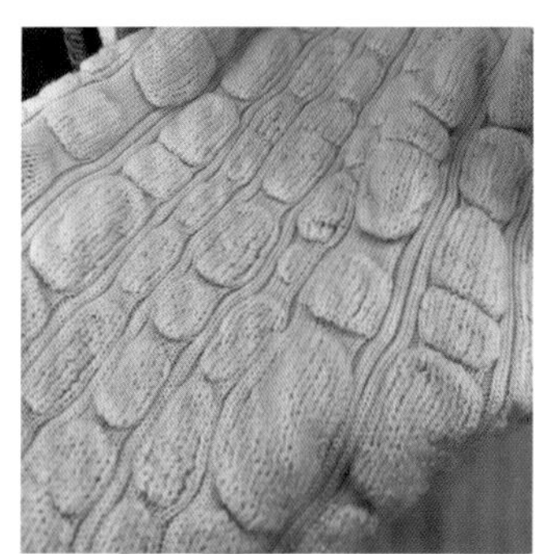

图5.1⑩ 服饰艺术品设计实例 1——帽饰设计·工艺实验 7

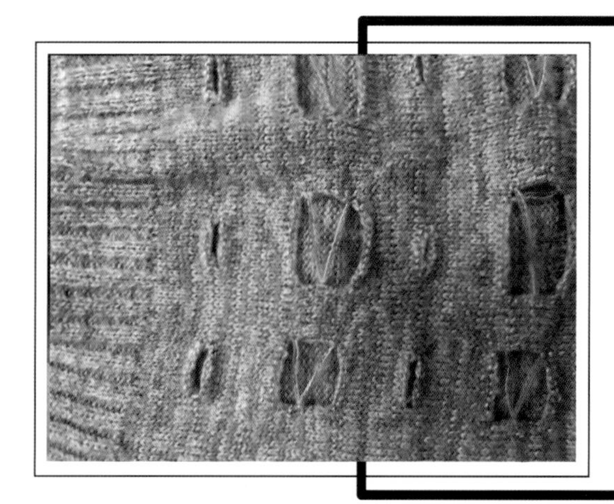

小样8

工艺说明

1.制作材料：针织纱线（腈纶混羊毛各50%）
2.制作方法：横机针织
3.出现的问题：
由于网洞造型只能用单层针织打出，肌理单一；氛围难以表达；网洞大小造型塑造有难度，无法清晰表达。
理想效果：色彩肌理有层次，呼应主题，氛围表达到位，肌理丰富。

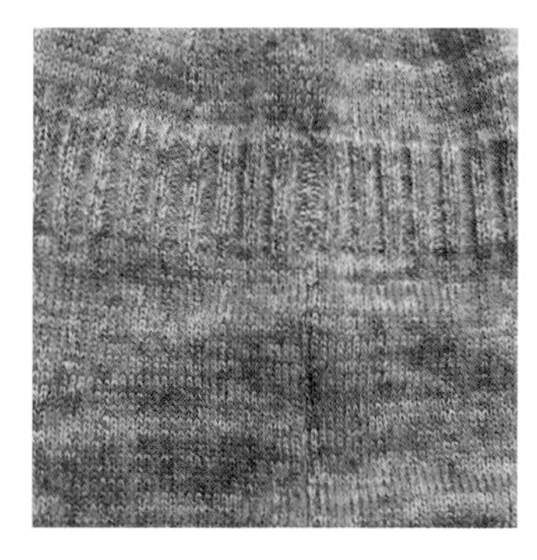

图5.1⑪ 服饰艺术品设计实例 1——帽饰设计·工艺实验 8

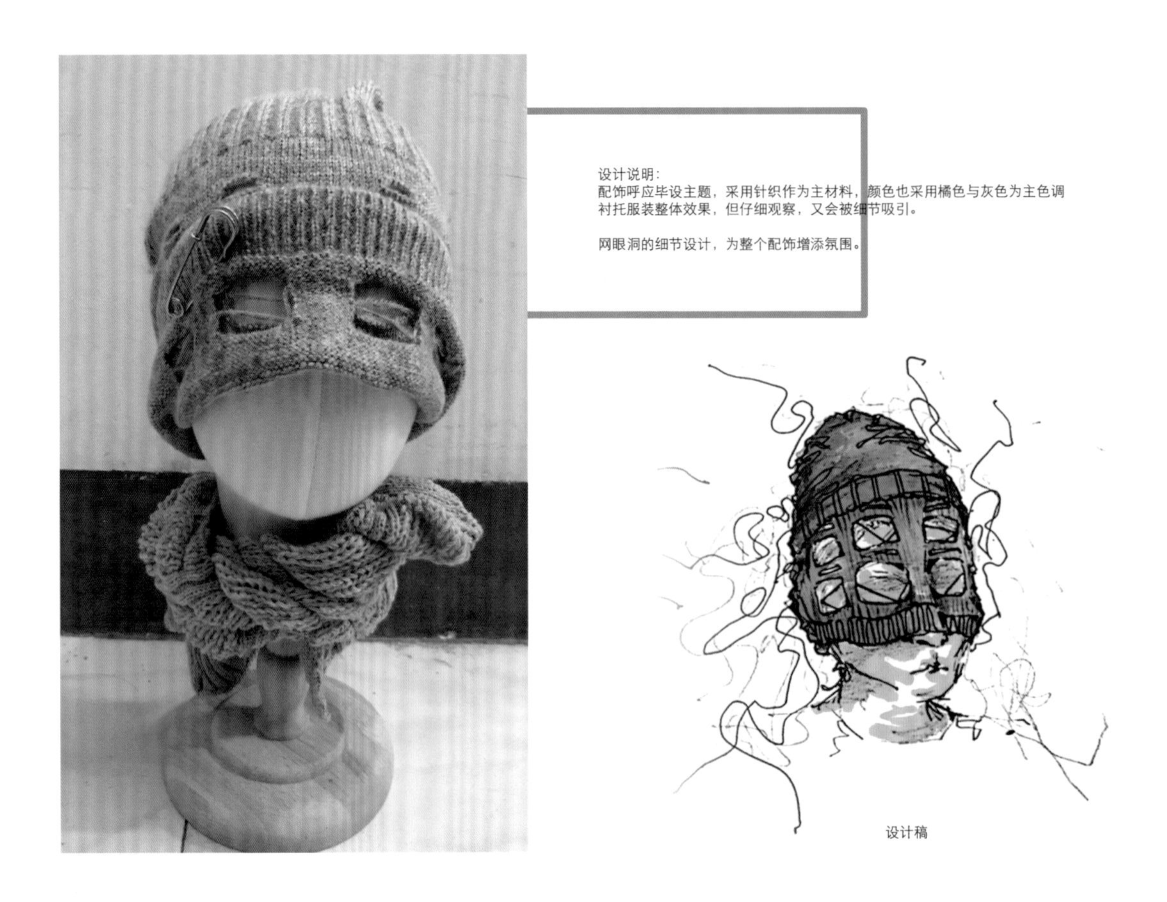

图5.1⑫ 服饰艺术品设计实例1——帽饰设计·实物效果

图5.1⑬ 服饰艺术品设计实例1——帽饰设计·实物效果三视图

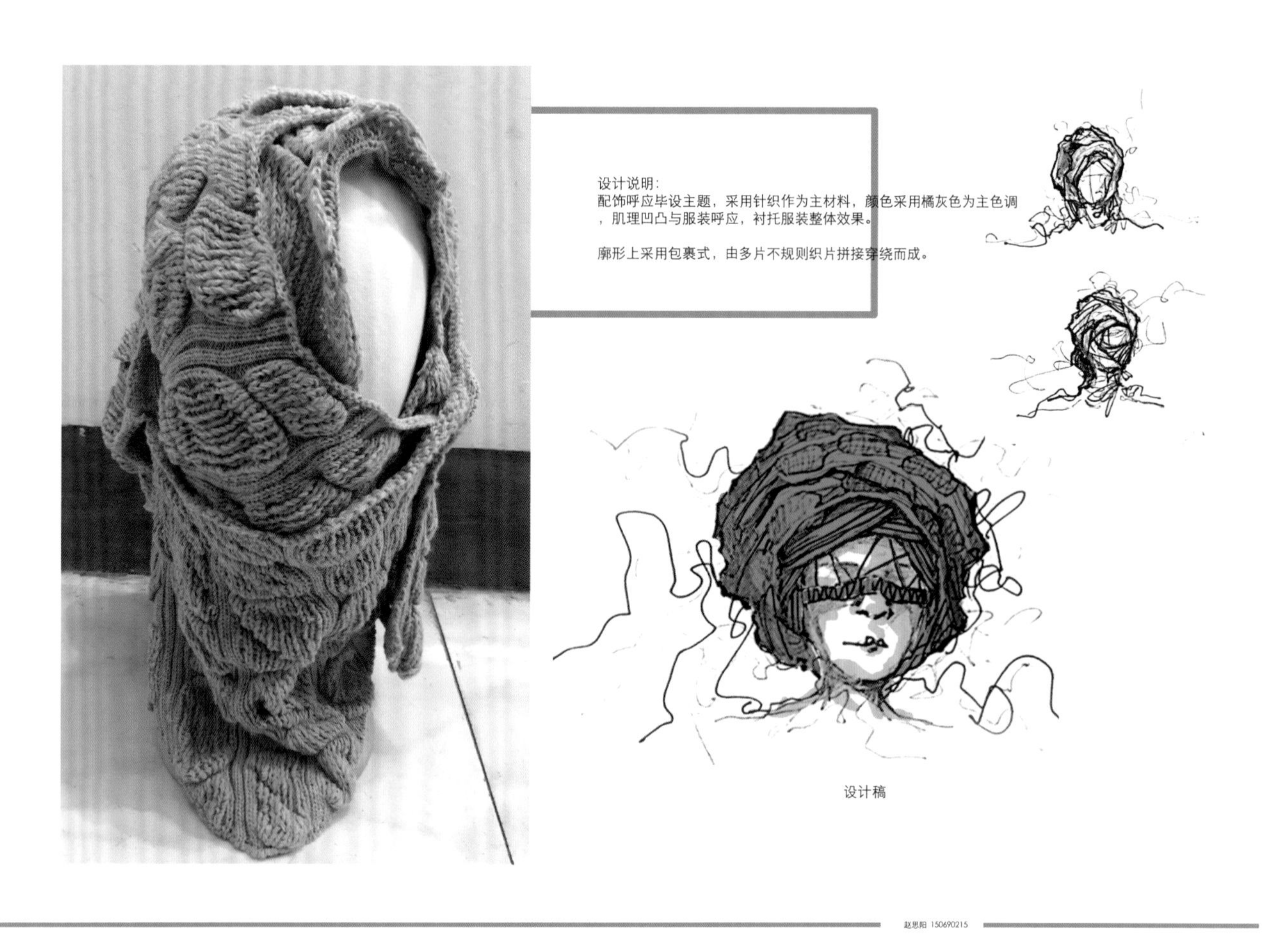

图5.1⑭　服饰艺术品设计实例 1——帽饰设计 · 实物效果 2

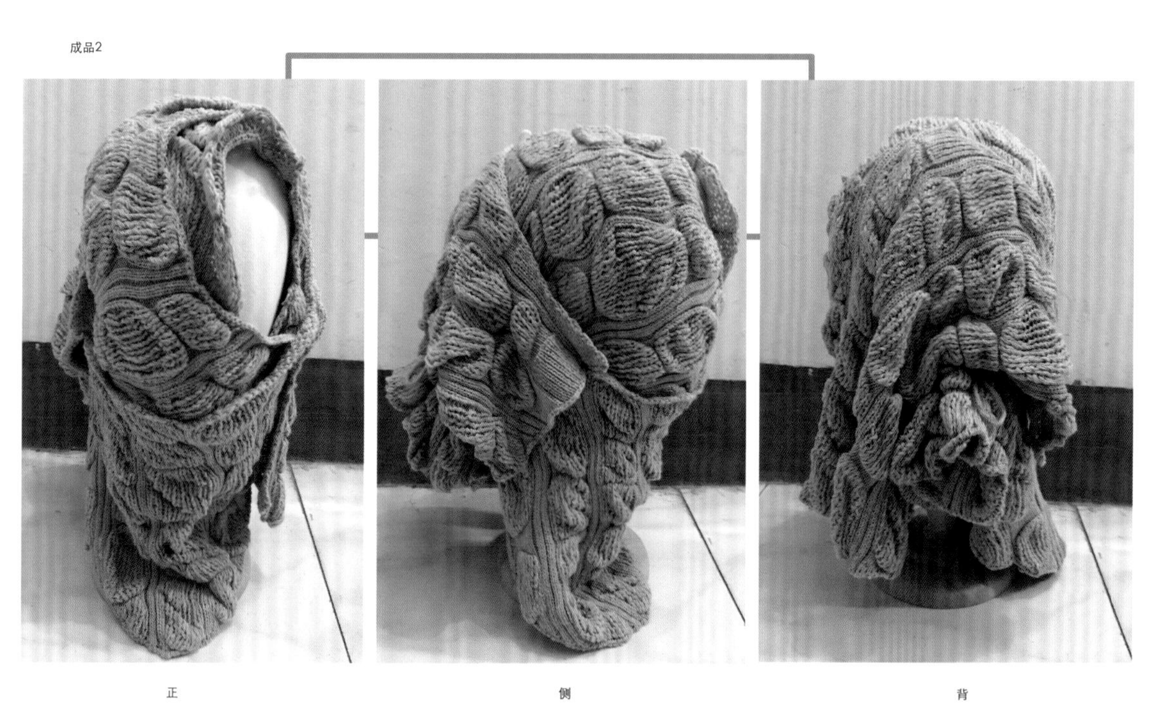

5.1⑮　服饰艺术品设计实例 1——帽饰设计 · 实物效果三视图

注：动态视频可见2019东华大学新锐设计师作品发布秀 · 赵思阳

应工艺。标注设计草图上分类实物视觉效果及对应收集的工艺资料，明确实际工艺、材料下真实视觉效果。在这个基础上修改和完善设计草图、工艺标注，制作工艺小样实验工艺图。

制作针织工艺实验小样。采用手工编织结合编织机制作方法。手编小样是为明确自己想要的肌理和织法；编织机小样是为探寻意外的配色和肌理变化。

制作工艺小样可以切实地感受材质性能，理解材料和工艺的关系。针织物质地松软，有良好的抗皱性与透气性，并有较大的延伸性与弹性，穿着舒适。针织分手工针织和机器针织两类。手工针织使用棒针，制作便捷，在民间广泛使用。机器针织松紧度均匀、针脚密度均匀，还可以拼花镶嵌，呈现丰富肌理。

5.4 服饰艺术品制作工艺的传承和创新

服饰艺术品的造型、色彩、材质等是人类追求和创造美的智慧结晶。其原因在于，首先，服饰品的产生和发展深受环境因素的影响，不同的地域和环境造就了风格迥异的服饰艺术品。其二，服饰艺术品带有明显的民族性，各民族的工艺、文化都集中反映了本民族对美的追求，服饰艺术品无不打上本民族的这种烙印。其三，民俗和宗教对服饰艺术品的影响十分显著，这些服饰品不仅是特定历史时期的民俗和宗教信仰的产物，另一方面也体现了劳动人们杰出的创造能力。其四，时代因素，各个时代的人们受特定社会实践内容和社会思想的影响、制约，形成了各自不同的审美意识，在这种审美意识的支配下，其设计创作的服饰艺术品自然会表现出这个时代的特点。其五，科技要素，服饰艺术品的生产离不开科学技术要素的影响，任何一种服饰艺术品的新材料的出现和制作工艺的革新，以及新的设计、制作工具的发明，都必然依赖于相应的科技手段和创造材料的发明。学习制作工艺本身是文化传承的重要部分，正是由于世代不间断的学习才让人类的美好创造得以发扬和延续。

5.5 服饰艺术品设计实例2——包设计（图5.2）

朋克风格包系列设计——工艺语言。

这个包系列设计主题为朋克与浪漫风格的碰撞融合。彻底的破坏与彻底的重组是所谓的朋克精神。设计强调美感、柔和与戏剧性。这款设计用瑰丽的想象和夸张的手法塑造形象，将主观、非理性、天马行空的想象融为一体。

朋克风格包系列设计的“形”的语言。

轻柔的面料与重金属感的面料相结合，运用“骷髅头”这个经典的形状结合狰狞的表

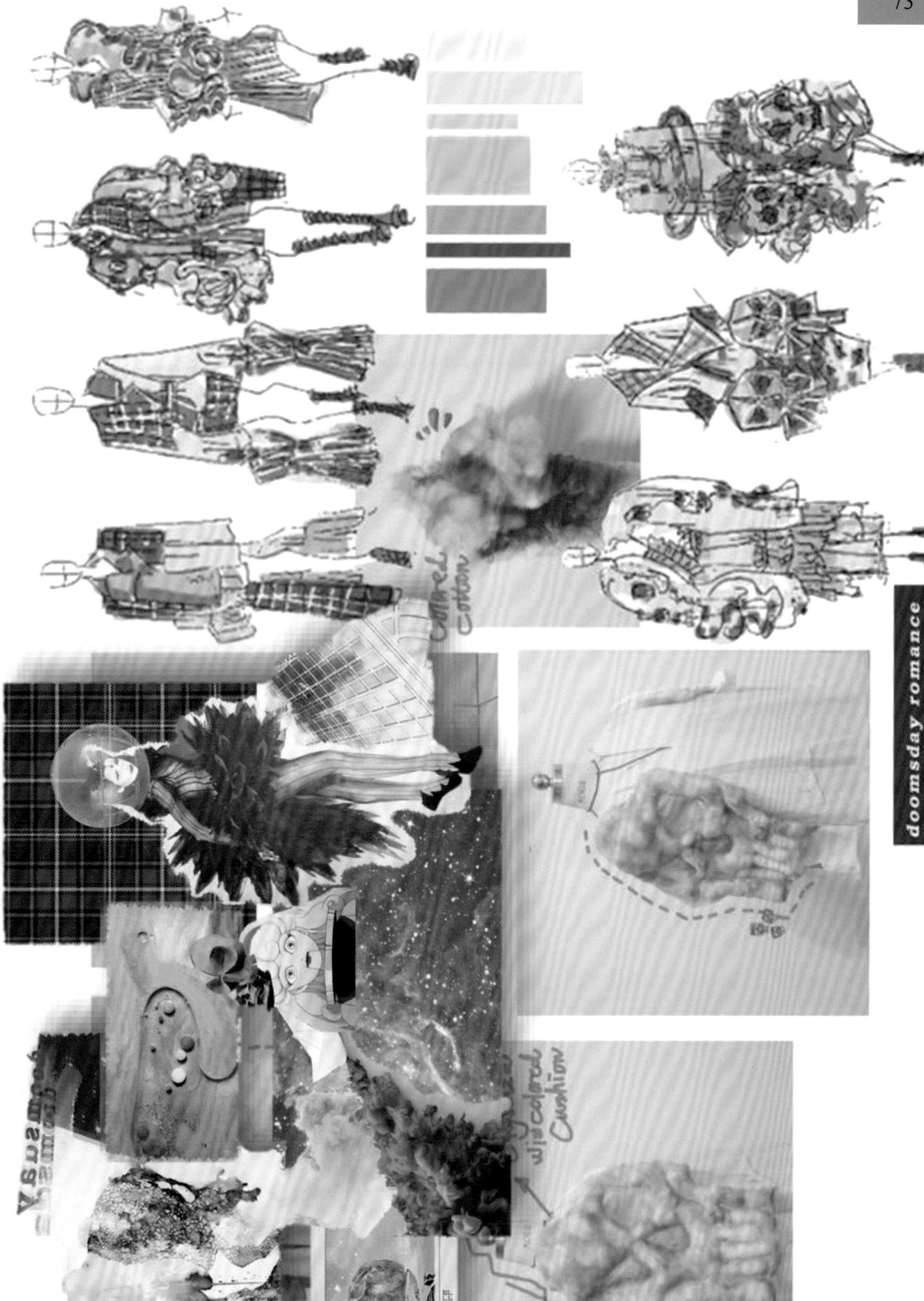

图5.2① 服饰艺术品设计实例2——包设计·服装氛围效果

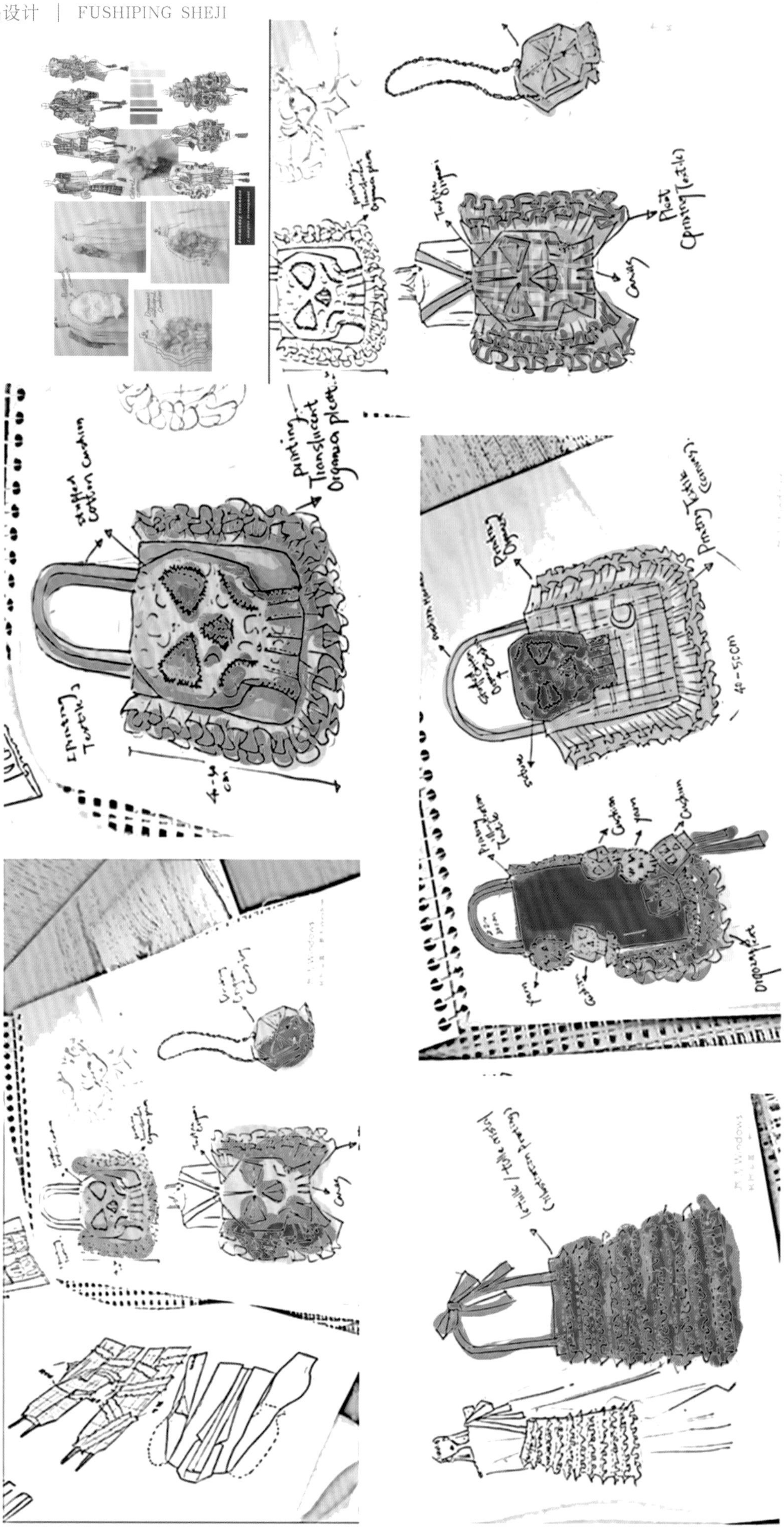

图5.2② 服饰艺术品设计实例2——包设计·包设计草图

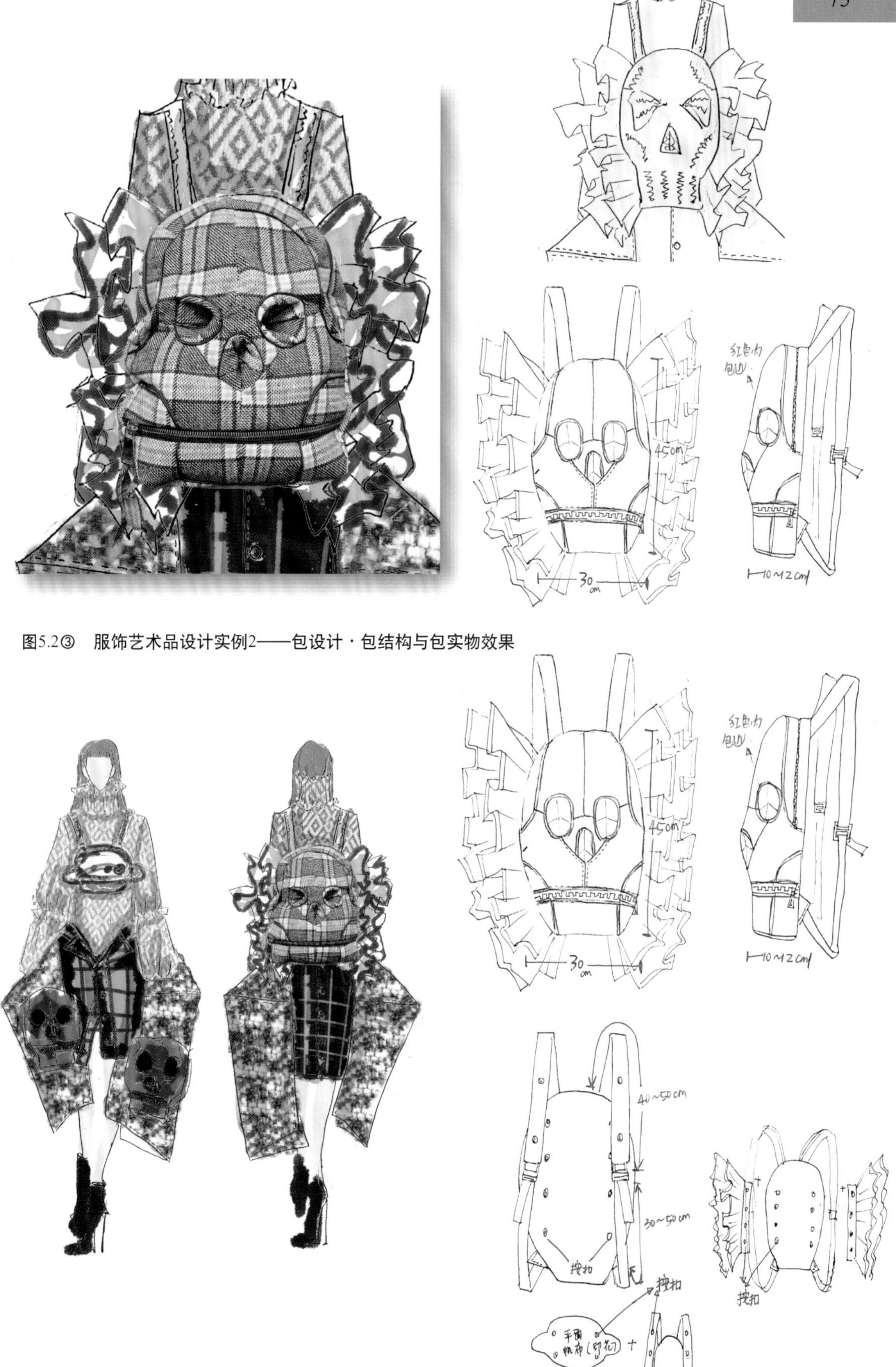

图5.2③　服饰艺术品设计实例2——包设计·包结构与包实物效果

图5.2④　服饰艺术品设计实例2——包设计·包结构与包佩戴效果

情，表现出极具戏剧感的“包”廓型，用立体的造型表现。在头骨的顶部制作立体的结构，用填充物做出局部立体造型。

朋克风格包系列设计的材料语言。

设计选择格子面料体现朋克+英伦风。存在的问题是面料按实物比例放大后，挺阔性不够，拼接排料形成骷髅头的面部形状对位要求高。

5.6 制作工艺与服饰艺术品的价值体现

①文化的传承。

首先是遗产价值。服饰艺术品是人类追求和创造美的历史积累和智慧结晶，服饰艺术品遗产的价值需要一代一代通过市场来表达他们的偏好，并能被后代传承。

②促进区域经济发展。

服饰艺术品独特的文化符号得以保存和弘扬了区域自豪感并得到广泛认同。

③为量化生产提供创新灵感。

服饰艺术品的创新形式在目标人群、生产模式、量化成本、品质规范等的条件要求下可以转化成所需要的量化服饰产品，更好地为大众需求服务。

④视觉价值创造。

一方面，服饰艺术品的创新变化可以更好地满足人们求新求变的心理需求；另一方面，服饰艺术品形式的创新可以创造超出购买者心里预期的价值认同，即创造“视觉价值”。

5.7 服饰艺术品设计实例3——手套设计（图5.3）

手套设计——工艺细节和舒适的结构也能创造“视觉价值”。

舒适的结构建立在对人体的研究之上，舒适的结构必然体现在结构版型分割上，这种分割用合适的工艺缝制也必然会呈现“新的视觉点”，这种体现区别的设计会吸引消费者的关注。

结构与工艺。手套设计尝试从触动手部穴位的中医保健视角设计手套，设计者通过对手部穴位及对应保健内容的详细研究，再通过手套分板结构对应相关穴位起到保健作用。

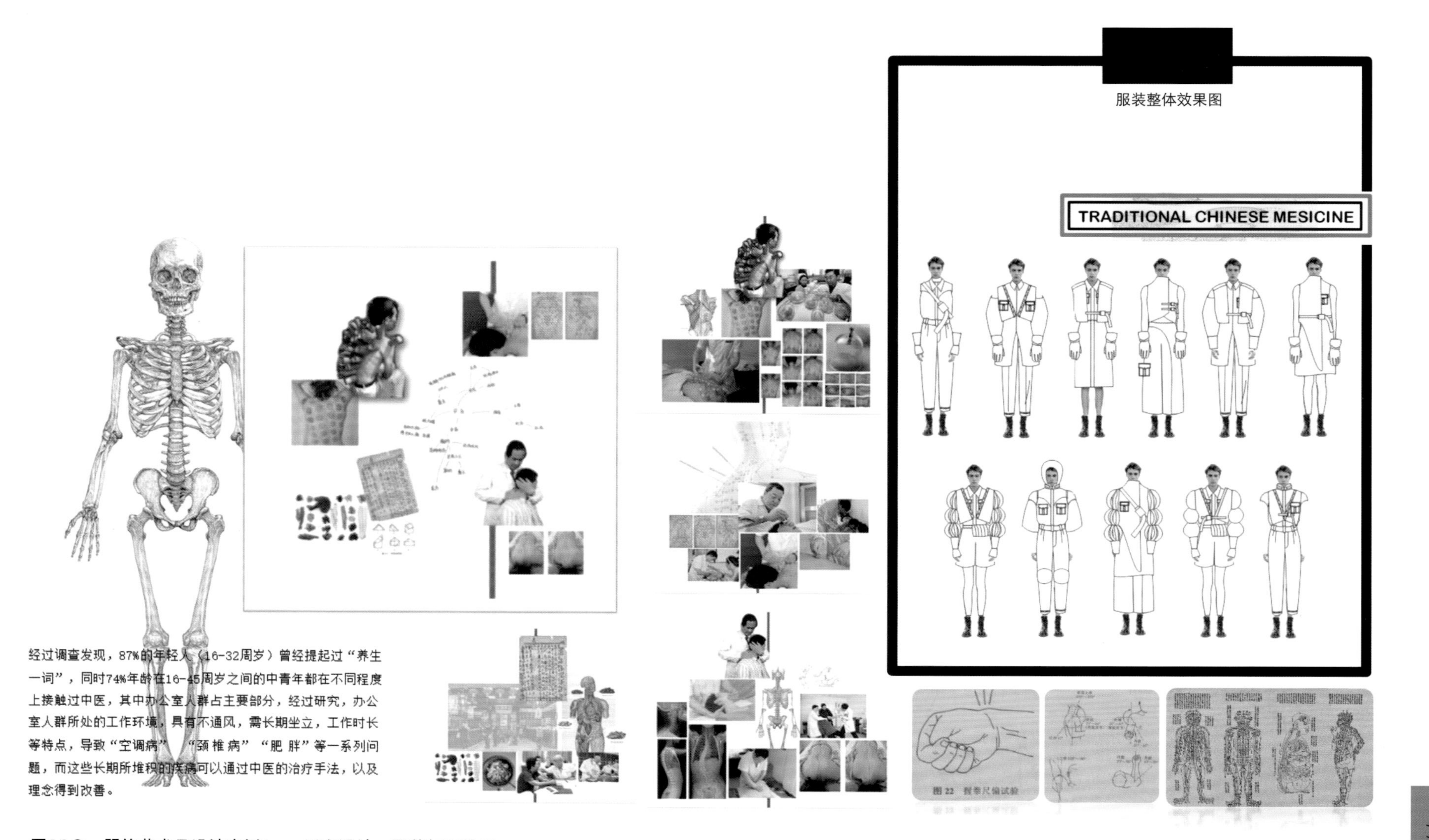

经过调查发现，87%的年轻人（16-32周岁）曾经提起过“养生一词”，同时74%年龄在16-45周岁之间的中青年都在不同程度上接触过中医，其中办公室人群占主要部分，经过研究，办公室人群所处的工作环境，具有不通风，需长期坐立，工作时长等特点，导致“空调病”“颈椎病”“肥胖”等一系列问题，而这些长期所堆积的疾病可以通过中医的治疗手法，以及理念得到改善。

图5.3① 服饰艺术品设计实例3——手套设计·服装氛围效果

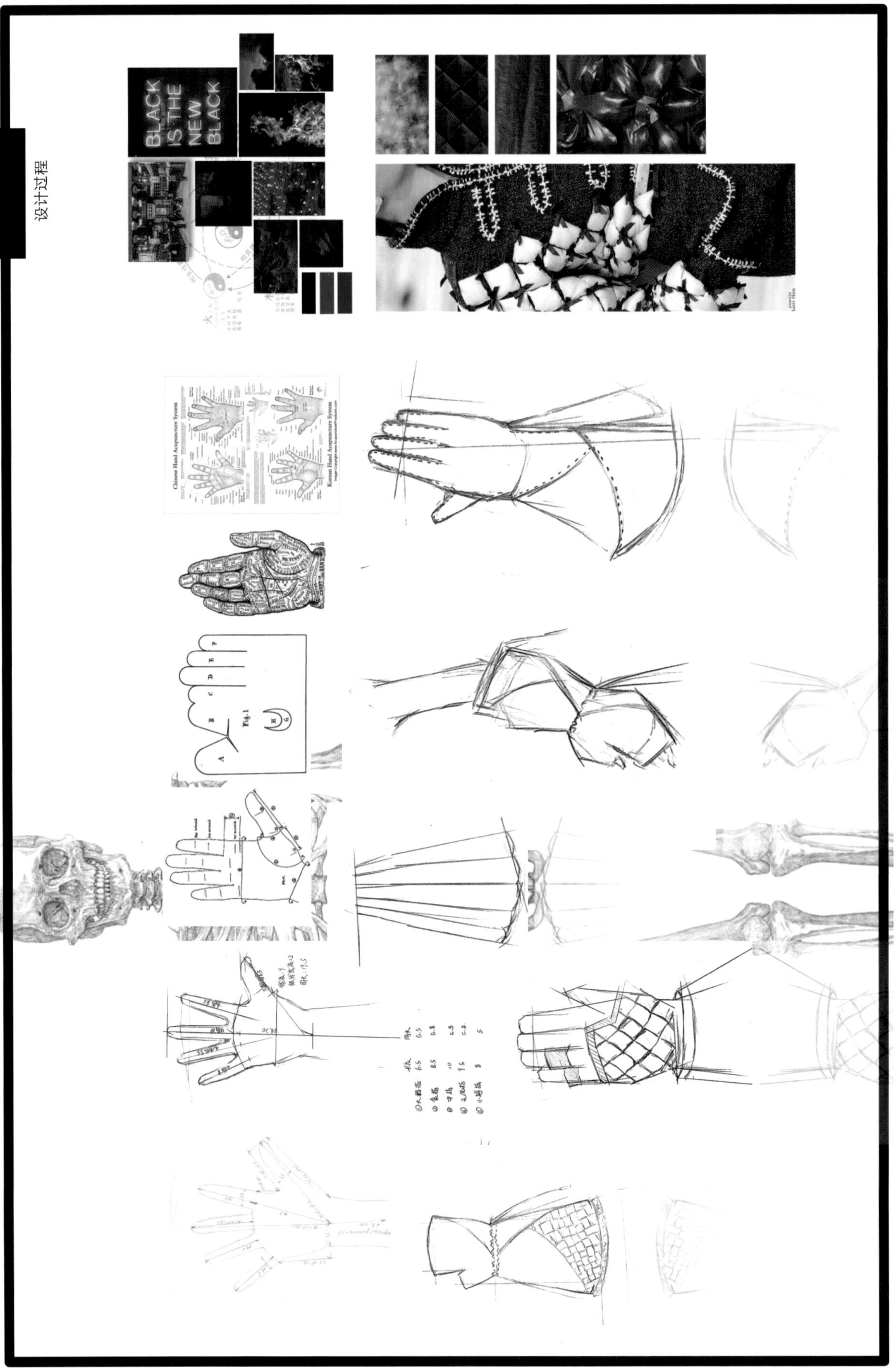

图5.3② 服饰艺术品设计实例3——手套设计·工艺结构设计

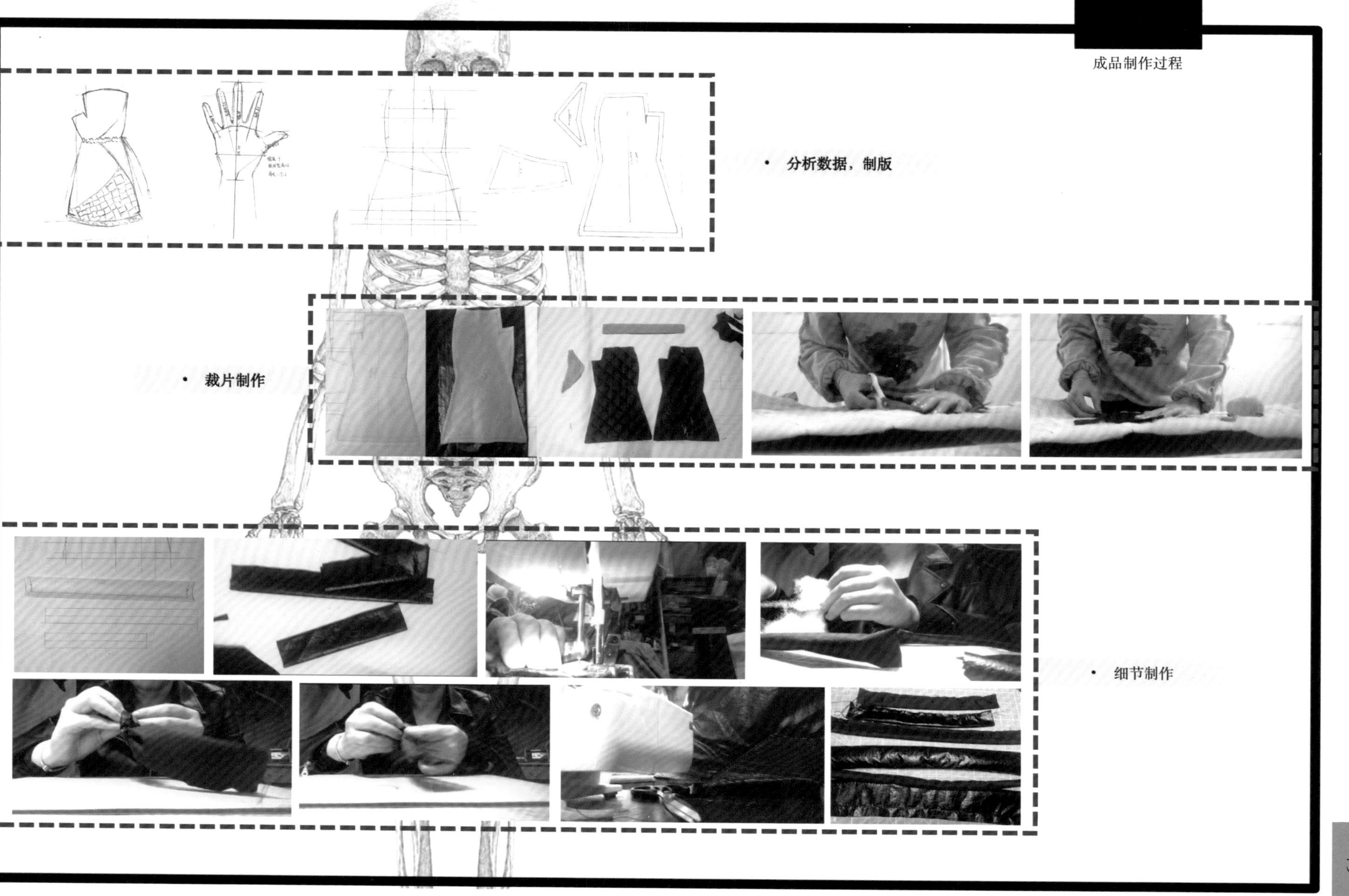

图5.3③ 服饰艺术品设计实例3——手套设计·工艺实验与手套制作

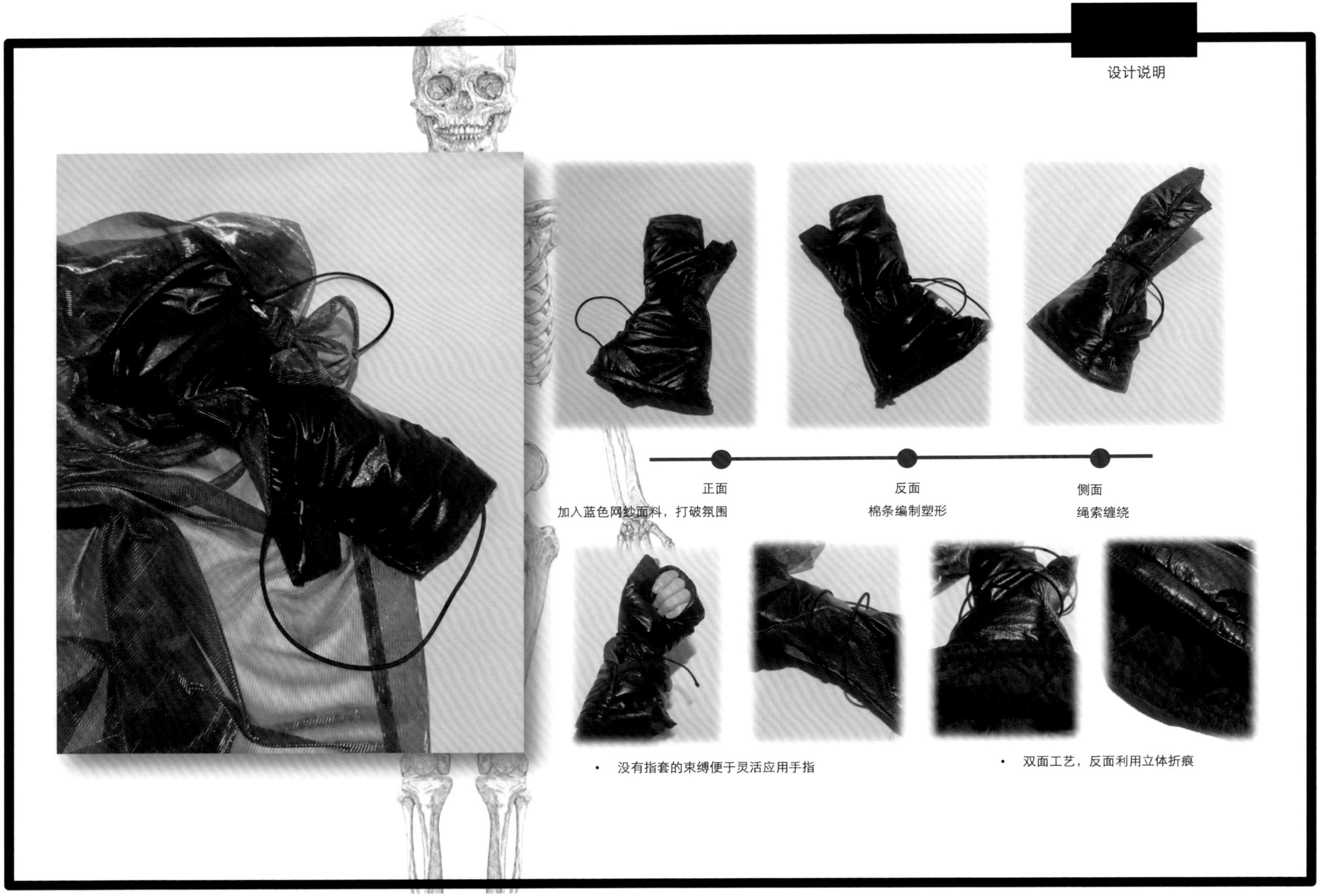

图5.3④ 服饰艺术品设计实例3——手套设计·手套实物效果

5.8 服饰艺术品设计——设计理想

“追求完美”是服饰艺术品设计的理想，服饰艺术品设计先要拟定设计“主题故事”和中心理想。设计力求突出主题故事，还要考虑以什么创新点和设计特色来表达“设计理想”。

在主题故事框架下，收集和甄选设计元素。设计元素包括形状、色彩、图形、材料、工艺、结构。在实际设计中设计者会有目的的以1至2个元素为主线展开设计。设计元素基本范围确定后，开始画设计草图，画设计草图的构思和绘制过程就犹如驰骋在自我想象的天空，设计中多画设计草图展现设计的多种可能，然后再跟据设计需要筛选设计图稿。

5.9 服饰艺术品制作工艺学习
——建立属于自己的“收集归纳”

学习服饰艺术品设计，首先要学习服饰品制作工艺，除了动手实验制作，还要收集手工技艺资料，

自己主动的收集归纳手工工艺的过程本身就是学习和理解的过程，这种过程中学习到的知识是“活”的，它会在你的设计过程中自己从脑海中“跳出来”供你选用。“灌输”式的被动学习和带着兴趣去主动学习工艺结果有本质的不同。不同的服饰艺术品品类有不同的工艺；不同的材料有不同的工艺；不同的服饰品品牌有不同于他人的工艺表达。服饰艺术品制作工艺有传统工艺、现代工艺和科技工艺，分门别类地收集、归纳和分析“制作工艺”对学习服饰艺术品设计非常有用。

收集制作工艺需要连同制作的服饰品整体产品图一同收集，这样可以知道制作工艺在服饰品中的效果，为以后自己的设计提供效果参考。收集的制作工艺如果能够找到对应的服饰品实物加以研究，会收获更多。

5.10 服饰艺术品设计实例4——鞋子设计（图5.4）

鞋子设计——用于服装秀场的鞋的改造设计。

制作一双全新的鞋子用于服装秀场走秀，制作鞋子的耗时很长，并且鞋底开模的成本很高，这时候通常采用鞋的改造设计。鞋子改造设计需要有一双“基础鞋”，这双鞋要和你设计的目标有一定的相似之处。

新材料。用于服装秀场的鞋的改造设计中运用新材料通常能够“改造”成全新的造型。采用的新材料可以突破常规的“鞋”的使用材料范围，新材料的使用要通过小样实验，以得到最佳的视觉效果。

材质对比。服装秀场用鞋，要营造层次丰富的视觉效果，可以在鞋子上用两种以上的材料对比，以区别于日常生活用鞋，凸显艺术效果和舞台展示的视觉冲击力。

用于服装秀场的鞋改造设计，不仅要考虑和服装的搭配，还要考虑秀场舞台光环境。

图5.4① 服饰艺术品设计实例4——鞋子设计·服装氛围效果

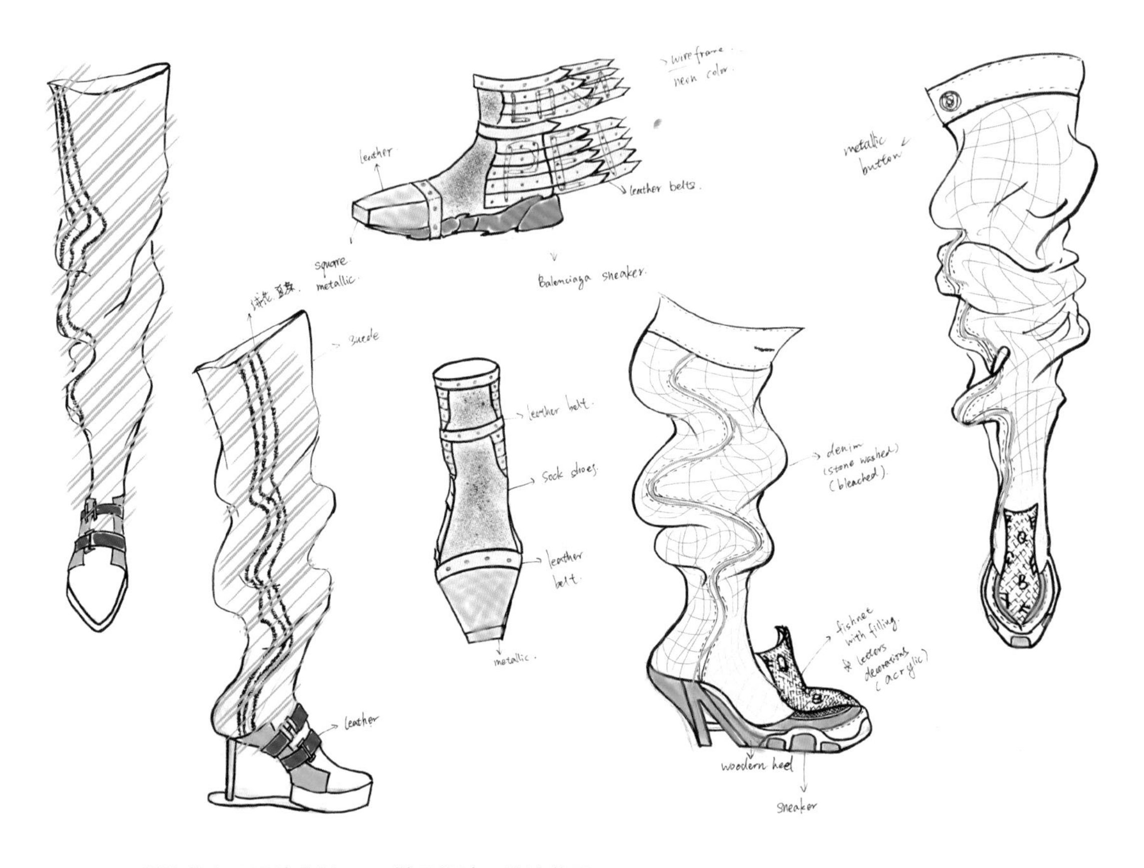

图5.4② 服饰艺术品设计实例4——鞋子设计·设计草图

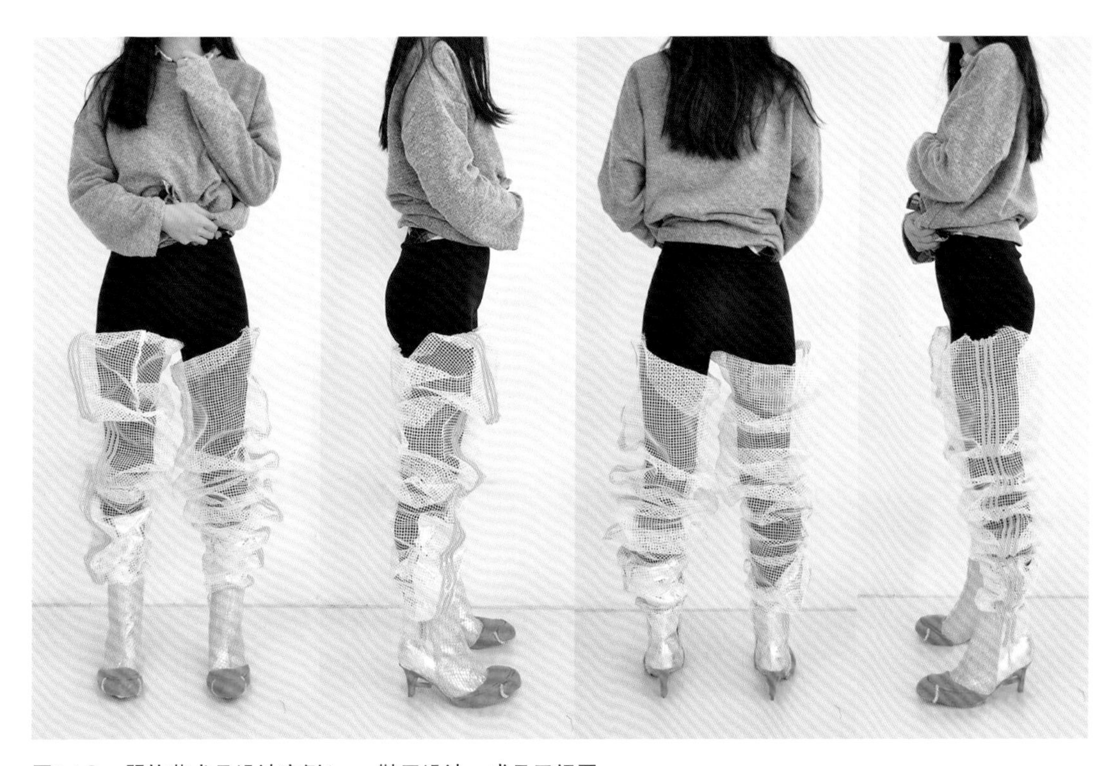

图5.4③ 服饰艺术品设计实例4——鞋子设计·成品三视图

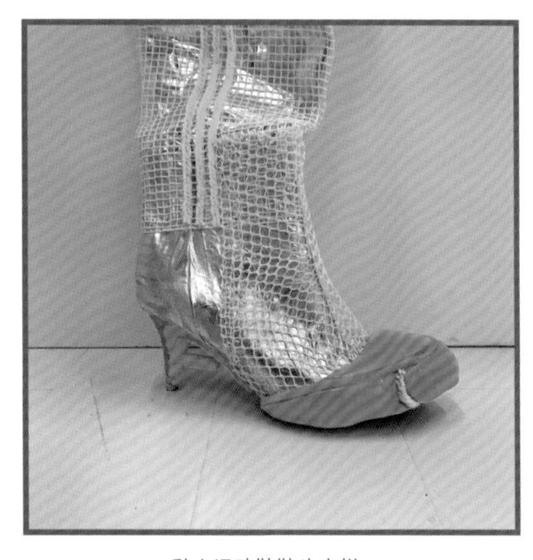

黏土运动鞋鞋头小样

工艺说明：材料是超轻粘土。制作工艺是将粘土在半干状态做成单面平滑的面饼状，然后上鞋切割成想要的形状。视觉惊喜是成品的干燥粘土可以还原运用鞋的胶感和运动感，而且并不增加鞋子的重量。

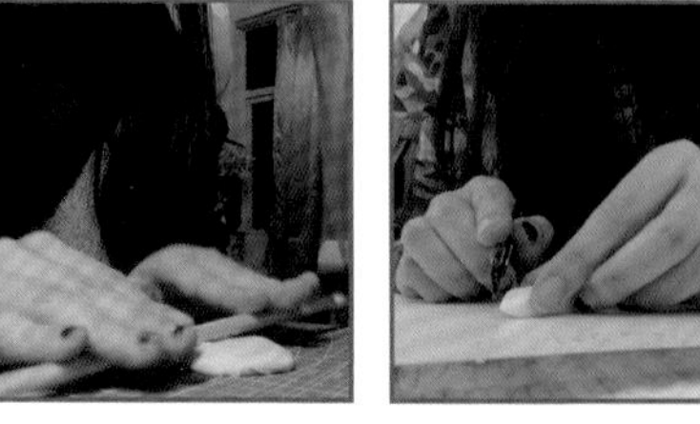

黏土面饼制作。

用美工刀尝试雕刻。

成品制作。

图5.4④ 服饰艺术品设计实例4——鞋子设计·工艺实验1

黏土上色小样

工艺说明：材料为喷漆，丙烯颜料和指甲油。制作方法是上色。视觉惊喜是荧光丙烯的颜色非常亮眼，在照片中效果非常好。

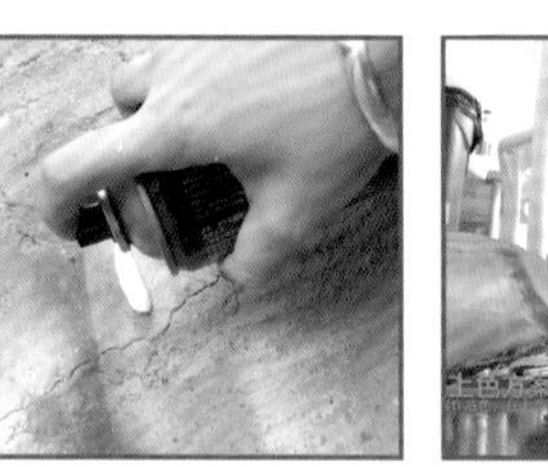

喷漆上色。

丙烯上色。

指甲油上顶层亮油。

图5.4⑤ 服饰艺术品设计实例4——鞋子设计·工艺实验2

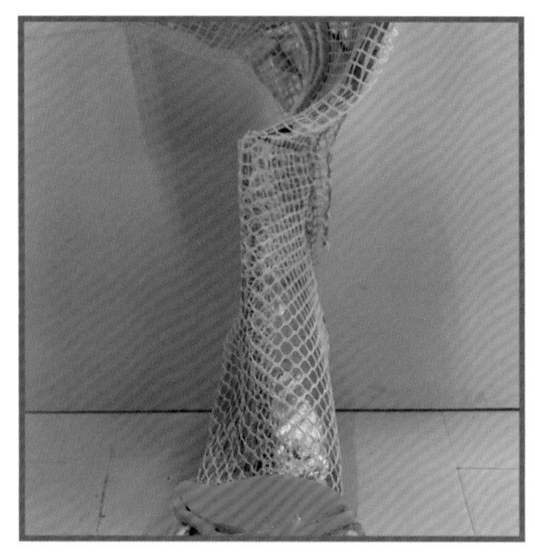

鞋面改造小样

工艺说明：材料美纹纸。制作工艺是通过美纹纸拷版，裁剪鞋面改造所用布料。视觉效果如预期，鞋面改造成功。

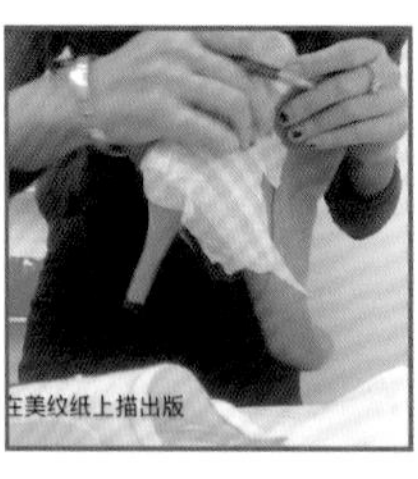

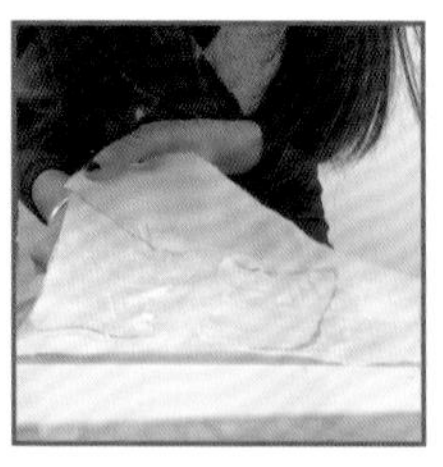

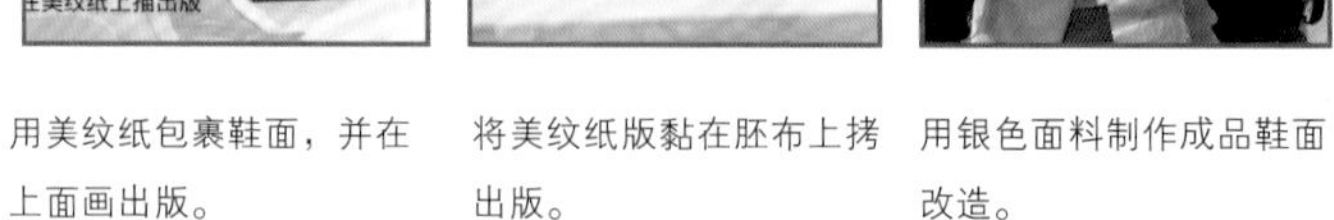

用美纹纸包裹鞋面，并在上面画出版。

将美纹纸版黏在胚布上拷出版。

用银色面料制作成品鞋面改造。

图5.4⑥ 服饰艺术品设计实例4——鞋子设计·工艺实验3

注：动态视频可见2019东华大学新锐设计师作品发布秀·鲍文宣

5.11　服饰艺术品设计——工艺实验、制作工艺小样

服饰艺术品设计草图确定后，就要着手工艺实验，制作工艺小样。选定的工艺制作方案要采用选定的材料进行实验制作，实验中尽量尝试多种方法、多种材料实验多种色彩搭配，最终通过效果比较选定需要的制作工艺材料和色彩。

工艺实验和制作工艺小样是为了尝试材料的变化和不同材料结合的效果，进一步了解材料性能特点，通过工艺实验和制作工艺小样确定最合适的材料。

工艺实验和制作工艺小样是为了在实际材料和工艺环境中确定主体色彩和细节肌理色彩的搭配协调关系。

工艺实验和制作工艺小样要按照所设计的服饰品同比大小实验制作。制作好的工艺小样最好在等比大小服饰品模型上看效果，在实际服饰品使用环境下确定适合的工艺。工艺实验和制作工艺小样是学习服饰艺术品设计的重要方法。

5.12　服饰艺术品设计实例5——头饰设计（图5.5）

服饰设计主题：附生。

这是一个概念设计，表达设计师内心独有的故事和设计理想，这样的设计往往没有具体原型的参照，它考验的是设计师的积累和生活敏感度。在主题范围下，通过工艺实验、制作工艺小样，寻找实现设计理想的途径。

图5.5① 服饰艺术品设计实例5——头饰设计·服装服饰整体效果

图5.5② 服饰艺术品设计实例5——头饰设计·头饰设计图

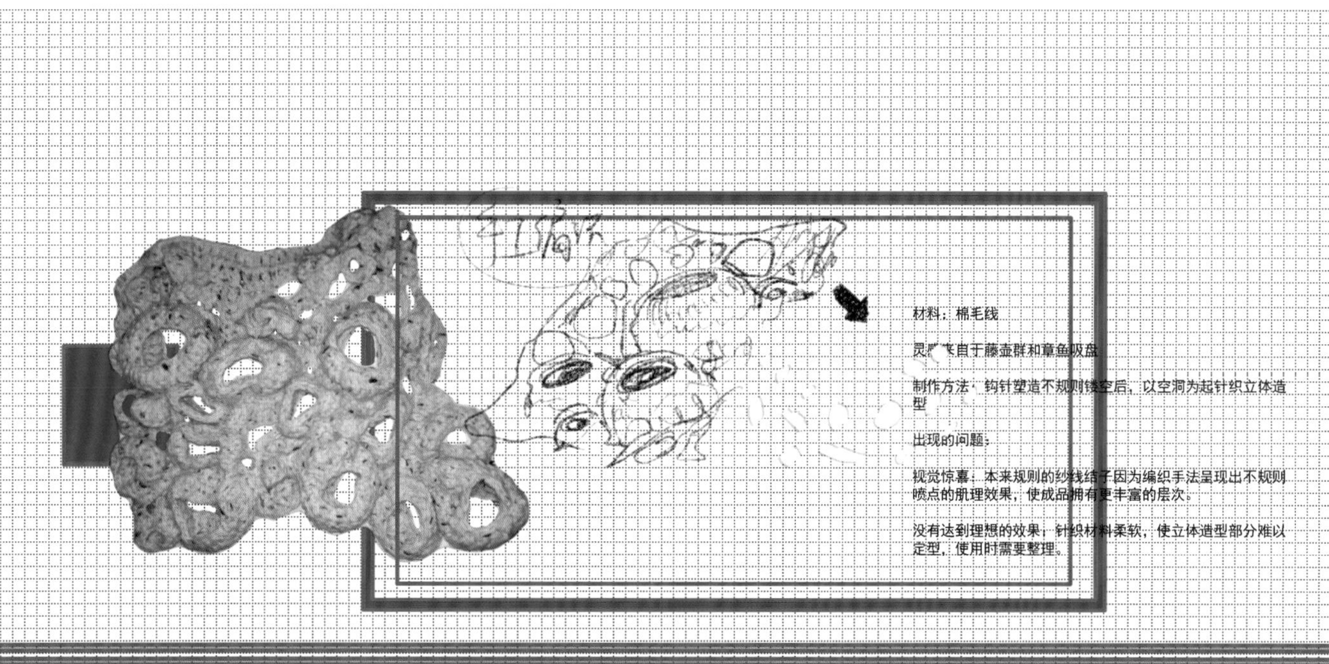

服饰艺术品设计实例5——头饰设计·工艺实验1

材　　料：棉、毛线。

工艺实验灵感：藤壶群和章鱼吸盘。

制作方法：用钩针编织塑造不规则的镂空，以空洞处起针钩织立体造型。

视觉惊喜：本来规则的纱线结子，因为编织手法呈现出不规则喷点的肌理效果，使工艺实验小样拥有更丰富的层次。

没有达到的效果：针织材料柔软，使立体造型部分难以定型，使用时需要整理。

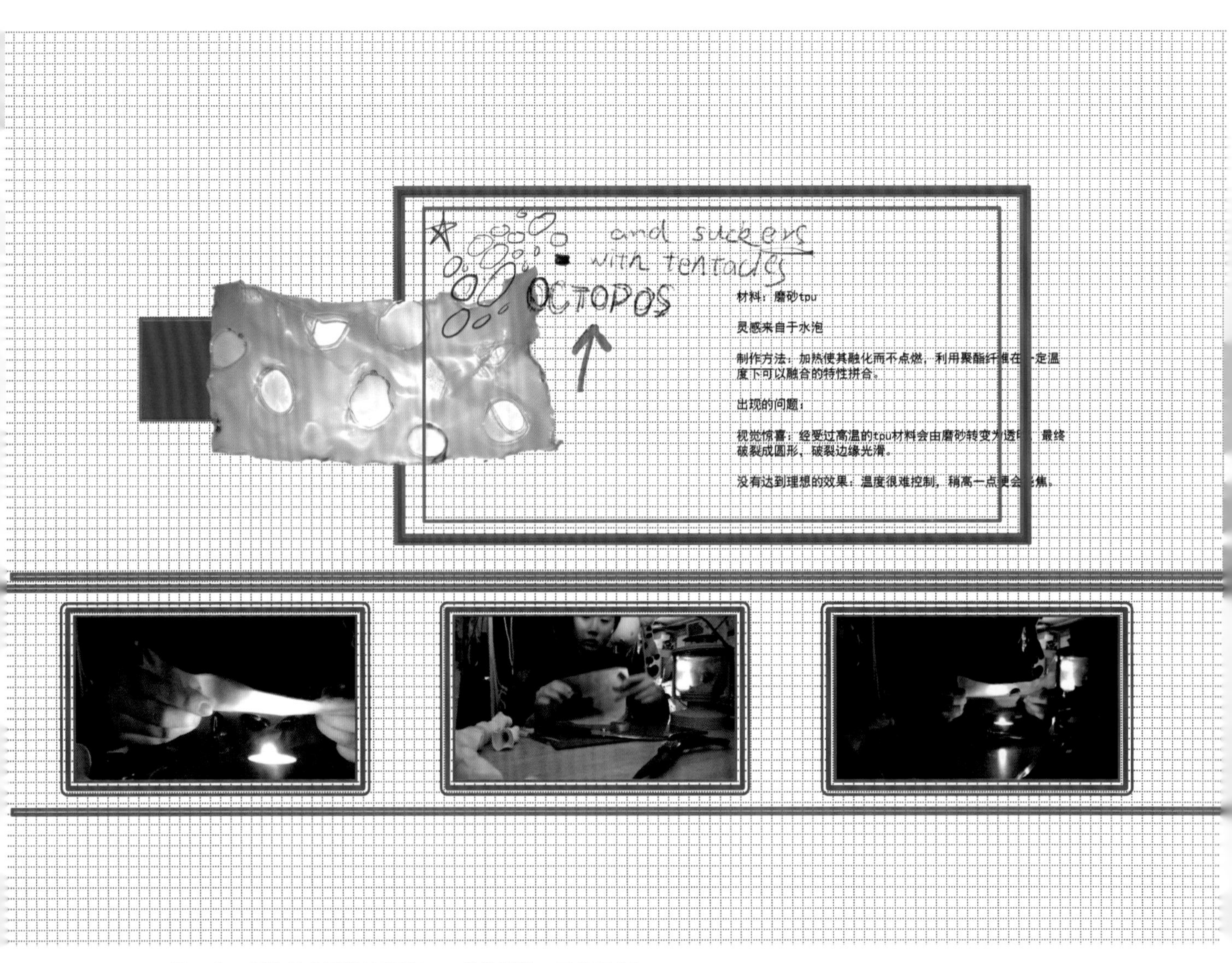

图5.5④ 服饰艺术品设计实例5——头饰设计 · 工艺实验2

材　　料：磨砂TPU。

工艺实验灵感：水泡。

制作方法：加热使其融化而不点燃，利用聚酯纤维在一定温度下可以融化的特性拼合。

视觉惊喜：经受过高温的TPU材料，会由磨砂转变为透明，最终破裂成圆形，破裂边缘光滑。

没有达到的效果：温度很难控制，温度高一点就会烧焦。

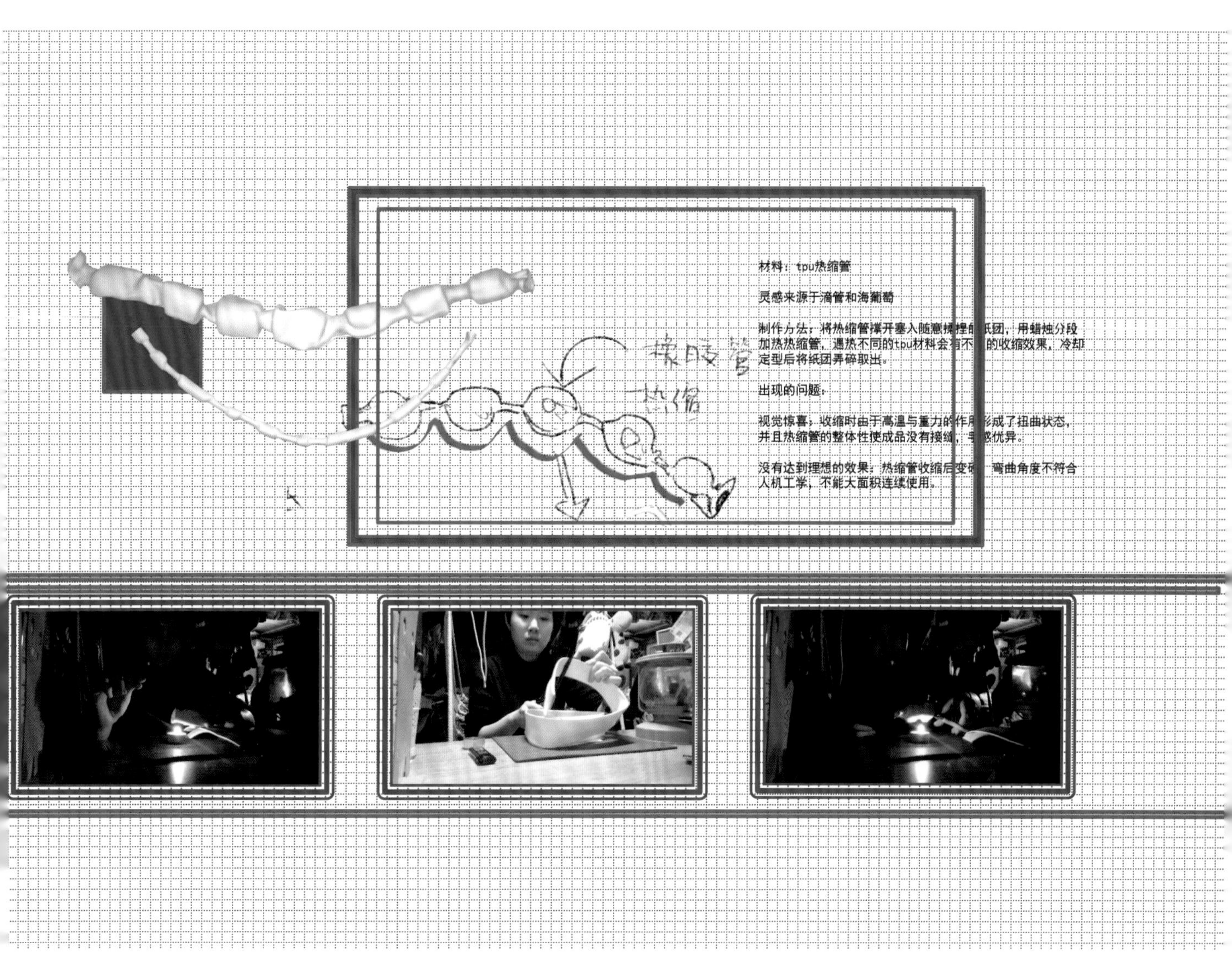

图5.5⑤　服饰艺术品设计实例5——头饰设计·工艺实验3

材　　料：TPU热缩管。

工艺实验灵感：滴管和海葡萄。

制作方法：将热缩管撑开塞入随意揉捏的纸团，用蜡烛分段加热热缩管，遇热不均的TPU材料各段会有不同的收缩效果。冷却定型后将纸团弄碎取出。

视觉惊喜：收缩时由于高温与重力的作用，形成了扭曲状态，并且热缩管的整体性使成品没有接缝，手感优异。

没有达到的效果：热缩管收缩后变硬，弯曲角度不符合人机工学，不能大面积连续使用。

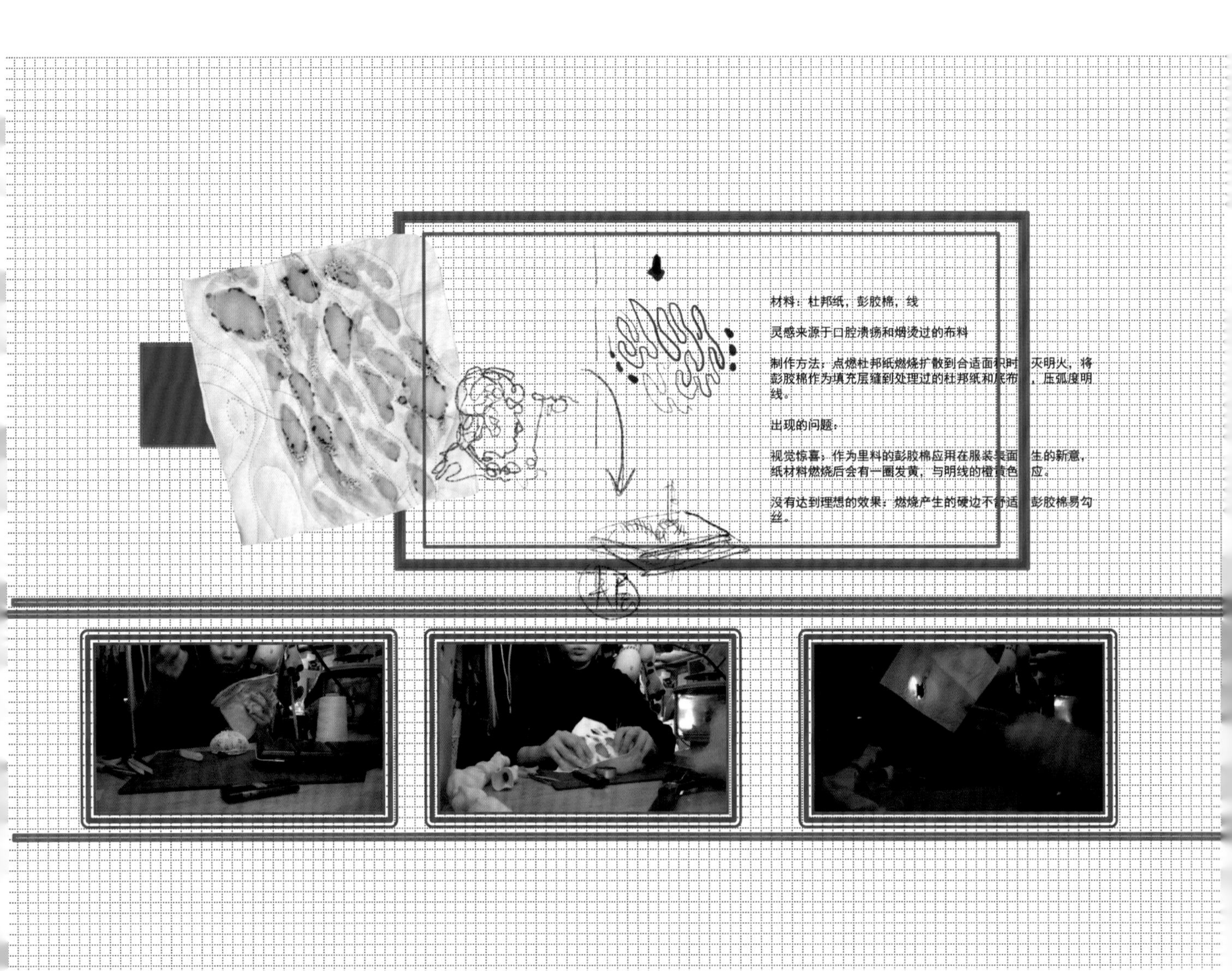

图5.5⑥　服饰艺术品设计实例5——头饰设计 · 工艺实验4

材　　料：杜邦纸，膨胶棉，线。

工艺实验灵感：口腔溃疡和烟头烫过的布料。

制作方法：点燃杜邦纸燃烧，扩散到合适面积时熄灭明火。将膨胶棉作为填充层缝到处理过的杜邦纸和底布，压弧度明线。

视觉惊喜：作为里料的膨胶棉应用在服装表面产生的新效果，纸材料燃烧后会有一圈发黄，与明线的橙黄色呼应。

没有达到的效果：燃烧产生的硬边使手感不舒适，膨胶棉易勾丝。

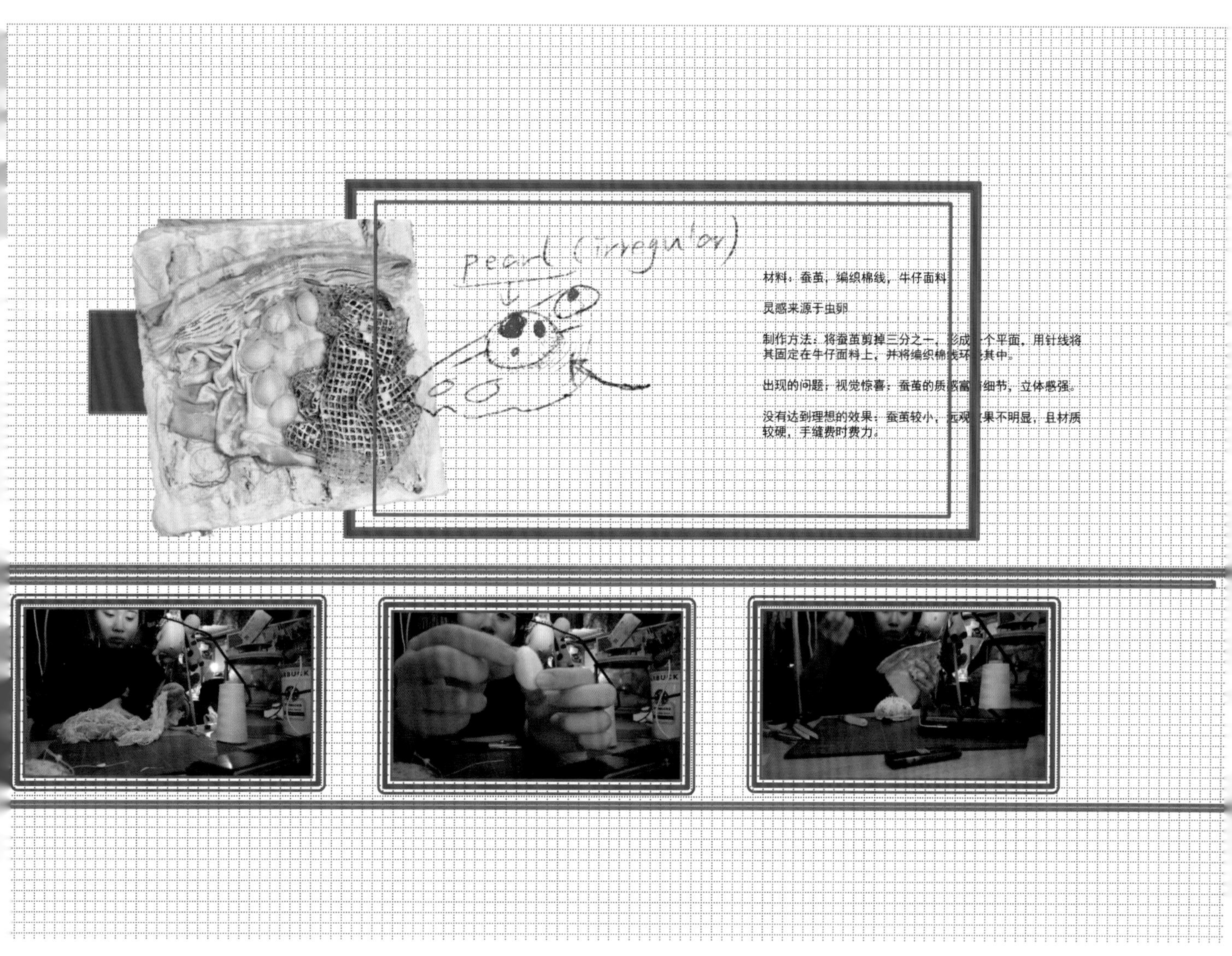

图5.5⑦　服饰艺术品设计实例5——头饰设计·工艺实验5

材　　料：蚕茧、编织棉线、牛仔面料。

工艺实验灵感：虫卵。

制作方法：将蚕茧剪掉三分之一，剩余部分展开形成一个平面，用线将其固定在牛仔面料上，并用编织棉线环绕其周围。

视觉惊喜：蚕茧的质感富有细节，立体感强。

没有达到的效果：蚕茧较小，远观效果不明显，且材质较硬，手缝费时费力。

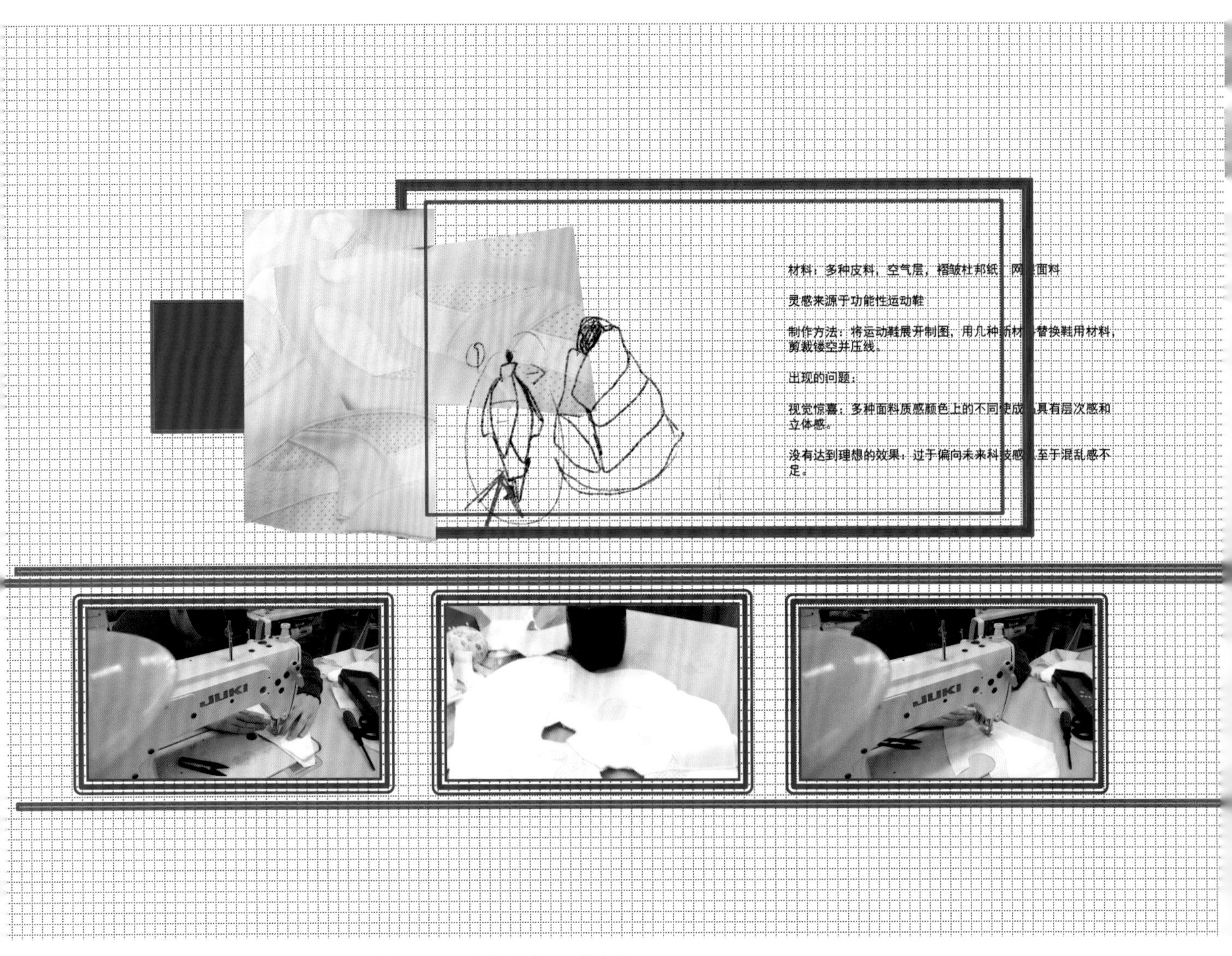

图5.5⑧　服饰艺术品设计实例5——头饰设计·工艺实验6

材　　料：多种皮料，空气层，褶皱杜邦纸，网眼面料。

工艺实验灵感：功能性运动鞋。

制作方法：绘制运动鞋面结构图，用几种材料替换鞋面用材料，剪裁、镂空并压线。

视觉惊喜：多种材料质感颜色上的不同使成品具有层次感和立体感。

没有达到的效果：过于偏向未来科技感，混乱感不足。

设计说明：

【附生】的灵感来源于生物实验与未来医疗，我希望塑造一种病变与融合的感觉，模糊“人”的概念，将人类最具标志性的脸部遮盖或扭曲，主体色系选择白色，塑造干净的消毒感觉，但造型上却尽量复杂而诡异，将一部分肉体的感觉，生物的感觉融合进去，并且在表现手法上充分结合服装制作技术，加强其服用性。

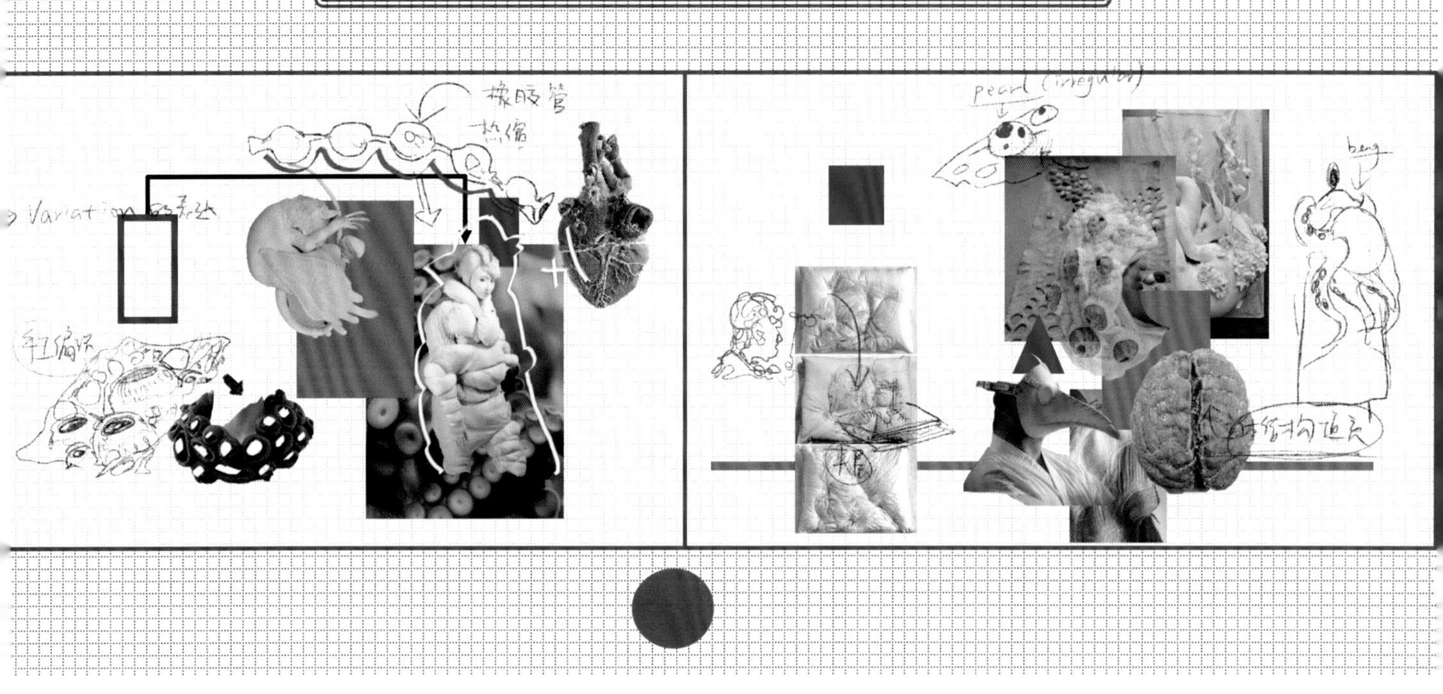

图5.5⑨　服饰艺术品设计实例5——头饰设计 · 设计说明

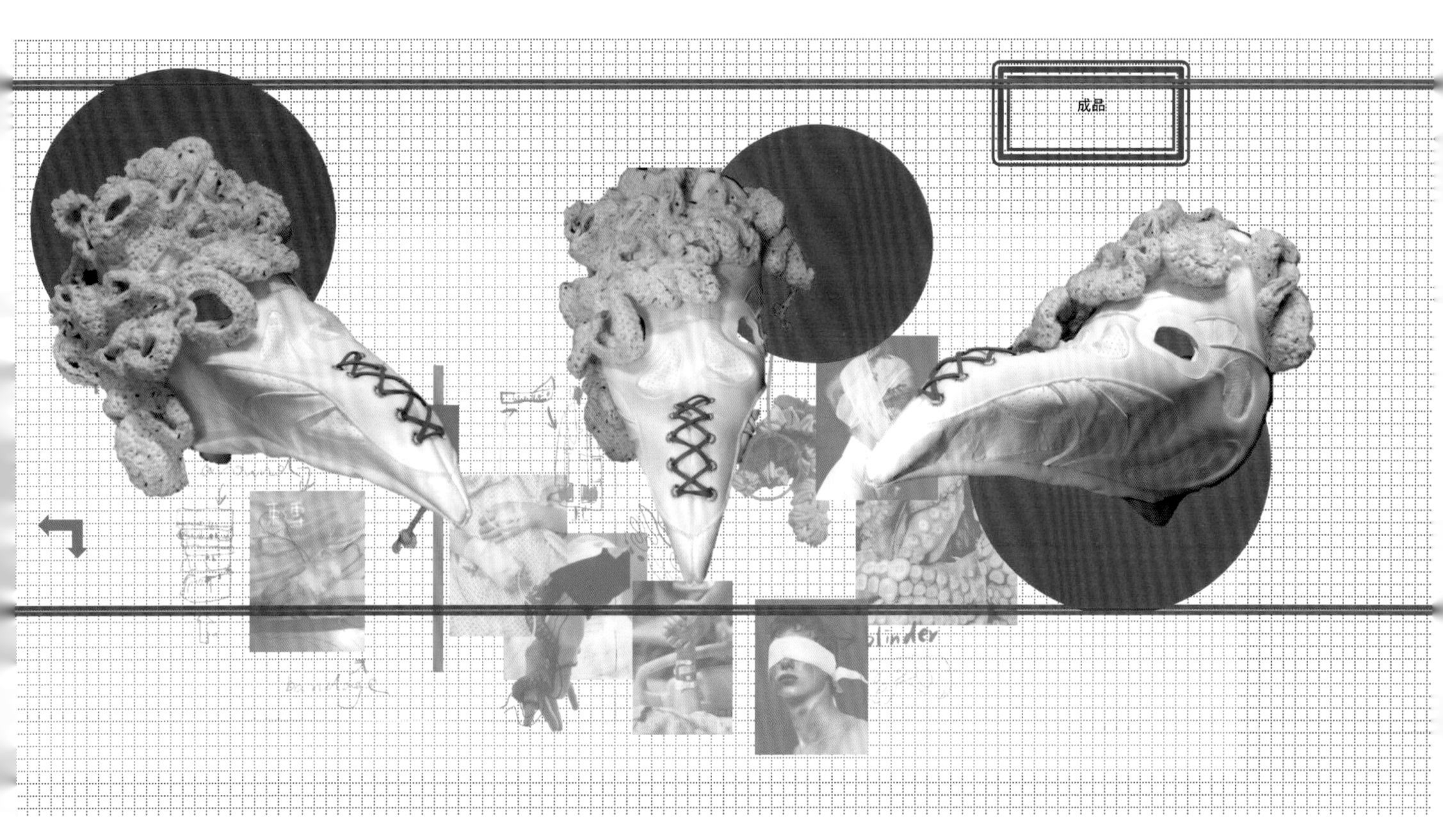

图5.5⑩　服饰艺术品设计实例5——头饰设计 · 头饰实物效果

注：动态视频可见2019东华大学新锐设计师作品发布秀 · 李怡宁

5.13 服饰艺术品设计方法及设计流程

①服饰艺术品设计——设计理想。

②服饰艺术品制作工艺——建立属于自己的“收集归纳”。

③服饰艺术品设计——工艺实验、制作工艺小样。

④服饰艺术品设计——修改完善设计方案。

服饰艺术品设计草图方案在制作工艺和细节方面，对于学习设计的学生来说通常是模糊和不明确的，通过工艺实验和制作工艺小样让设计者明确了设计与制作的关系，通过修改完善设计方案确定设计效果，绘制服饰品设计效果图。

⑤制作服饰艺术品——完成实物制作。

服饰艺术品制作中，有时确定好的制作工艺在实际制作中还要进行一定的调整。

5.14 服饰艺术品的制作工艺是“区别”价值的符号

服饰艺术品是服饰设计中感性和理性相结合的创造，艺术性是服饰艺术品设计的灵魂。服饰艺术品具有服饰品的显著特征，无论是时装、成衣还是生活实用服装都有服饰艺术品的存在，服饰艺术可雅俗共赏，服饰品艺术把最高级的内容传达给大众。在今天自媒体蓬勃发展和呼唤创新的时代，自我艺术观念表达在服饰艺术品中收获共鸣，所以服饰艺术品在各种服装系统中都有出现，只是，不同的服饰艺术品载体所表达的制作工艺是不同的。制作工艺隐含了制作耗时长短、工艺的复杂和容易程度、制作材料的贵贱、对整体服饰艺术品的特殊要求，这些因素加上制作工艺所表达的风格语言、使用场合局限、与服装整体搭配区别等实现了服饰艺术品中体现“区别”的价值。

第六章　服饰品设计方法与设计样板

6.1　从抽象到具象，即从无形到有形

6.1.1　服饰品设计与制作流程实例1

废土风格时装包设计——从抽象到具象，即从无形到有形

6.1.1.1　设计思维、灵感

6.1.1.2　设计元素的提取归纳

6.1.1.3　设计草图到初步效果图

6.1.1.4　确定设计到制作模型

6.1.1.5　设计样板制作

6.2　从具象到具象，即从有形到新形

6.2.1　服饰品设计与制作流程实例2

古陶罐主题时装包设计——从具象到具象，即从有形到新形

6.2.1.1　设计思维、灵感

6.2.1.2　设计元素提取、归纳

6.2.1.3　从设计草图到设计效果图

6.2.1.4　工艺实验·制作工艺小样

6.2.1.5　等比例纸模型制作·确定纸格

6.2.1.6　样板包制作

6.2.1.7　古陶罐主题时装包·工艺文化韵致

6.2.1.8　古陶罐主题时装包设计总结

6.3　服饰品设计流程

服饰品设计的方法有两种。一种是从抽象到具象，即从无形到有形。另一种是从具象到具象，即从有形到新形。这两种方法都很重要，甚至在设计中需要相互结合应用。在服饰品设计实践中可以根据主题特点、设计深入程度和系列产品延展等灵活选用设计的方法。服饰品设计最初的效果图只是表达设计概念，服饰品设计过程还需要材料、工艺、颜色、肌理、结构的真实组合搭建，这样才真正意义上完成了整个设计，这个过程的最后结果就是“设计样板”。在现实中，制作完成“设计样板”才是真正意义的设计，设计效果图只是表达设计概念。不同的设计方法完成“设计样板”制作的过程会有一些不同。

6.1 从抽象到具象，即从无形到有形

从抽象到具象设计方法的灵感来源和故事一般是观念、态度、感受、画面或者风格，设计时需要从无形的灵感里面提炼可视化的典型元素。可视化的元素包括：轮廓、色彩、图形、材质、肌理、工艺等。这些可视化的元素在设计者独特的理解力驱动下，演绎出有形的服饰品设计。例如，本书第二章的“二十四节气概念首饰”设计，每一个节气可能是一首诗、一个画面、一种感受。设计者需要收集和思考：用什么来表达节气，并且节气的表达要与观者产生共鸣。通过大量的资料收集、反复思考，设计者确定用“荷花的一生”来表达不同的节气。其中“冬至荷塘”设计者通过弯腰的残荷、雪地、冰霜下的流水和残荷倒影演绎出“冬天刚刚到来”的一枚胸针设计。

6.1.1 服饰品设计与制作流程实例1

废土风格时装包设计——从抽象到具象，即从无形到有形

6.1.1.1 设计思维、灵感

设计的主题灵感来源：①弘扬民族文化。人们需要保护传承民族文化遗产。②运动已成为一种生活方式。全民运动的概念深入人心，民众对自我的健康的认识得到提升，越来越多的人通过健身以期脱离亚健康的身体状态。③后启示录风格与潮流群体。后启示录风格正在逐渐融入年轻的潮流群体中，同时也为年轻人尚未定型的思维加入对世界的更深层的思考。后启示录风格的受众与新一代的充满活力在年轻潮人群体有高度的重合度。通过后启示录风格这一桥梁，向年轻群体灌输传统文化的魅力和重要性，不仅丰富年轻群体的视野，也将关于传承民族文化的重要性传达给他们（图6.1、图6.2）。

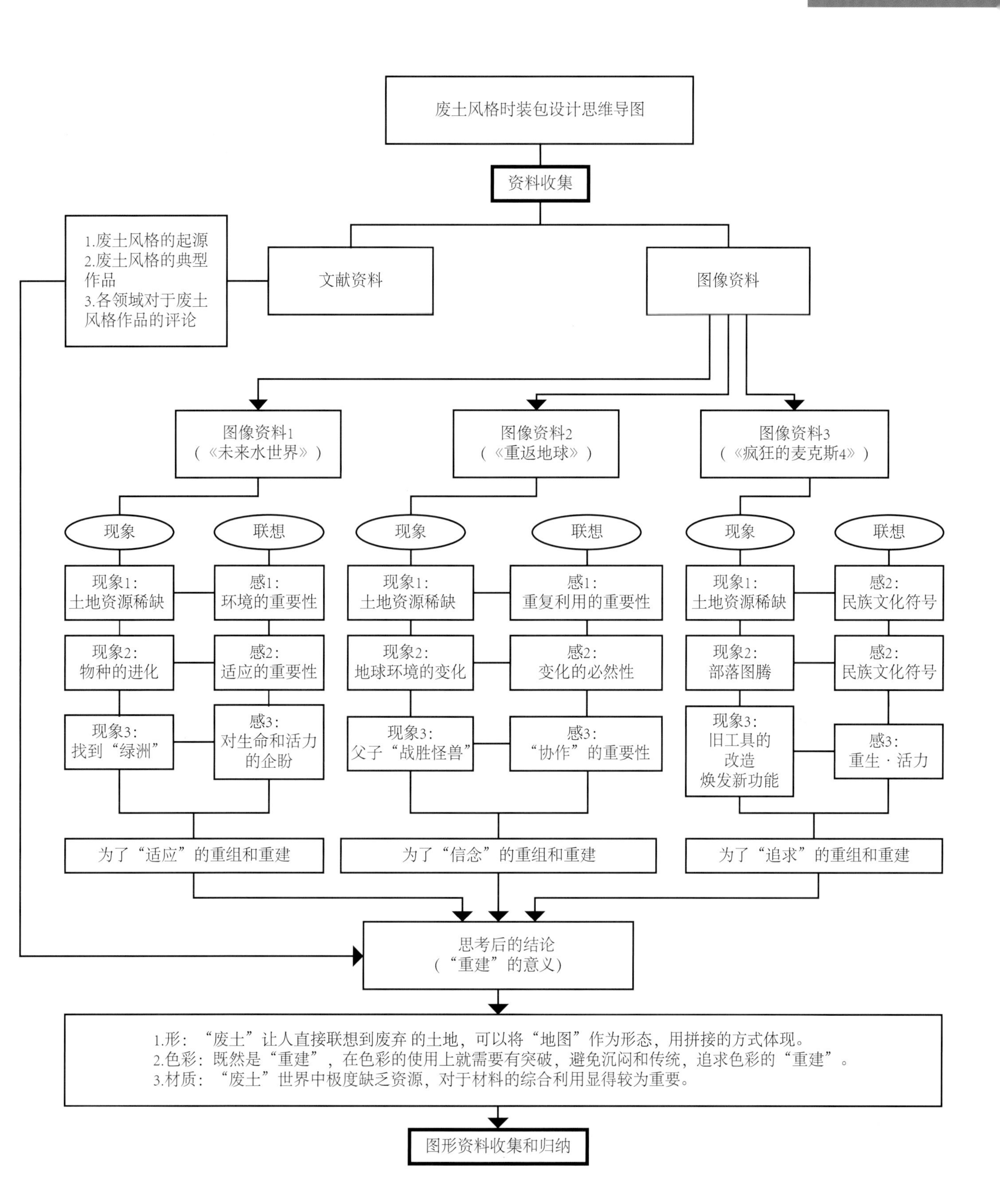

图6.1　废土风格时装包设计思维导图

图6.2① 废土风格时装包设计 · 主题灵感版

图6.2② 废土风格时装包设计 · 主题色彩版

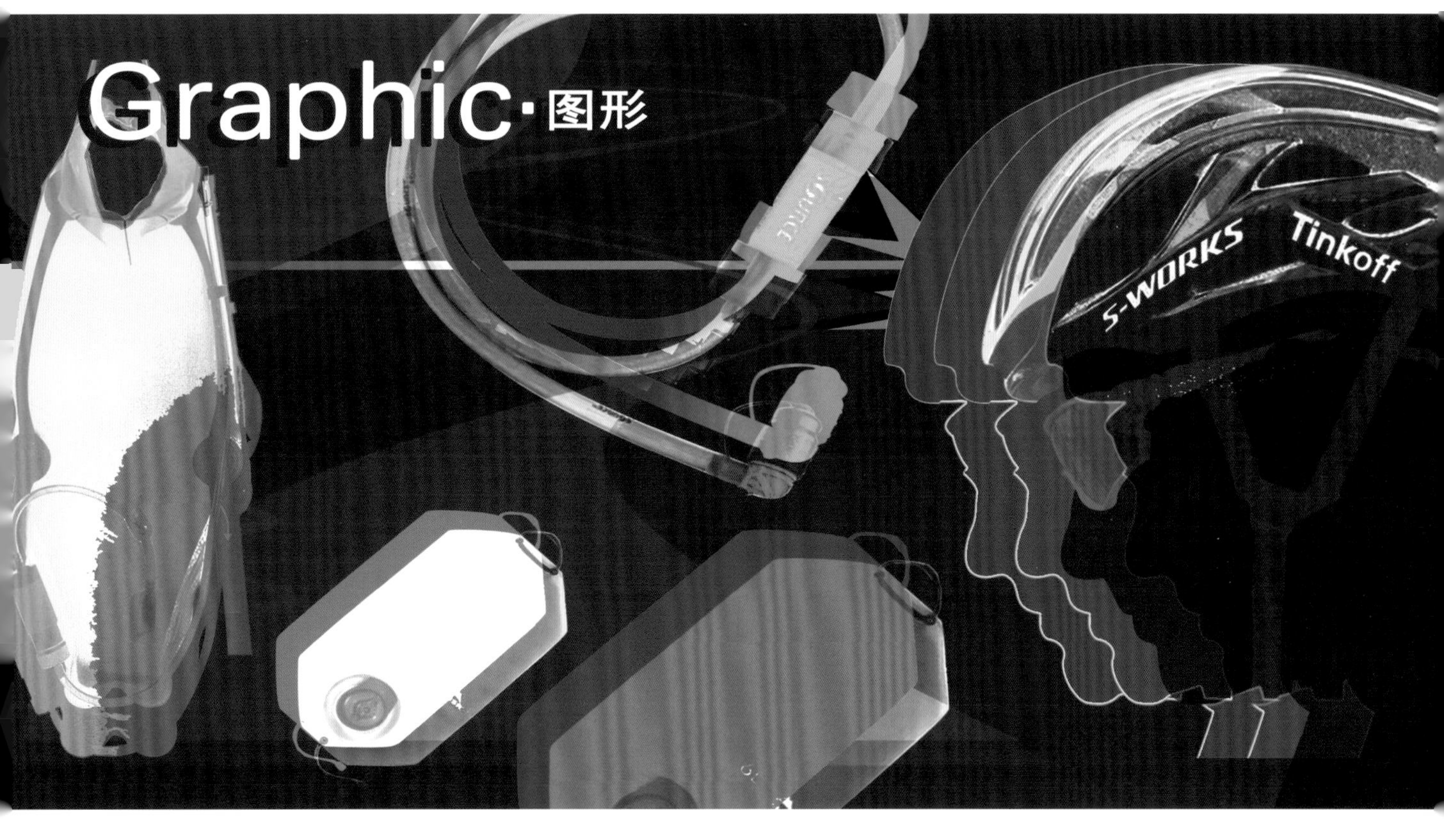

图6.2③　废土风格时装包设计·主题图形版

6.1.1.2 设计元素的提取归纳

服饰品设计需要收集的资料包括文献资料和图形资料，收集是学习的重要方法，收集、浏览、记录、归纳、分类梳理的过程是深刻解读主题和学习未知知识的重要过程。收集资料的过程会激发思考，会与收集者自身的理解、认知碰撞出灵感的火花，灵感的火花是设计者创新设计最重要的“能量”。从抽象到具象，即从无形到有形的设计方法收集资料中需要收集大量的文献资料，在这种设计方法中对文献的解读除了有文化层面的深度广度理解，还要有图形的转换思维能力（图6.3）。

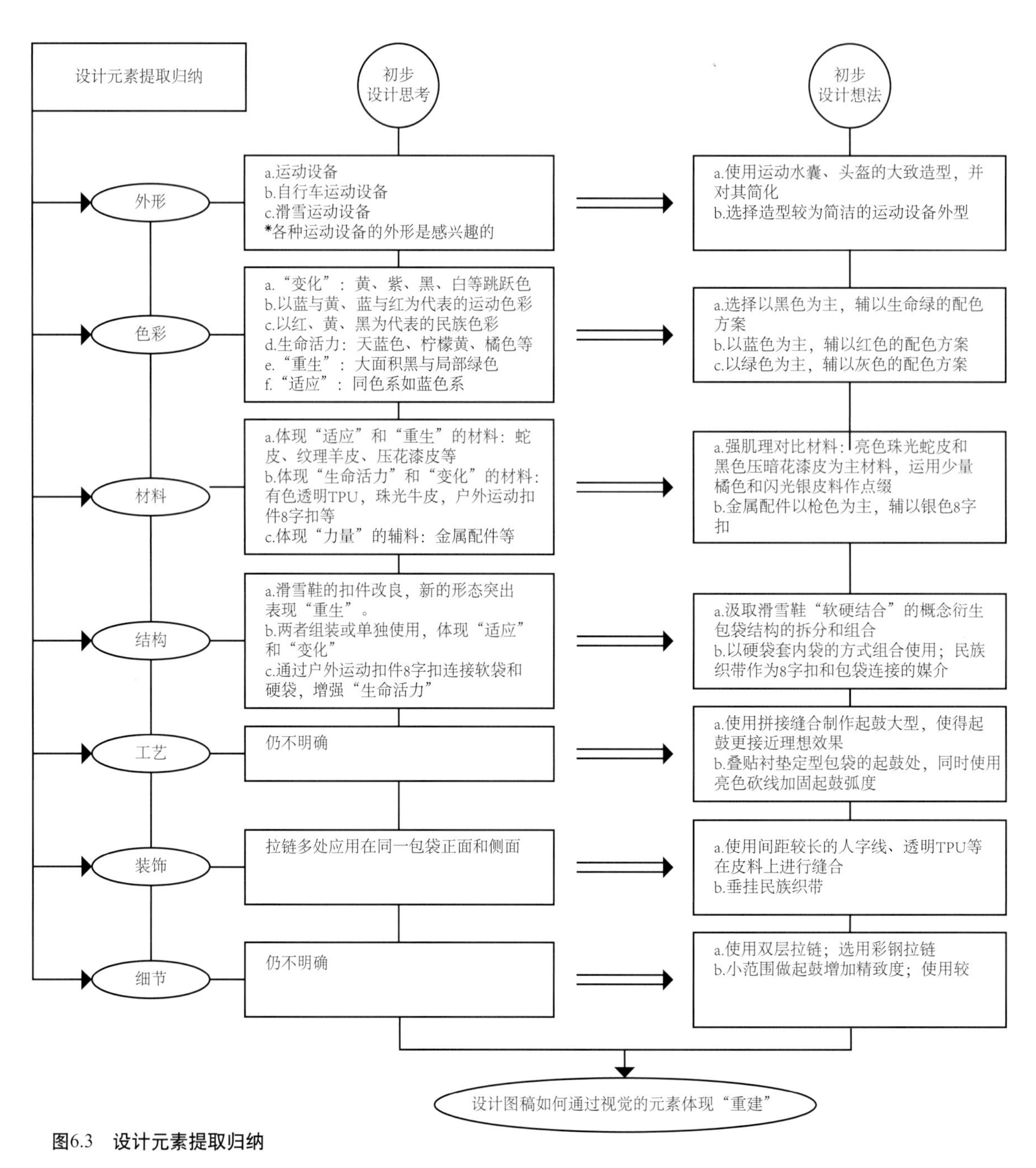

图6.3 设计元素提取归纳

6.1.1.3 设计草图到初步效果图

从抽象到具象，即从无形到有形的设计方法，从思想、概念、感受转换成具体的服饰品过程中，大量的收集和思考会产生很多想法，会“难以”选择。多画设计草图，从构成服饰品的所有要素出发展开设计，并评估每个设计草图方案的特点，并从设计者主要表达的设计“点”出发做出取舍判断，同时找出解决问题的方法（图6.4），完成初步效果图（图6.5）。

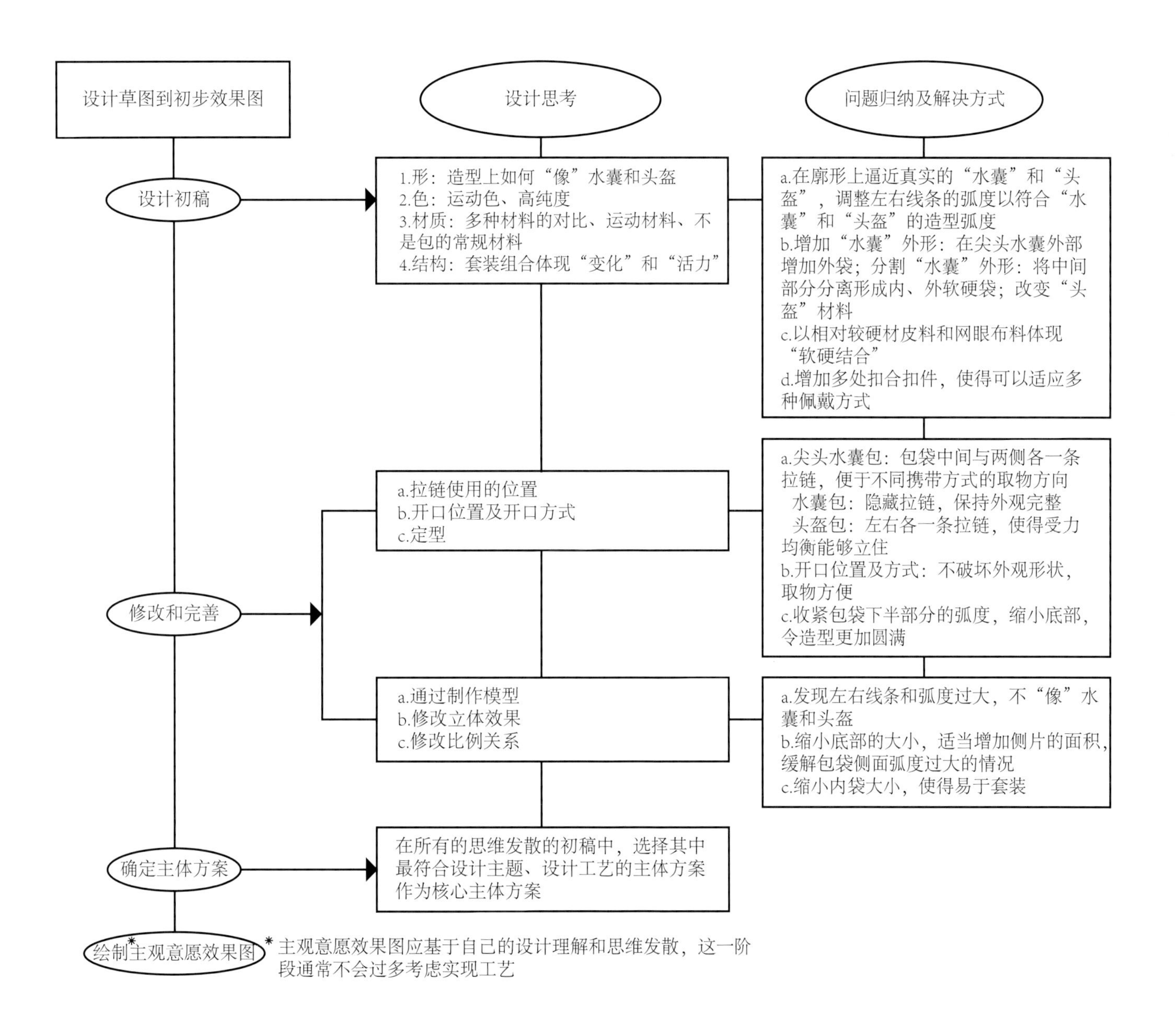

图6.4① 从设计草图到初步效果图

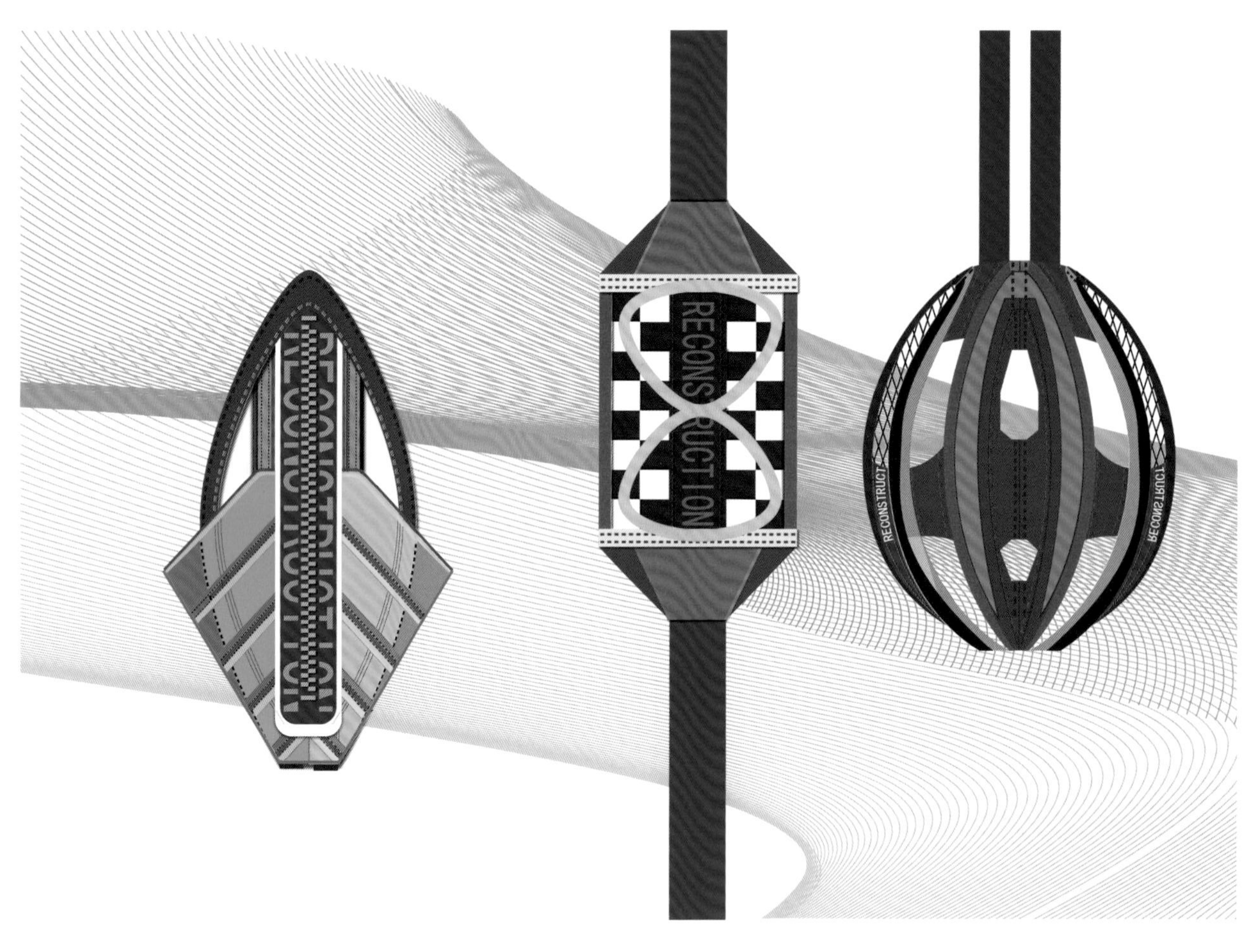

图6.4② 废土风格时装包设计·设计初步效果图

6.1.1.4 确定设计到制作模型

完成了初步的设计效果图，这还只是一个画稿，要成为一个立体的服饰品，其外观形状、每个面的具体样式、各个组成部分的穿插关系等都需要具体表达。初步的设计效果图只是产品目标，需要通过模型制作方式验证设计具体可行。从抽象到具象，即，从无形到有形的设计方法中制作模型分两步完成。先要制作外观形状模型，外观模型可以是小的模型，用纸、黏土、软陶或者油泥等都可以制作，主要是确定外形式样，制作过程要快捷和方便操作。确定外形后，就要制作等比例模型，时装包设计的等比例模型用纸制作，以方便调整尺寸（图6.5）。

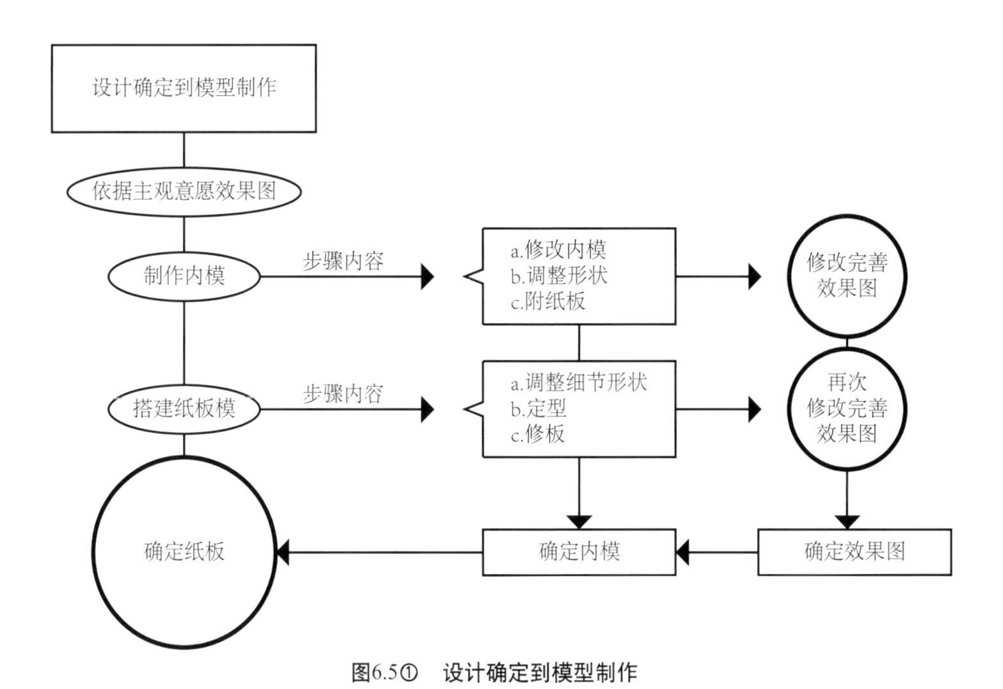

图6.5① 设计确定到模型制作

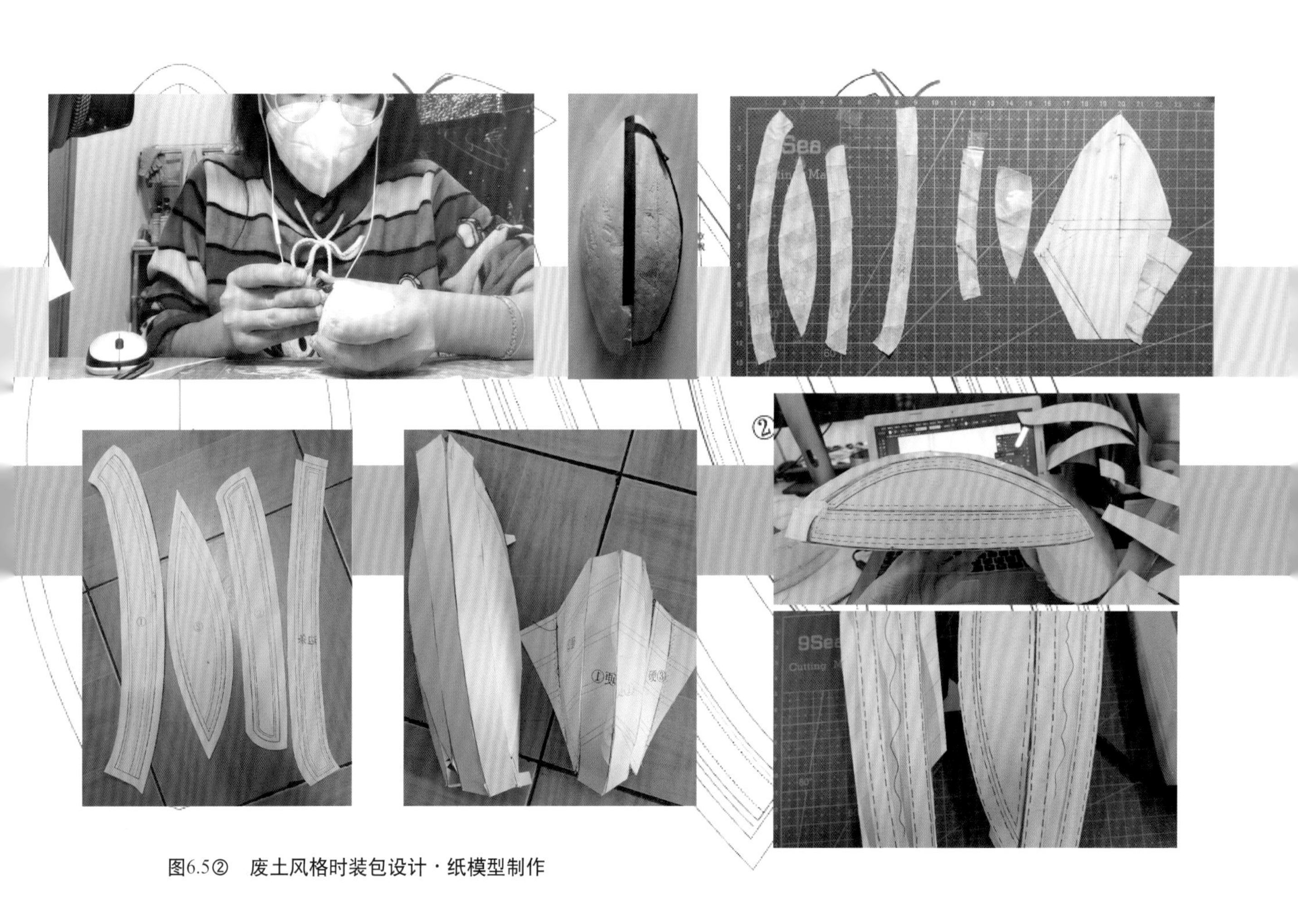

图6.5② 废土风格时装包设计·纸模型制作

图6.5③ 废土风格时装包设计·纸模型制作1

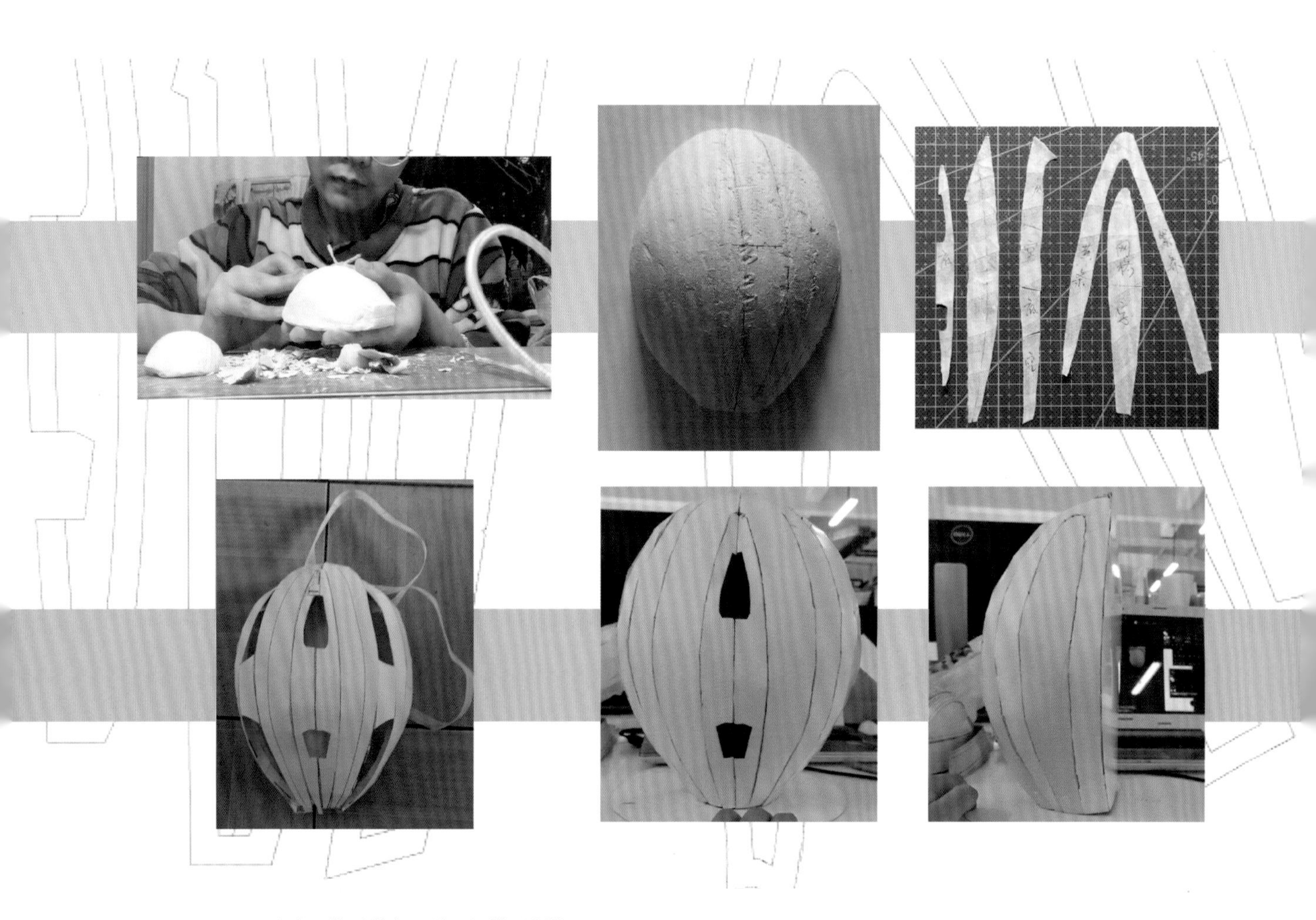

图6.5④ 废土风格时装包设计·纸模型制作2

6.1.1.5　设计样板包制作

设计样板的制作需要用设计时的实际材料、工艺、结构真实的呈现。从抽象到具象，即，从无形到有形的设计方法样板制作，最主要的问题是没有直接的成品参照，设计样板的制作可能需要反复实验才能得出。设计样板制作是材料、色彩肌理、工艺、结构、比例等从设计图稿到构成真实服饰品美观性、合理性的检验；设计样板制作是“这个设计”制作、生产工艺程序编排的必要过程，是服饰品量化生产的必要准备（图6.6）。

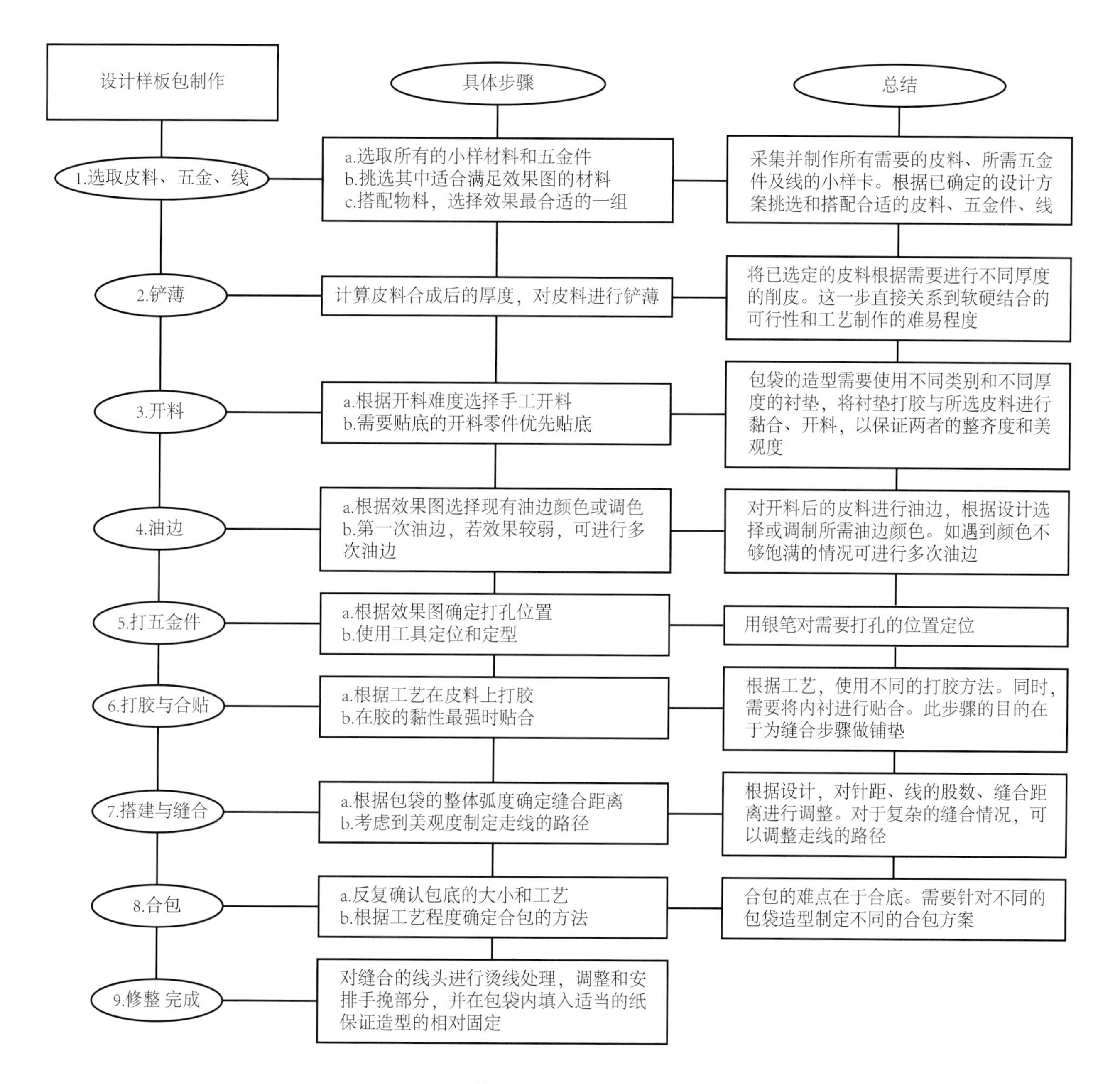

图6.6　设计样板包制作流程及注意事项

6.1.1.6 设计制作样板包佩戴效果图（图6.7）

图6.7① 废土风格时装包设计・样板包佩戴效果1

图6.7② 废土风格时装包设计・样板包佩戴效果2

图6.7③ 废土风格时装包设计·样板包佩戴效果3

6.2 从具象到具象，即从有形到新形

从具象到具象这种设计方法会以相对具体的图形元素为设计基础展开设计，比如以某种花卉、某种植物、某种动物、一种有既定外观形状的用品等元素为基础展开设计。这种设计的终极目标是设计出新的服饰品。用这种方法设计出的服饰品社会认同基础好，但相类似的产品比较多。设计的难点是：很多服饰品的已有形式和式样制约着设计者的创新思维，所以创“新”存在一定难度。例如，本书第二章的首饰“男神”胸针，设计是以龙为设计基础元素，龙元素在中国是经典的设计元素，它是喜庆、吉祥的中式符号，已经在首饰设计中反复被演绎，在人们的心目中龙有自己特定的样式。这就要求以龙为元素的首饰创新设计，既要有龙的“样子”，又要有设计师自己新的演绎。

6.2.1 服饰品设计与制作流程实例2

古陶罐主题时装包设计——从具象到具象，即从有形到新形

6.2.1.1 设计思维、灵感

时装包的设计以原始陶罐为灵感，设计中融入古陶罐稚拙意蕴，以倡导质朴生活理念，发现生活中的实用文化价值。

时装包设计应用中国传统手工艺元素，以时装包为载体传播中国文化。当代社会传播媒体发展迅速，人们的生活中充斥着各种各样的流行文化，人们需要吸取传统文化中的精髓，并在其中找到创新点，在现代设计中结合民族艺术，为产品附加文化价值。

随着社会发展，人们生活水平的提高，很多人追求个性化装扮和多样化的服饰品。近几年来，“定型”时装包越来越流行，这种包可以最大限度地展现包的美感，让时装包的设计千变万化。生活中，一方面，人们拥有一定数量的时装包用于搭配不同的服装和应对不同的使用场合。另一方面，很多时装包的设计体现出独特的文化价值和艺术价值，人们有收藏和展示的欲求，以表达自己独特的生活品味。时装包在不携带出门的时候，能够摆放在居住空间成为家居装饰品，这为展现时装包独立价值和独特美感又多了一个舞台

古陶罐主题时装包设计——从具象到具象，即从有形到新形，这个设计从形状——古陶罐；工艺——中国传统手工艺；使用功能：时装包+家居装饰摆件等几个方面都很“具象”，有明确的“形”的目标。如何“从有形到新形”是这类设计要解决的重要问题。图6.8为古陶罐主题时装包设计思维导图。

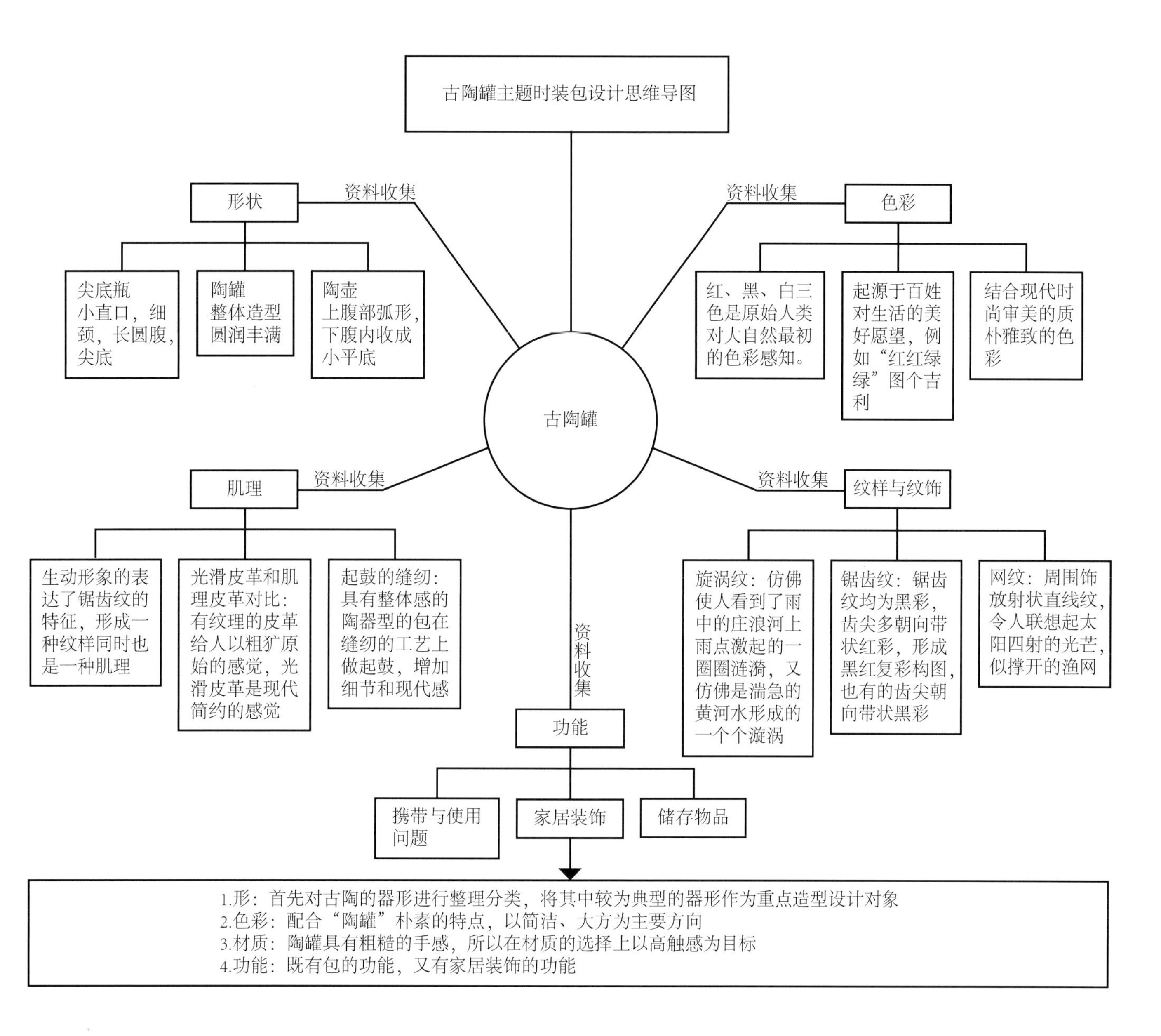

图6.8　古陶罐主题时装包设计思维导图

6.2.1.2　设计元素提取、归纳

古陶罐主题时装包设计——从具象到具象，即从有形到新形。设计元素的提取、归纳，需要研究古陶罐的精神特质和神韵，选择典型的古陶罐器型作为设计原型，这样能够在视觉上明确传达古陶罐的主题。色彩、工艺肌理、材质、装饰方面要在对古陶罐研究的基础上自我演绎。古陶罐主题时装包结构设计方面：既要传达古陶罐这一主题，又要实现时装包的功能作用，达到“从有形到新形”就是要有设计者自己独特的思考和服饰品表达语言相结合的创新。图6.9为古陶罐时装包设计主题元素提取、归纳过程图。

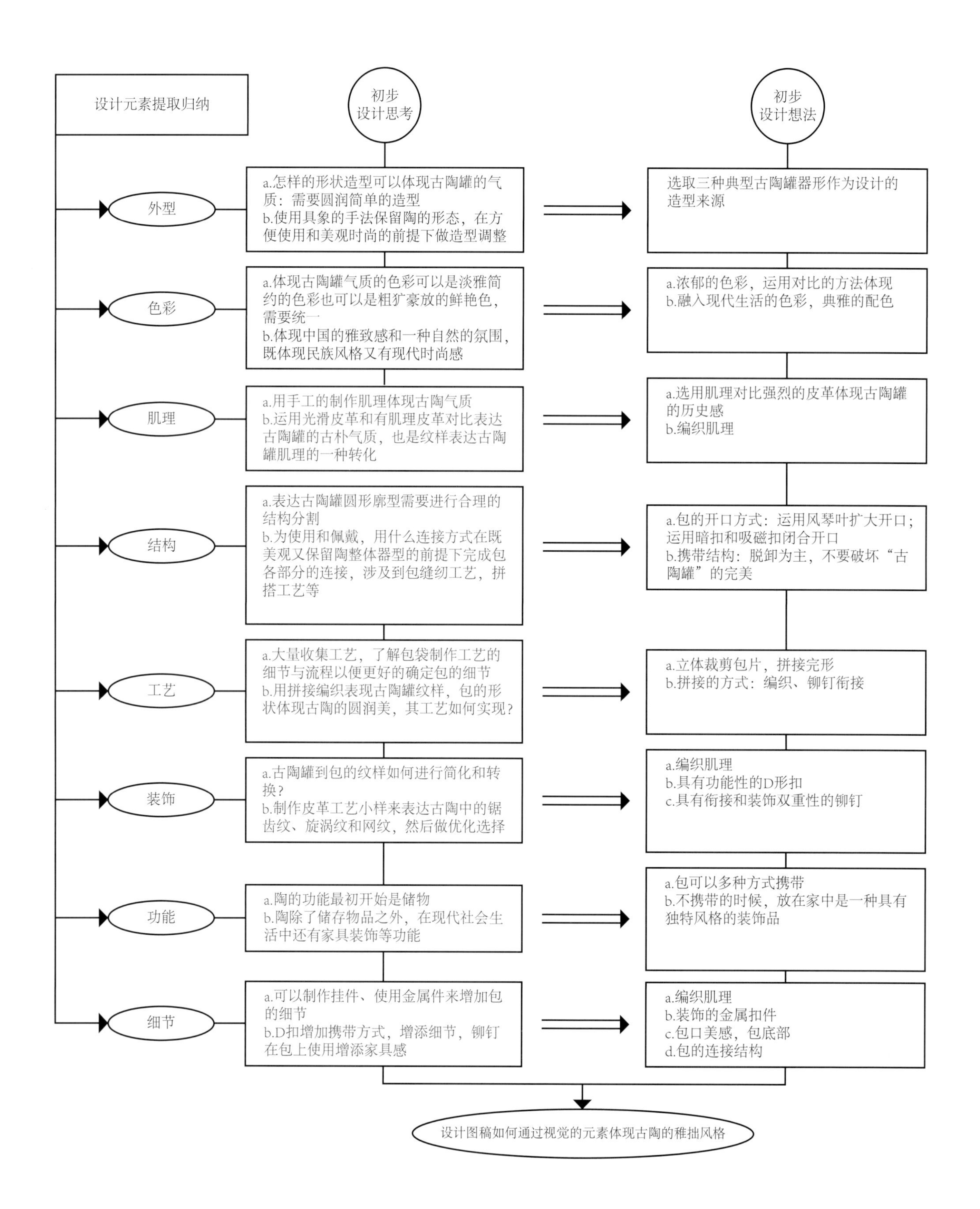

图6.9 设计元素提取归纳

6.2.1.3 从设计草图到设计效果图

设计草图要流畅地表达设计者的设计思想，即设计者的思考和想法。通过前面的收集、思考、设计元素提取和归纳，已经展开了属于你这个设计的“空间”，设计草图是记录你自由“翱翔”于设计空间的火花。

从具象到具象，即从有形到新形设计方法。“新”在哪里？综合评估设计草图中的“新”设计点，“新”设计点的价值在哪里？如何通过视觉传达“视觉新意”？从设计草图到设计效果图的过程是感性到理性的思维过程（图6.10）。

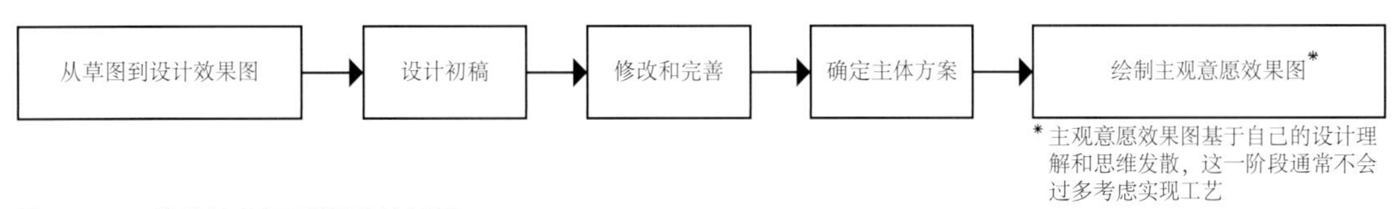

图6.10① 从设计草图到设计效果图

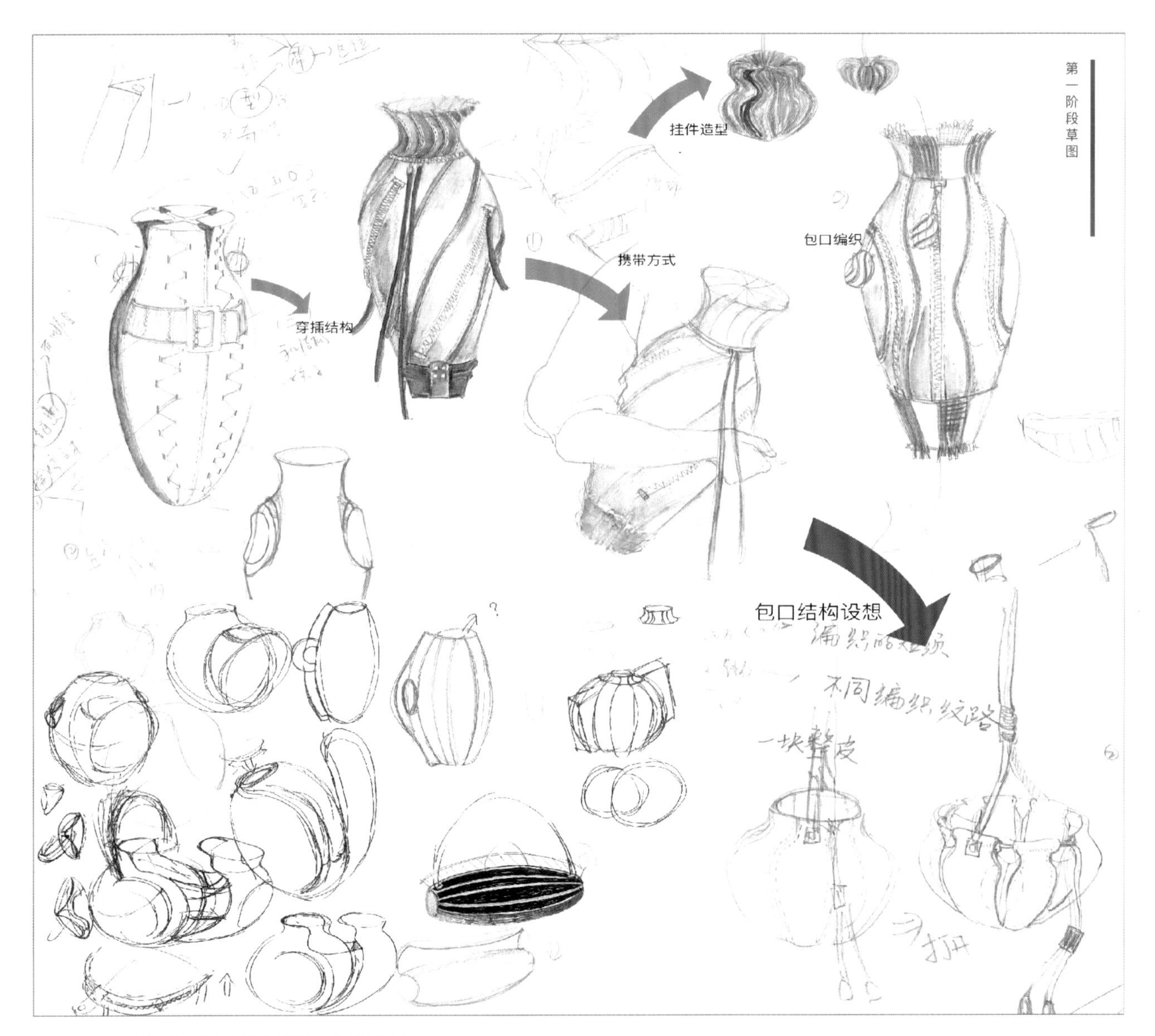

图6.10② 古陶罐主题时装包设计·设计草图1

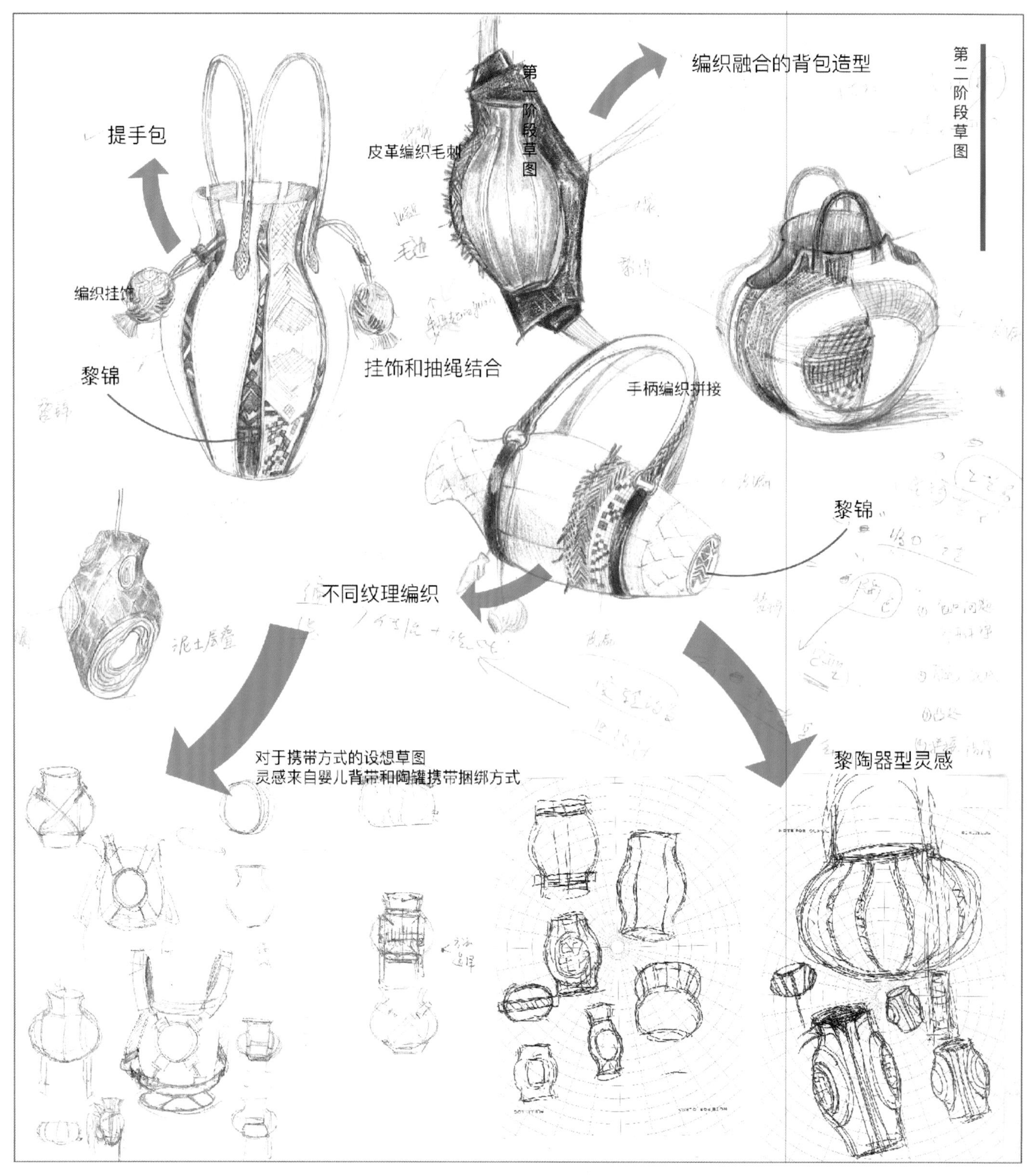

图6.10③ 古陶罐主题时装包设计·设计草图2

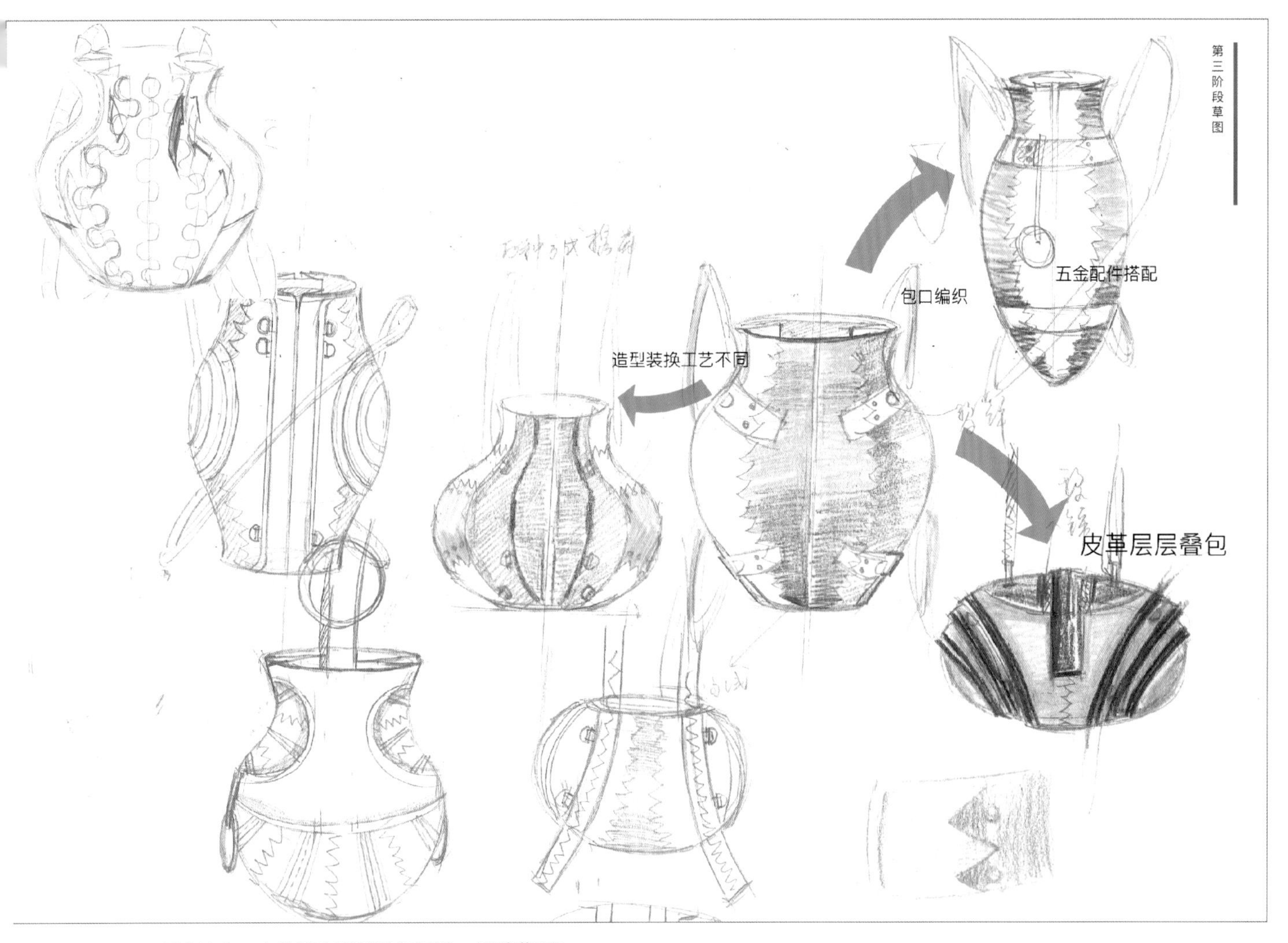

图6.10④　古陶罐主题时装包设计·设计草图3

6.2.1.4 工艺实验 · 制作工艺小样

工艺实验的目的首先是为学习制作工艺方法。一个产品的制作有必要的、常规的制作方法和工艺，这是学习者首先要学习和掌握的。同时还要在“相似”的产品中学习相同材料和造型等方面的相关的工艺制作方法。工艺制作方法的学习只有通过动手制作才能真正理解设计和工艺制作的关系，让你的设计方案切实可行。工艺实验也是为探索新的制作“可能”，设计方案中的一些大胆的、反常规的想象，需要通过工艺实验得到“切实可行”的制作方法实现制作。一个产品设计到制作的过程需要很多工艺实验，实验的结果需要制作出工艺样品以确认制作，这就是工艺小样。工艺小样制作就是在工艺实验的基础上制作出你需要的工艺样品，这个工艺样品是和你的设计方案匹配的，是和你设计方案一样的材料、一样的触感和一样的视觉外观。

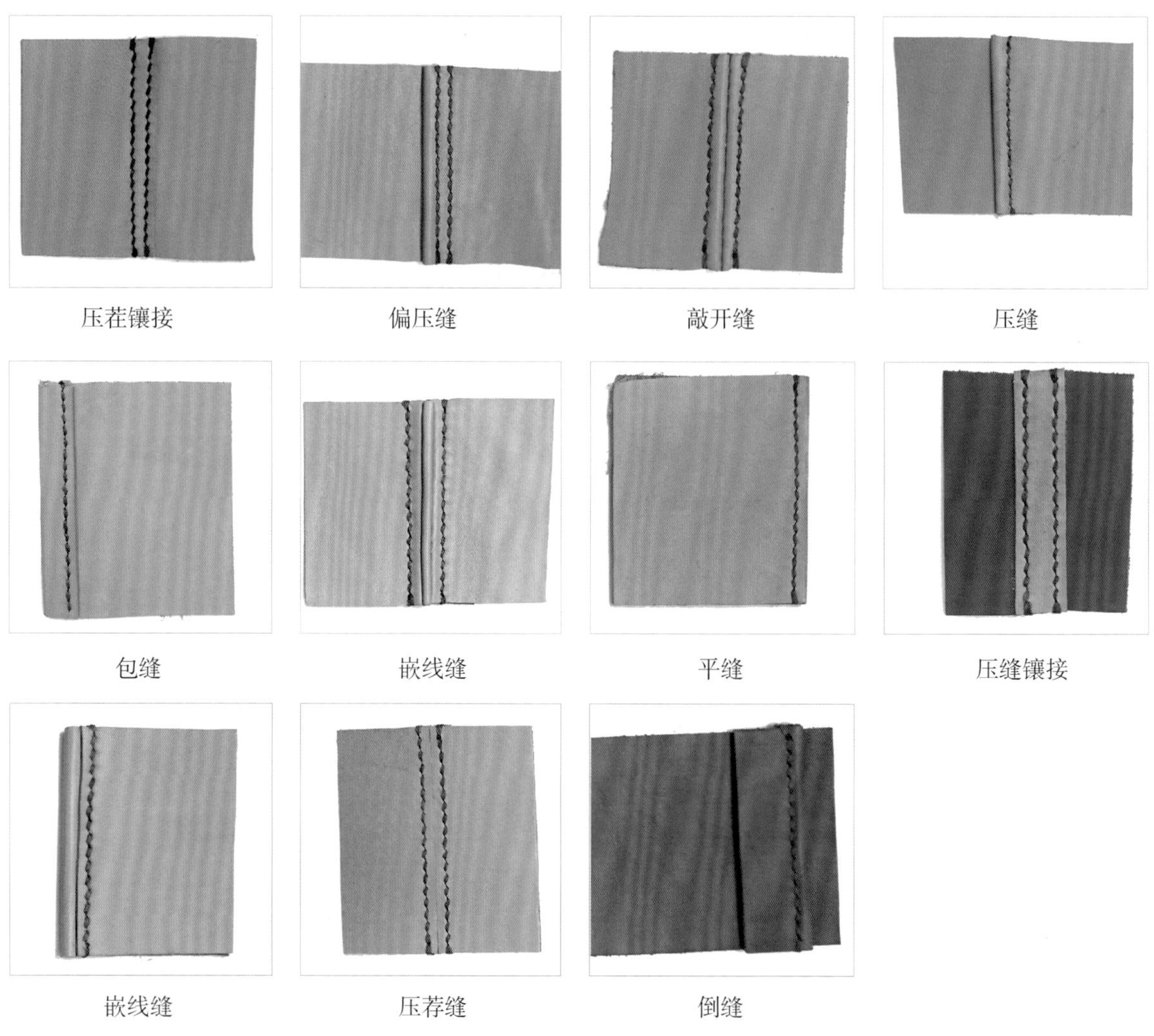

图6.11 工艺实验 · 制作工艺小样

工艺实验·制作工艺小样，就是要求设计者要大量的收集工艺图片和学习其中的工艺，并将收集的工艺图片按照材料不同分门别类建立文件夹（图6-11）。通过分门别类的收集保存，可以对相近的工艺要进行比对，比对材质的区别和工艺细节不同所造成的视觉、触觉和牢固性等差异。从具象到具象，即从有形到新形，“新”要知道什么是“旧”，没有学习和积累的创新是空中楼阁。每一个工艺对于成就整体服饰品的“新”都有各自的存在价值，也就是说，每一个工艺变化都会对服饰品产生影响。所以工艺实验不是表面的式样变化，它是技艺文化的传承，是对材料性能的深入了解，是创新结构的技术支持，是创新实验的动力，更是探索创新、挑战自我知识局限的积极力量。

彩陶纹转换为皮革拼接，工艺实验小样。用不同肌理和不同色彩的皮革编织拼接的方式表现彩陶纹的锯齿花纹，用这样的工艺方法，既保留了彩陶纹的“形”，又增加了手工技艺的意蕴美感，体现民族艺术的稚拙之美（图6.12）。

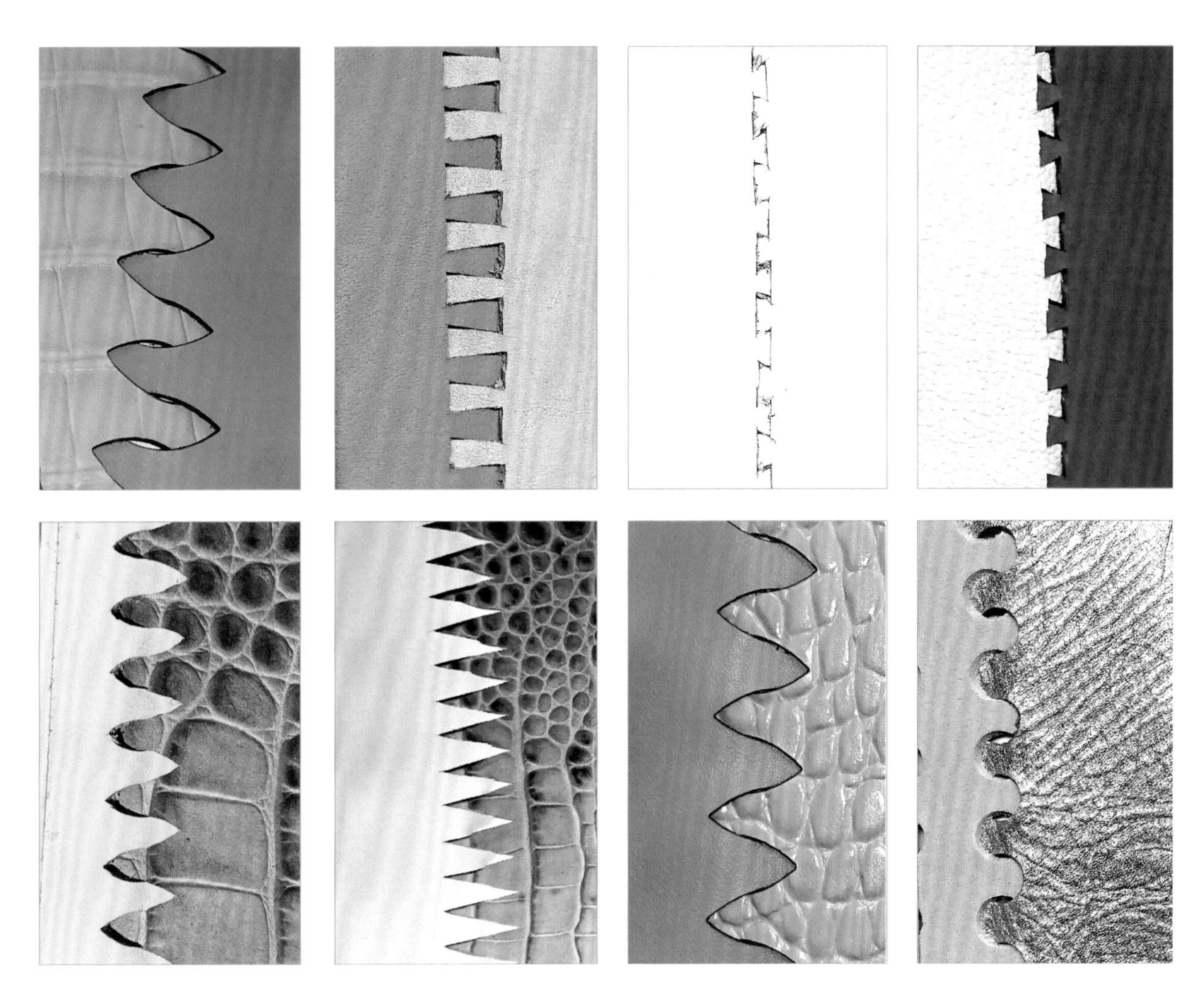

图6.12　工艺实验·彩陶纹样转换为皮革拼接

6.2.1.5 等比例纸模型制作·确定纸格

服饰品设计的从“具象”到具象，即从“有形”到新形，是设计思维的两个路径。一种是基于生活产品的“延续性”，是在现有产品的形式、功能等概念下的设计，也就是说，在现实生活中我们对一种生活用品的“样子”是有具体的概念的，例如说到一个双肩包，你的头脑中马上会浮现一个“具体”的双肩包的样子，也就是服饰品设计的从“具象”到具象。另一种是基于满足服饰品受众的多样性需求，是服饰品设计需要不断创新的市场需要，宏观的说是从“有形”到新形的设计，具体到这个设计实例，设计灵感来源于彩陶罐的时装包

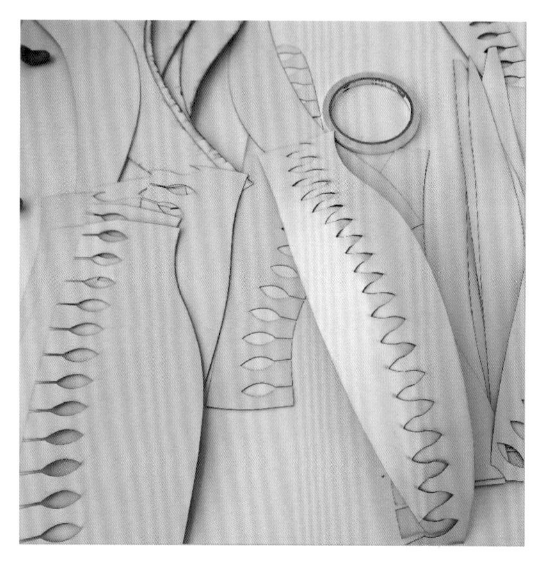

图6.13① 古陶罐主题时装包设计·等比例模型制作1

设计，这个设计的“有形”是彩陶罐和时装包，设计既要人们感受到彩陶罐的古朴之美，要人们见到后会有关于彩陶罐的联想，又要是一个“包”，要满足盛物的功能和生活中与服装搭配的装饰功能，这样设计的“包”已经不再是通常概念的包，即从“有形”到新形。

“新形”的包设计不仅要有详细的设计图稿，也需要等比例纸模型制作，以调整大小厚薄比例关系、调整包口和肩带位置、调整开板线位置等。有了等比例纸模型才可以进行纸格元件分布设计。

纸格是构成包袋形状的元件，纸格元件上标注各种记号表示包袋制作中各个纸格元件的配格关系。纸格对尺寸精确度要求高，是包袋制作开料的前期准备（图6.13）。

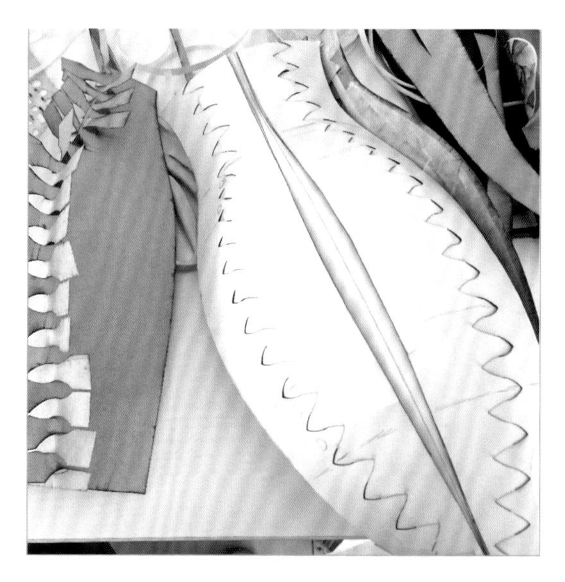

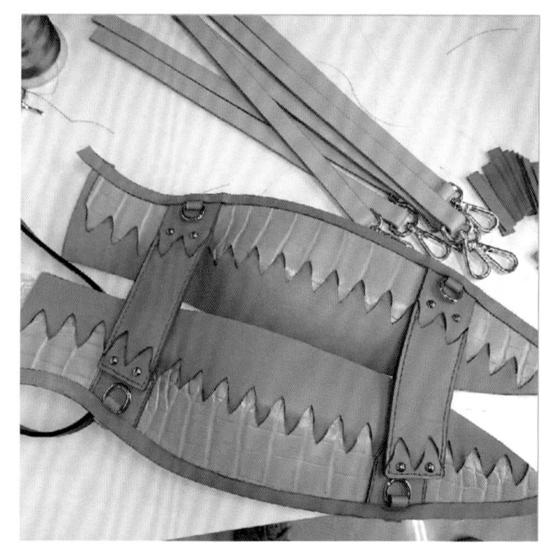

图6.13② 古陶罐主题时装包设计·等比例模型制作2

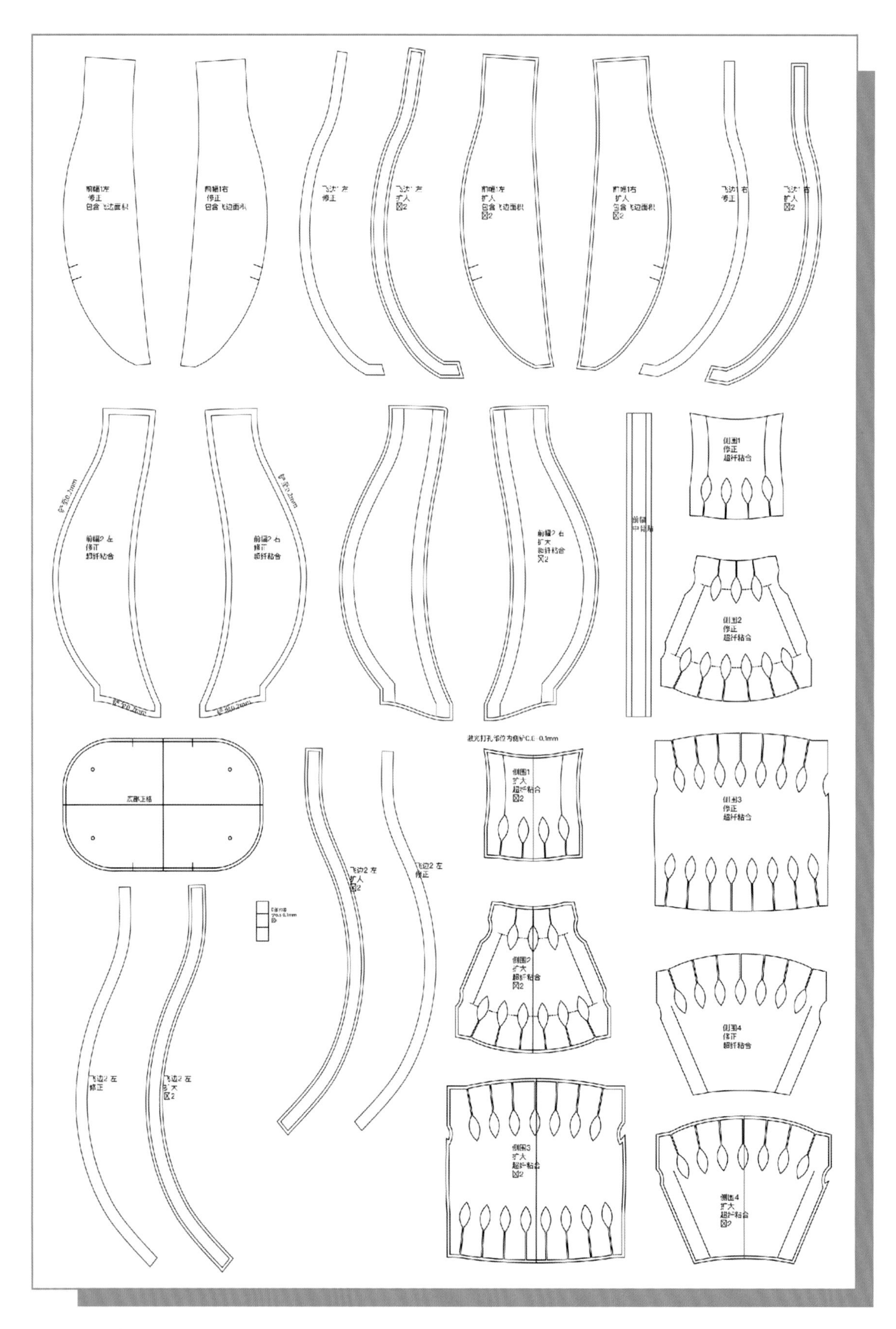

图6.13③ 古陶罐主题时装包设计·确定纸格1

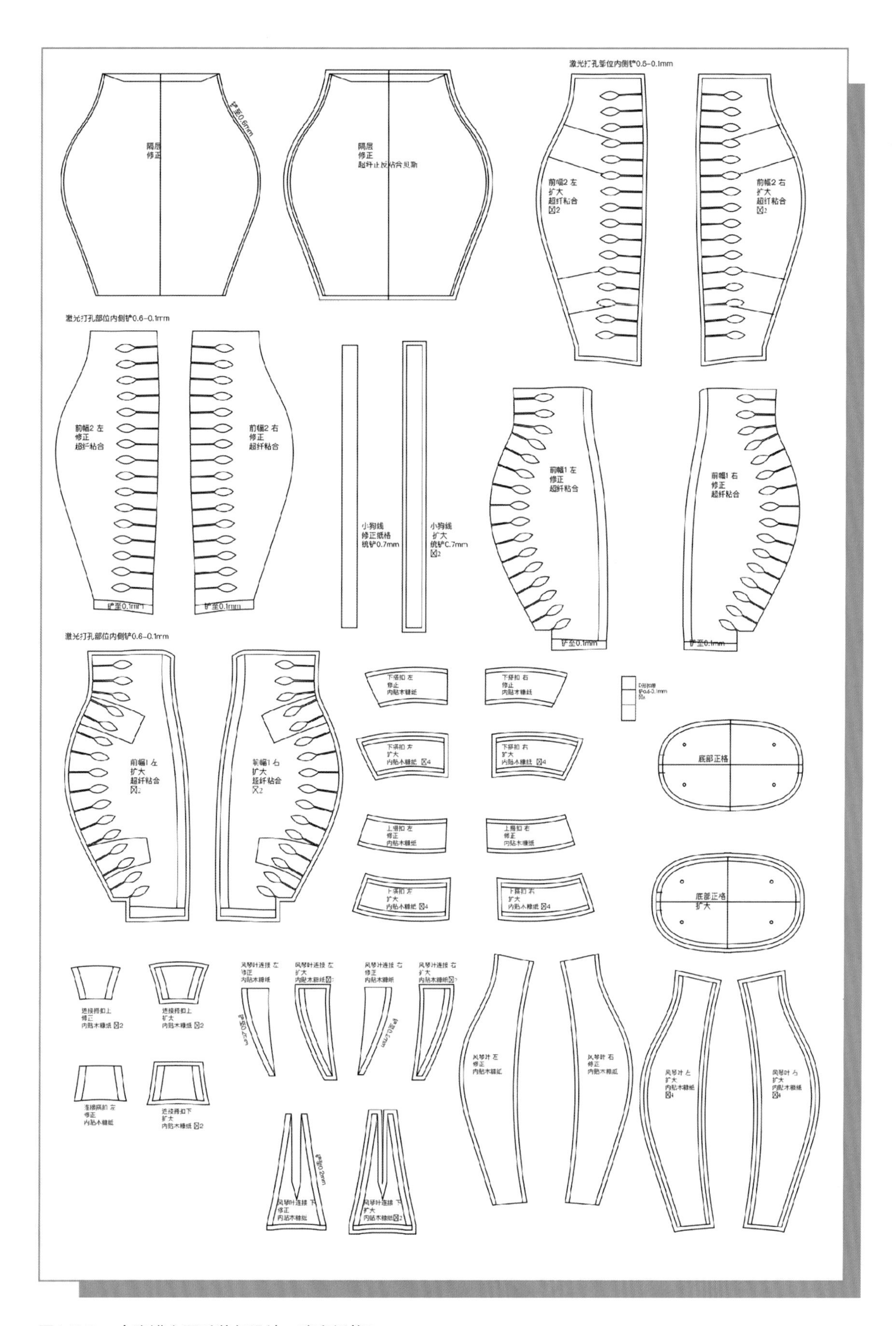

图6.13④　古陶罐主题时装包设计·确定纸格2

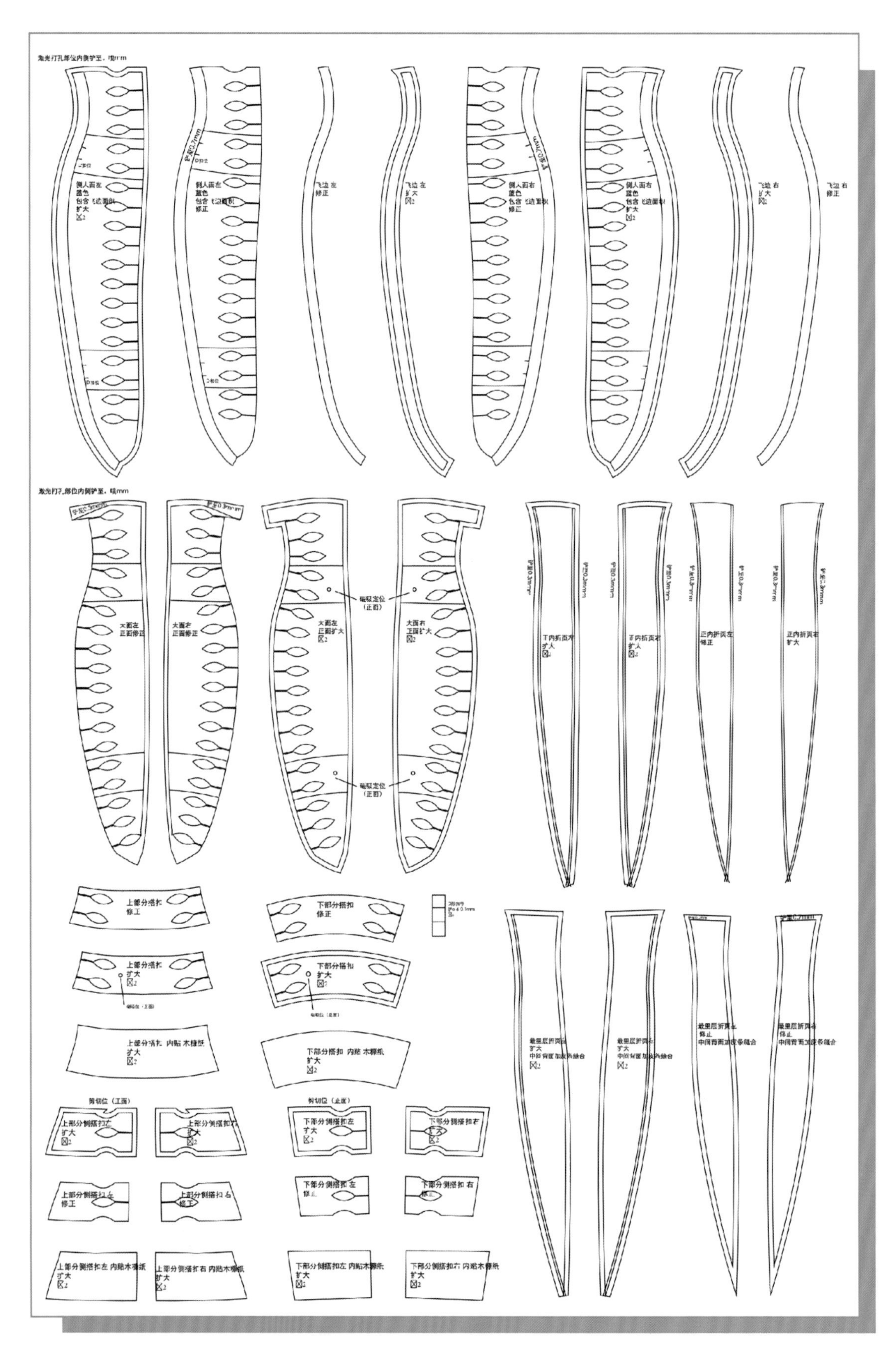

图6.13⑤　古陶罐主题时装包设计 · 确定纸格3

6.2.1.6　样板包制作

从等比例纸模型制作到确定纸格，再到用真实材料进行样板包制作，整个过程中会有意想不到的问题需要解决。比如会出现受材料的厚薄限制，合包过程中工艺实现不了；包的饱满度不够，视觉比例欠佳等问题。通常要反复制作调整、制作几次才能得到一个满意的样板包。

样板包的制做过程见图6.14。

图6.14　古陶罐主题时装包设计·样板包制做过程

6.2.1.7 古陶罐主题时装包·工艺与文化韵致

古陶罐主题时装包，设计以原始时期彩陶为灵感，探究稚拙风格时装包的设计方法。时装包以具象的表现手法保留陶罐的器型特征，彩陶的“锯齿纹”用传统手工编织工艺和手缝明线表现“手工制造”的魅力，使时装包既保留了“稚拙”的韵味，又体现现代时尚感。制作工艺是生产方式的符号，一方面在现代生活中传导传统手工艺的价值，另一方面是表达回归质朴“慢生活”理念，是为传达一种生活态度。古陶罐主题时装包既能平时佩戴，又可作为家居氛围装饰物摆放。古陶罐主题时装包在使用上的多功能，是为使“包”的使用价值最大化，是表达“可持续性”生活的环保生活观(图6.15)。

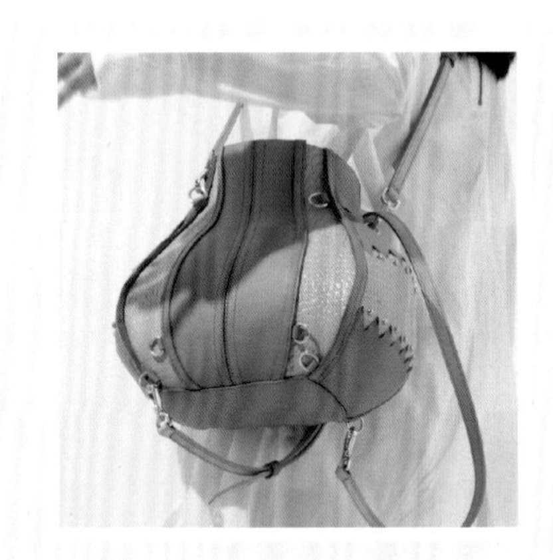

图6.15① 古陶罐主题时装包设计·佩戴效果图

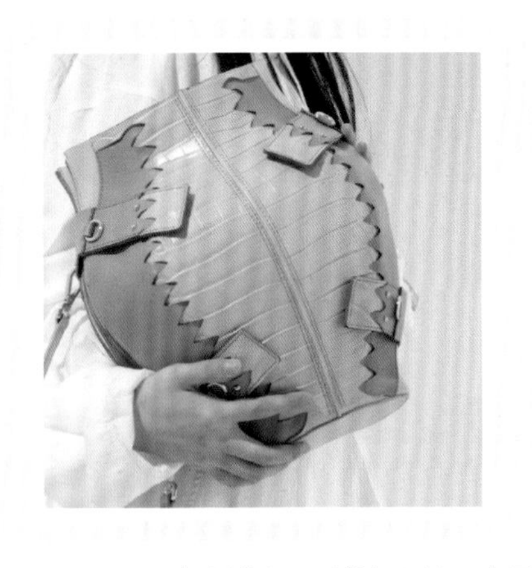
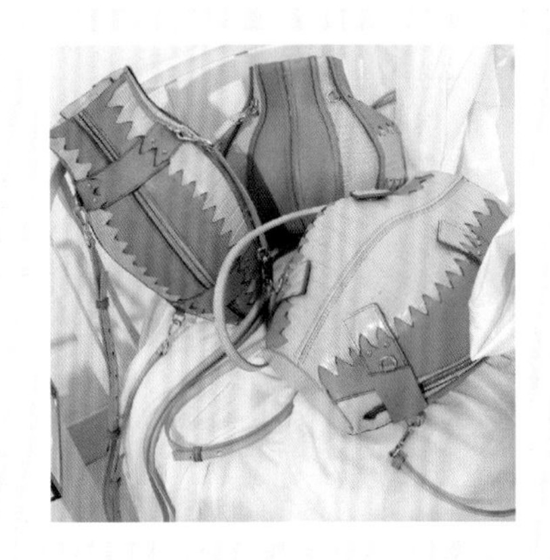
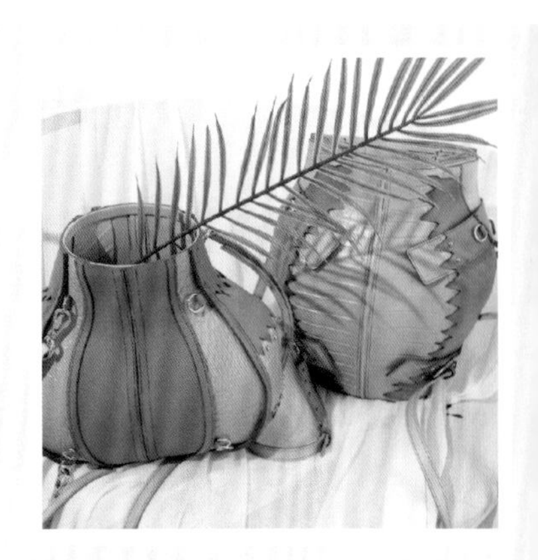

图6.15② 古陶罐主题时装包设计·家居装饰效果图

6.2.1.8 古陶罐主题时装包设计总结

完成样板包制作才算是真正完成了设计，这个时候回顾整个设计过程会得到不错的收获，及时总结经验是设计师成长必不可少的一步。古陶罐的时装包设计总结见图6.16。

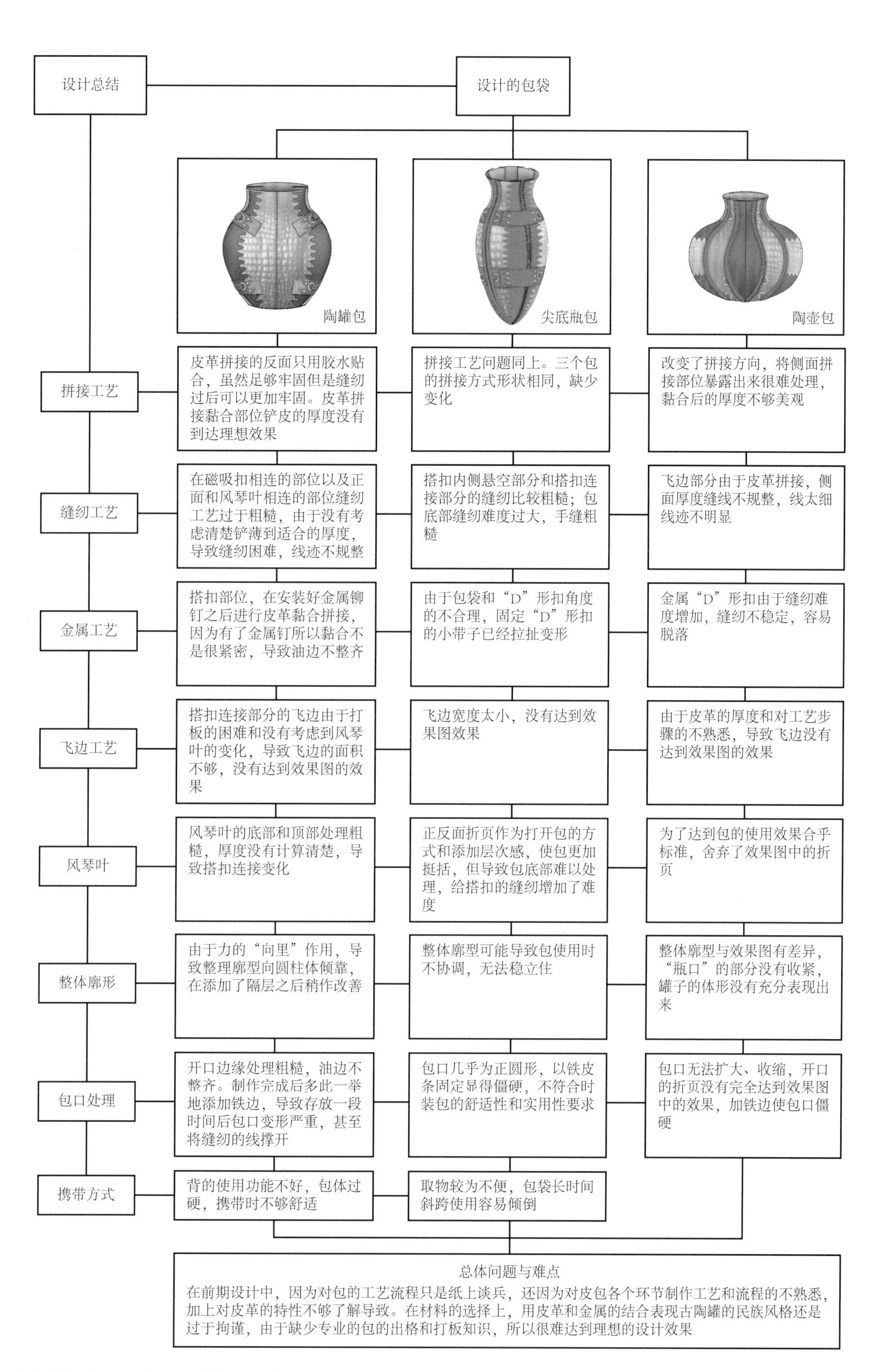

图6.16　古陶罐主题时装包设计总结

6.3 服饰品设计流程

一个完整的服饰品设计过程包括（1）确定设计的服饰品品种；（2）确定设计主题故事；（3）设计元素的提取、归纳；（4）画设计草图；（5）工艺收集和工艺小样实验；（6）等比例模型制作；（7）实物制作；（8）设计总结和修改完善；（9）完成实物制作设计样板。

服饰品设计的最初图稿只是确定了设计目标，设计需要通过工艺实验、模型制作和样品制作修改和完善设计，从而规范制作程序步骤，再通过总结制作经验完善制作工艺，最终设计制作出满意的服饰品。

第七章　服饰品设计语言综合表达

7.1 服饰品设计语言综合表达

服饰品设计语言元素包括造型、色彩、材质、肌理、结构、工艺、图形、装饰、功能等。服饰品设计语言综合表达就是强调对服饰品设计语言元素的“综合”应用能力，是指把要设计的服饰品各个语言元素合成一个有机整体进行考察、认识，给出优秀的设计方案。

服饰品设计语言综合表达包括各语言元素之间的综合表达，也包括单一元素语言的大小位置、比例关系表达。例如，相同的材料，不同的设计中将设计元素按不同的规律加以组合，即可形成完全不同的服饰品。

7.2 服饰品设计语言综合表达形式

7.2.1 和谐与统一

和谐统一是服饰品设计语言综合表达最为完美的表现形式。和谐包含了“多样性”与“统一性”两个对立的因素。多样性是指从造型、材料、面积、色彩等各方面都有程度不同的差异。在一件完整的作品中，这个差异应该适度，否则就会产生紊乱，因此要在多样中寻求统一，使复杂的、变化的因素统一起来，达到完美而过分的统一会使作品显得单调乏味，统一下的多样性可以弥补这个缺陷。也就是说，统一不只是按照某一种模式进行，它是多层次、多角度、多侧面、多样化的。

服饰品中每一件作品的美观与否在很大程度上取决于设计构成、取材、设色、装饰等多方面的和谐统一性。因此在设计中，尽可能在各个方面寻求统一的因素，在统一中寻求多样的“统一”和“变化”，使两者有机地联系起来，达到一个适中点，创造出一件和谐美观的作品。

7.2.2 调和与对比

调和与对比是服饰品设计语言综合表达基本的表现形式。调和区别于和谐，它是指由相近、相同的因素有机地组合，在相互关系上呈现较明显的一致。在色彩上，相似或相近的色彩配合是调和的形式；在造型上，相近或相似的线条、结构、形体有规律地组合，也属调和的形式；而在选材上，相近或相似的质地、纹理、手感组合起来，同样是调和的形式。

对比针对调和而言，是以相异、相反的因素组合，将其对立面十分突出地表现出来，以此来表现出服饰品的强烈、夸张、尖锐、层次分明等效果。对比的手法在服饰品设计中应用得很普遍，但对比的程度也存在适度的问题。强烈的对比方式包含色彩中黑与白对比、红与绿对比，在造型上直线与曲线对比、块面的大小对比，在材料质地中柔软与坚硬、细腻与粗糙的对比等。如果过分强调对比，可能会造成极端而失去美感。在服饰品设计中，对比的尺度可从弱对比渐渐地过渡到强对比，而最终目的还是达到调和。他们是一对矛盾的统一体，而矛盾是可以互相转化的。

在服饰品设计过程中，还可采取多种对比、调和的手法，如明的调和，暗的调和，明暗的对比、调和，大小的对比、调和，粗细的对比、调和，长短的对比、调和，造型的对比、调和，材质的对比、调和等。通过各种对比、调和手法，达到主题突出、层次丰富、美观实用的效果。

7.2.3 节奏与韵律

节奏在造型处理上，可以产生多种律动感，如形状、大小、位置、比例等作有规律的排列和增减并形成段落，我们可以将其分为单位重复节奏和单位渐变节奏。单位重复节奏的特点是由相同形状作等距离的排列，如二方连续式排列、四方连续式排列、循环式排列、放射状排列等，都是最基本的节奏形式。单位渐变节奏也具有重复的性质，但其每一个单位都包含了逐渐变化的因素，如形状的渐大渐小、位置的渐高渐低、色彩的渐明渐暗、距离的渐远渐近等。具体的方法亦有运动迹象的节奏，让一个基本单位重复运动形成轨迹，产生连续的动感和节奏；生长势态的节奏，基本形逐级增大、增高以产生节奏；反转运动的节奏，线的运动方向或基本形运动的轨迹作左右、上下、来回反转，尤以曲线形式可产生较强的节奏感。韵律本为文学创作技巧的用语，指诗歌中的音韵和节律，韵律一词也广泛用于其他艺术门类中。在造型艺术中，韵律是指既有内在秩序，又有多样性变化的复合体，基本单位多次反复，在统一的前提下加以变化。

7.3 服饰品设计语言综合表达实例1
——履带电动鞋设计

履带电动鞋的设计定位是在展览会或者秀场可以作为展示或T台使用的概念型的展示鞋，也是追求时尚的运动人群在生活中使用的新潮的电动代步工具。

7.3.1 设计构思过程

履带电动鞋的设计灵感来源于太空鞋和坦克车。提取了太空鞋的鞋头外形轮廓和二战军靴的一些扣带细节，画了一系列的鞋履草图。思考到主题的“变化”的特质，又设想到要设计一双可以变换形态，以应对各种场景的鞋子。再后来，思考到材质上的创新，想要把记忆棉运用到鞋履上，增加鞋子的造型感和舒适度，通过记忆棉的回弹性和扣带结合，可以适合各种大小的脚。然后把坦克车的履带和太空探索车的形态联系起来，再结合太空月球鞋的廓型线条，做了继续的设计。希望用鞋舌打造造型感，结合多孔底的设计，可以在多个位置搭配不同的绑带或者搭扣，让其更有DIY感和参与度。整体的设计想要以透明感和反光质感的视觉效果。

设计构思过程见图7.1。

图7.1① 设计草图1

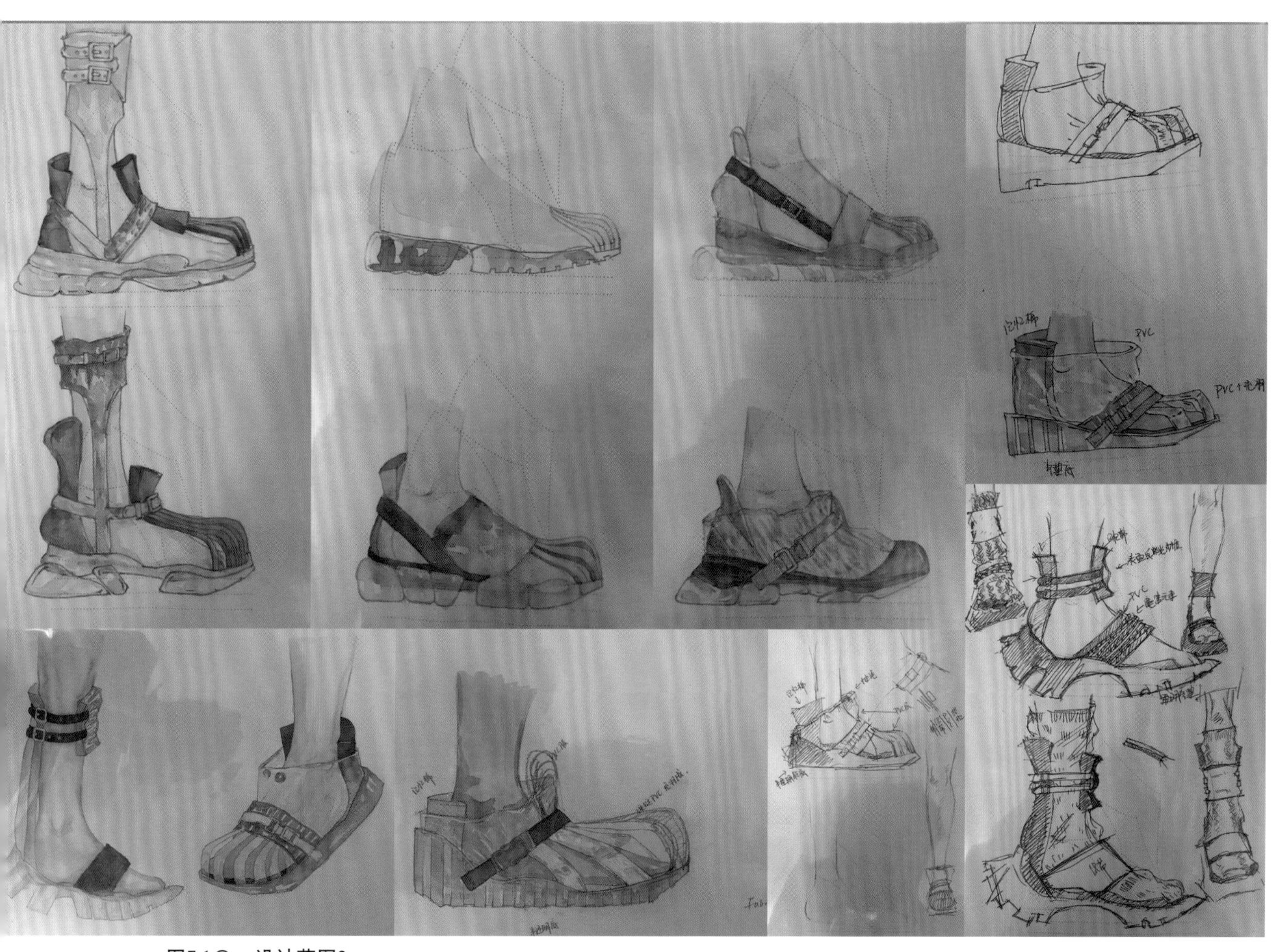

图7.1② 设计草图2

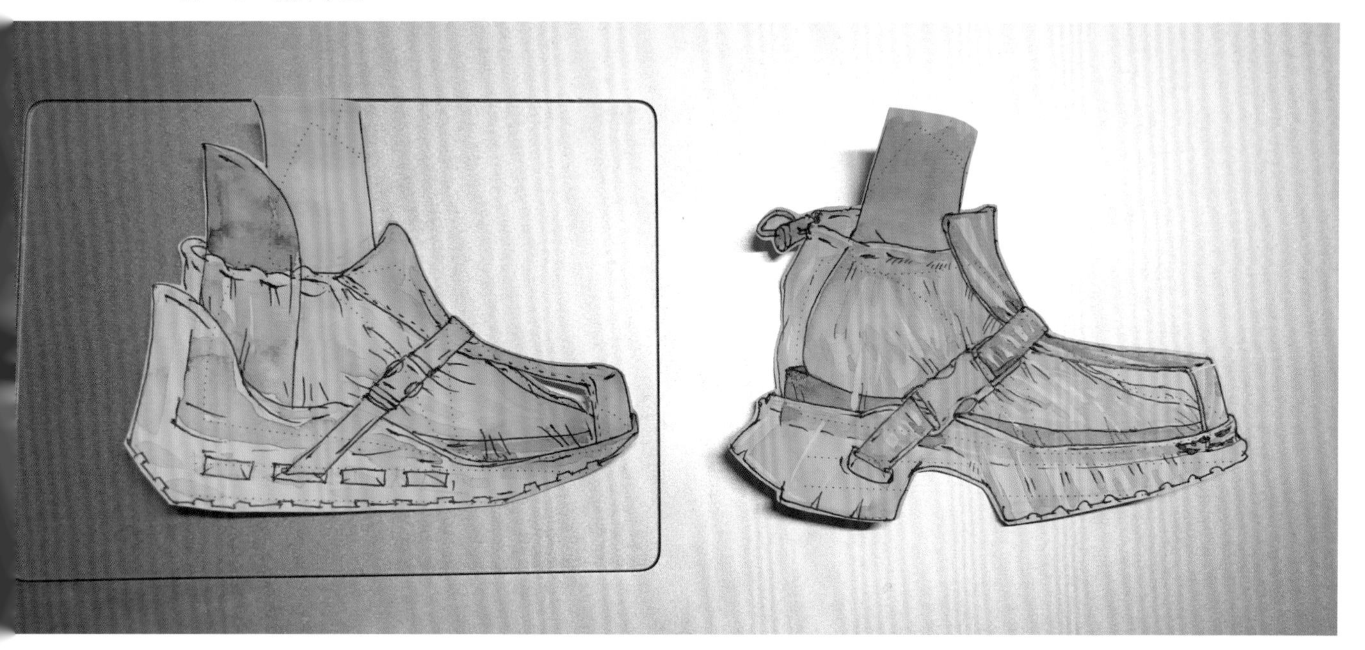

图7.1③ 设计草图3

7.3.2 设计元素·设计语言综合表达

7.3.2.1 材料元素

记忆棉

记忆棉起初是为太空飞船的座椅研发的特殊材料，其具有慢回弹的特点，即材料受到外力产生变形后，会缓慢恢复。记忆棉具有黏弹性、感温性，可以吸收受冲击而产生的动能，是非常好的缓冲材料，有均匀分散压力作用，可形成和人体相近的结构体，可以很好的与人体形体吻合（图7.2①）。

履带式鞋底

履带有一个驱动轮，驱使其他机构运转，履带板的孔洞可以和驱动轮子凸起部分咬合，配合诱导轮使鞋主体可以平稳的直线运行。外侧则有凹凸结构来增强摩擦力。履带有“无限轨道”之称，具有可以穿越各种地形的能力。履带最初是在农用履带拖拉机上运用的，后沿用至坦克上。履带也分为金属铰链和橡胶铰链，其中又有细分（图7.2②）。

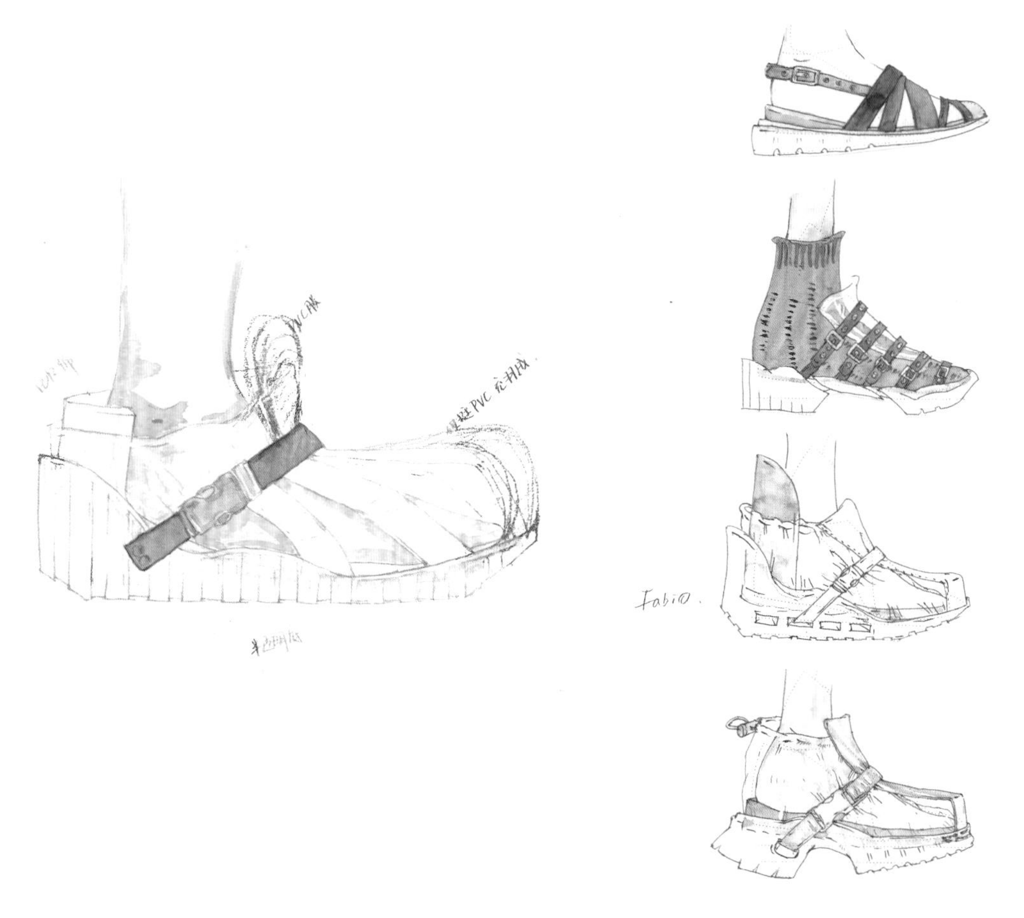

图7.2① 设计初步效果图·记忆棉材料应用

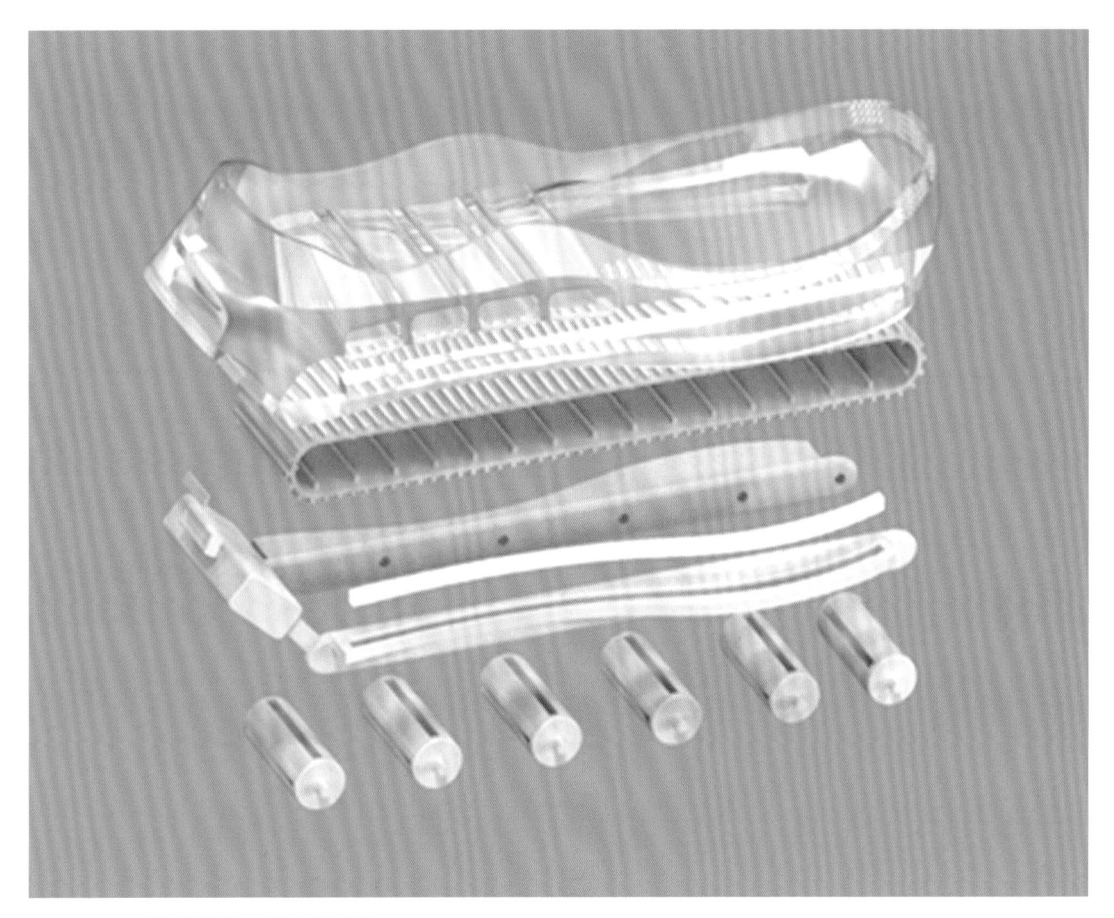

图7.2② 履带式鞋底·鞋底拆分图

轮毂电机

轮毂电机简单来说就是在车轮的内部装有的电机，使动力、传动、制动都有机结合成一体。轮毂电机的内部由电机转子、定子、制动装置和电子控制器构成。

7.3.2.2 鞋设计3D建模

在设计过程中，为了研究具体的结构关系，先利用3D打印技术进行了设计建模稿，以便从实物的角度来研究具体的尺寸大小和人机关系（图7.3①）。

最后，进行了履带的设计，确定在透明鞋底上加上坦克履带完成履带电动鞋设计。帮面则以透明硅胶一体成型，搭配前后PU以及后面和下面的记忆棉增加舒适度，配件有插扣和LED灯光。最后设计的调整和完善还是以3D建模为工具，把以自己脚尺寸的鞋楦进行3D扫描后放置到建模软件中，根据它的曲线设计和构建鞋底的形态，然后在建模中不断调整和推进设计的进行，这个过程中产生了非常多的设计稿，直到最后制作出定稿模型，并做出了渲染效果和结构分析（图7.3②）。

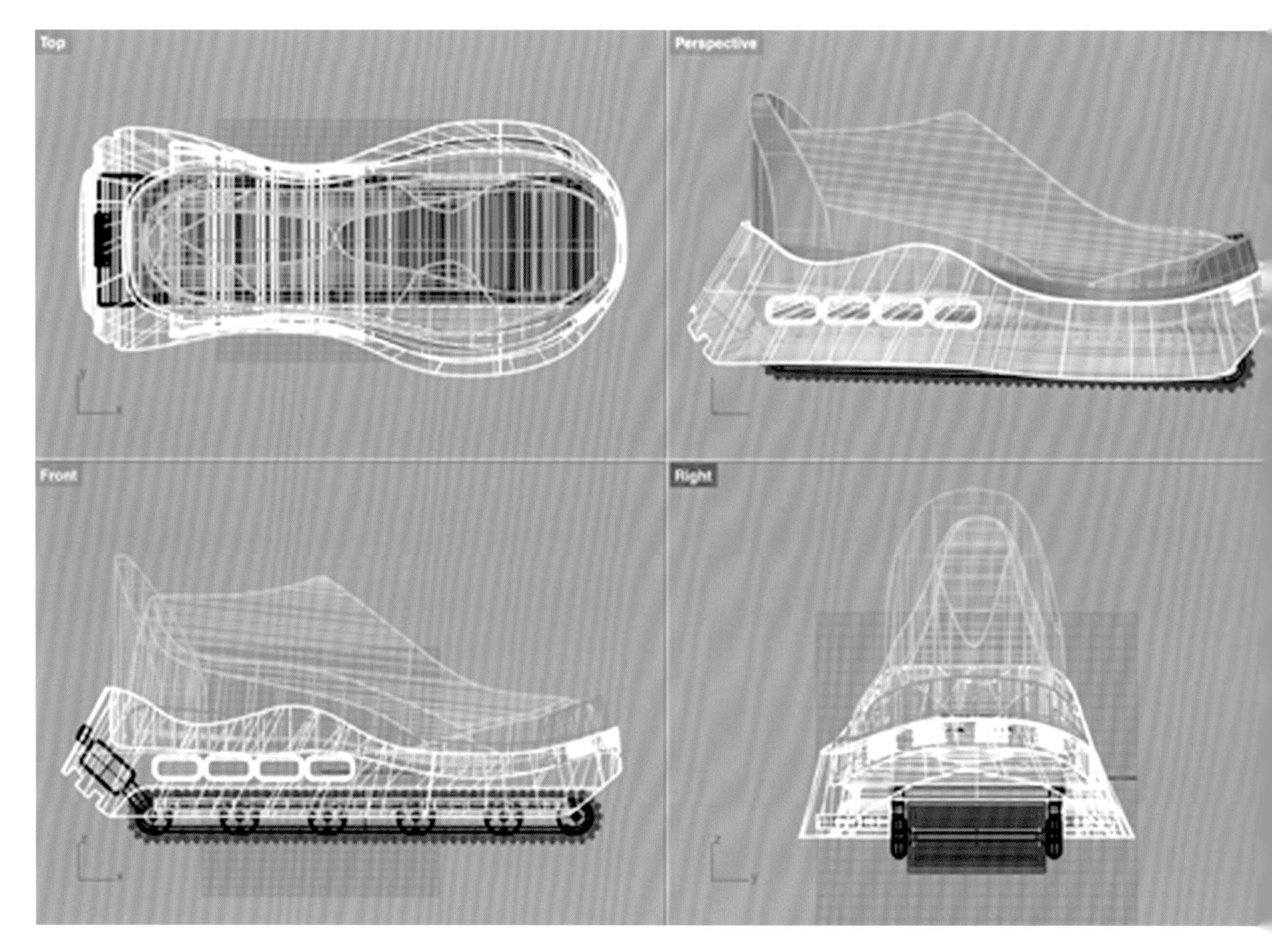

图7.3① 鞋设计建模·具体结构关系

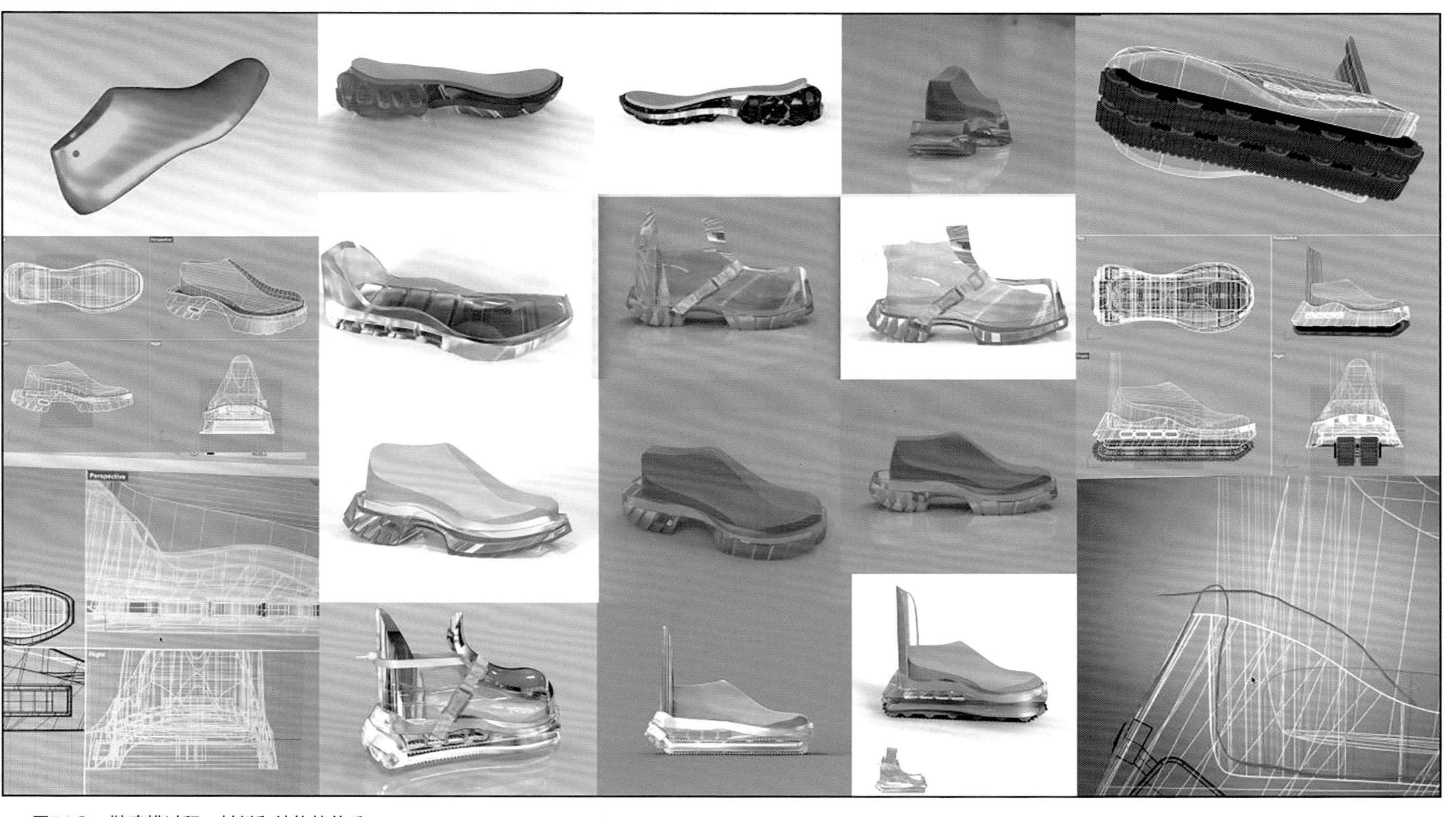

图7.3②　鞋建模过程·材料和结构的关系

鞋底的制作是采用3D打印，由于受打印材质的限制，采用了亚克力和树脂ABS等材质作为打印模型的材质。履带的做法则是先使用3D打印出一个模具，再用橡胶进行浇筑，再打磨。在打印中也遭遇了很多的困难，比如在组合过程中由于缺少置入位置，采用了把轮子框架拆分开分段置入鞋底的方式等，最终完成了鞋底的制作（图7.3③）。

这款产品的鞋底结构相对复杂，由六个轮子组成的轮组外包覆带，轮子内部为轮毂电机，轮子框架上的S形条为可控制的LED光条，鞋跟处的方块为电池的空间，方块后方的接口则是充电接口和一个密封的盖子。整体模型外部是一个透明的鞋底结构，鞋底侧面有四个通孔，用于系插扣，插扣可以单一或组合使用在任何位置。鞋头处留有三排孔洞，用于鞋头皮料的明线缝制，增加装饰感和工艺感。

材质上，鞋底是透明的气垫材质，轮子和轮子框架部分使用轻便又坚固的高密度的炭纤维材料来制作，配合硅胶材质的履带部分。

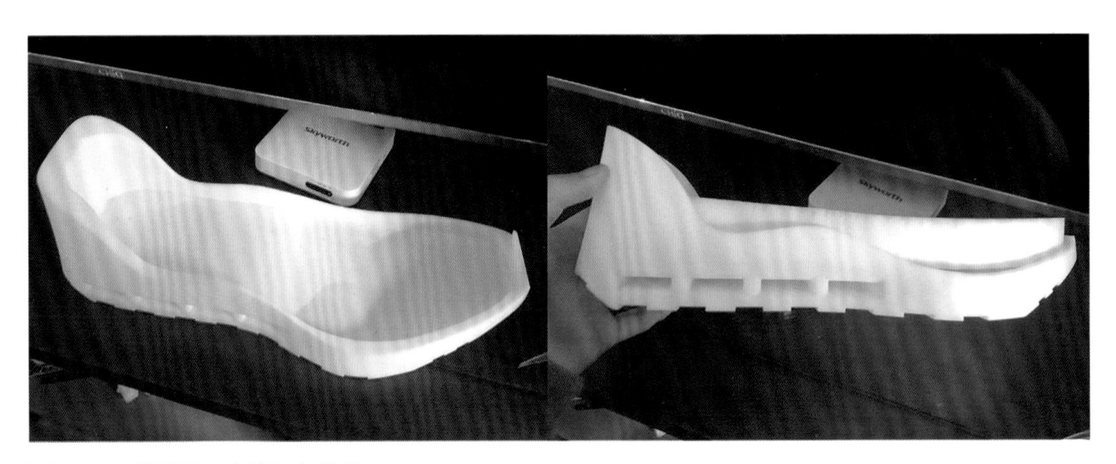

图7.3③　鞋设计3D建模打印模型

7.3.2.3　鞋帮面制作实验

鞋子帮面的制作过程：①因为没有定制和目标效果一致的鞋楦楦形，选择了在原有的鞋楦上用白坯布、纸和胶带捆绑出想要的楦形的方式。②用立裁的方式尝试打出帮面的白坯布板。③通过白坯布板转拓印成纸板，然后裁剪厚0.2毫米的TPU材料来制作鞋帮面上部。④通过犀牛软件提取鞋底履带式的线条，然后打印下来制作鞋垫。⑤到做包的工厂寻求帮助，请师傅开细节皮料。⑥在工厂将细节皮料油边。⑦尝试组装。⑧到一个鞋履工作室寻求帮助，重新根据之前做的鞋楦楦形制作帮面的纸板。⑨制作样品。⑩把鞋头部分材料通过鞋底建模时预留的孔洞，使用透明鱼线进行缝制，然后给鞋底内侧刷胶水。⑪使用厚1毫米TPU材料在制作的帮面下部割出不切断的帮脚线，使其可以内弯，然后在底部刷上胶水。⑫由于亚克力和TPU的材质特殊，在不使用处理剂（为了透明美观）的情况下无法黏连，所以转换方式，把帮面底部打磨粗糙以增加接触面，然后刷胶水和处理剂，并将其粘贴在中底上，最后再把帮面和中底贴在鞋底上（图7.4）。

7.3.3 设计效果 · 实物效果

这是一双代步电动鞋。鞋子在鞋底设置了一个带有六个轮子的防滑橡胶履带，在启动代步的过程中保证穿着者的平稳和安全。用户可以通过手机App连接鞋子控制软件，在手

1. 以一个原有的鞋楦为原型通过捆帮白坯布和纸胶带的方式做出想要的鞋楦形　2. 通过立裁的方式尝试打出鞋帮面的板

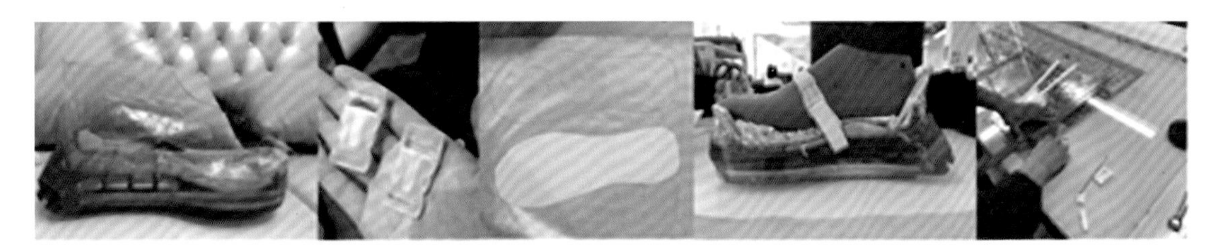

3. 用自己打的板选择了0.2毫米厚度的TPU进行帮面的拼接　4. 从犀牛文件提取线条并打印，剪出鞋垫的纸板　5. 条带的开板

6. 条带的油边、烘干、成型　7. 尝试组合　8. 重新根据鞋楦制作帮面纸板

9. 制作代替皮料的样品　10. 鞋底刷胶　11. 鞋帮面●●的别胶　12. 打磨帮面底部以增加摩擦力

图7.4　帮面制作

机界面上进行一系列的操作，比如进行开机启动、关闭、加速、减速、前进、倒退、开关灯条、查看电量等一系列功能操作。轮毂电机以锂电池为鞋子提供动力来源，充电口设在鞋尾。鞋垫和鞋子的后帮面采用了记忆棉材质，穿着舒适，鞋帮面为透明硅胶材质，具有防雨效果（图7.5）。

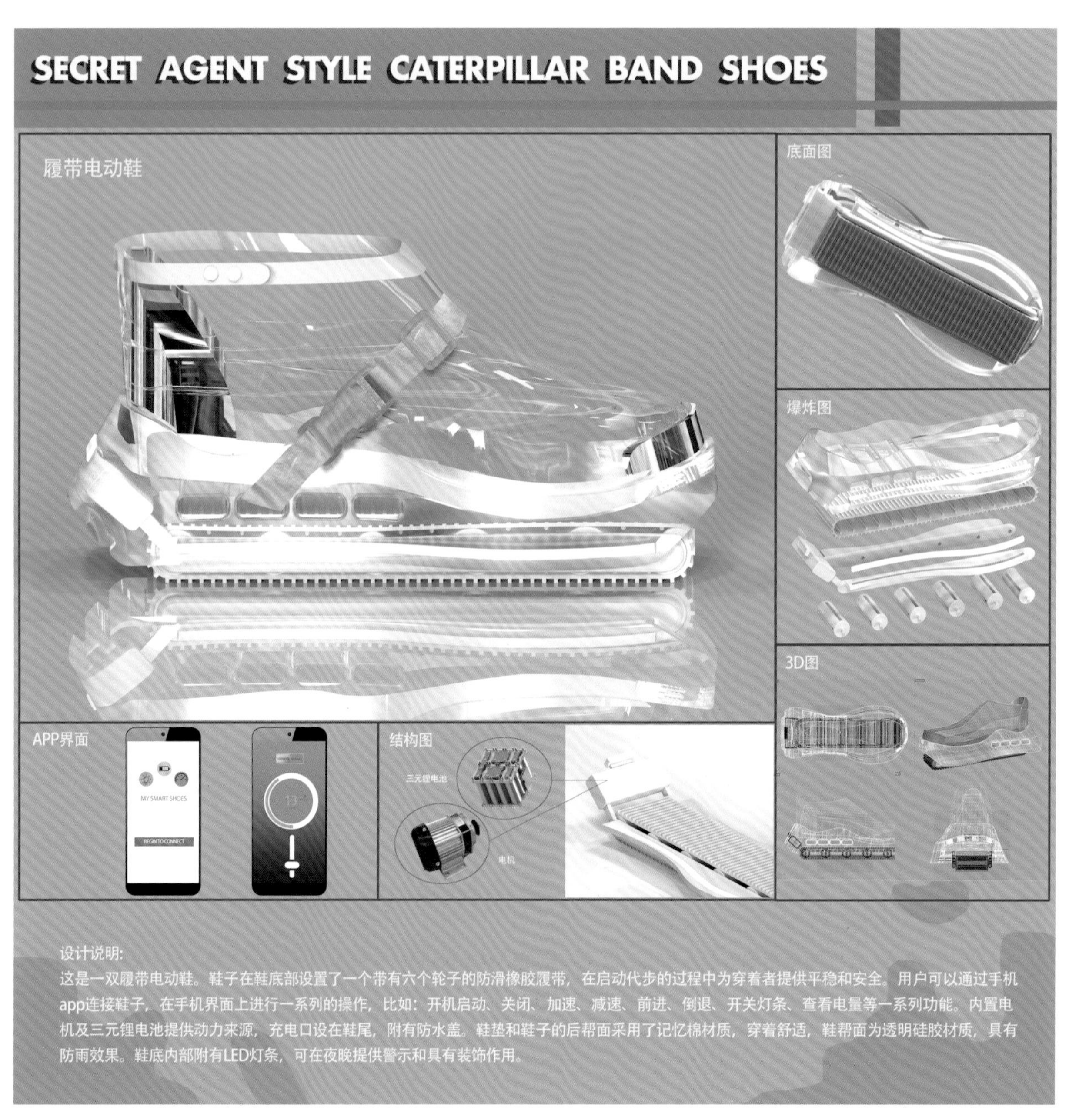

图7.5① 履带电动鞋·设计效果图

图7.5② 履带电动鞋·穿戴效果1

图7.5③ 履带电动鞋·穿戴效果2

7.4 服饰品设计语言综合表达实例2
——多功能鼻罩设计

多功能鼻罩，可作为治疗鼻炎、防治晕车等喷剂药物连续给药的辅助器械，使治疗过程更加方便、连续，也让药物更好地发挥作用。多功能鼻罩是一款利用高新技术材料帮助人们解决生活中问题的功能性首饰。

7.4.1 设计构思过程

随着人类工业化进程的不断推进，出现了很多环境问题，空气质量问题尤为严重，空气中除了灰尘之外，还有甲醛、苯等有害物质，对人的呼吸系统造成伤害，导致出现了很多鼻炎患者。目前市场上很多治疗鼻炎的喷剂药物治疗效果显著，但是在使用过程中有很多不便之处，导致消费者的使用体验不佳。为了解决这些问题，方便患者用药，设计了一款多功能鼻罩，可作为治疗鼻炎、防治晕车等喷剂药物连续给药的辅助器械，使患者的治疗过程更加方便，也让药物更好地发挥作用。除此之外，通过更换不同的滤片，产品可具有不同的空气过滤作用，可有效过滤空气中的PM2.5、花粉、甲醛、苯等粉尘或有害成分。

7.4.2 设计元素·设计语言综合表达

7.4.2.1 设计草图到3D效果图

多功能鼻罩外观仿照鼻子的形状，以使佩戴效果含蓄不突兀，并且对鼻子有一定的修饰作用，它是一款利用高新技术材料帮助人们解决生活中问题的功能性首饰。设计草图、3D建模图、3D效果图及佩戴效果见图7.6。

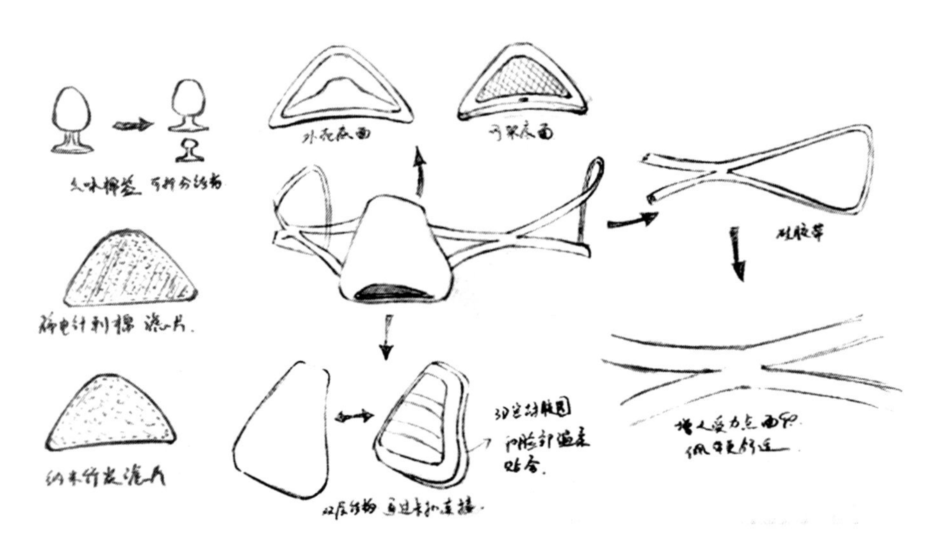

图7.6① 多功能鼻罩·设计草图

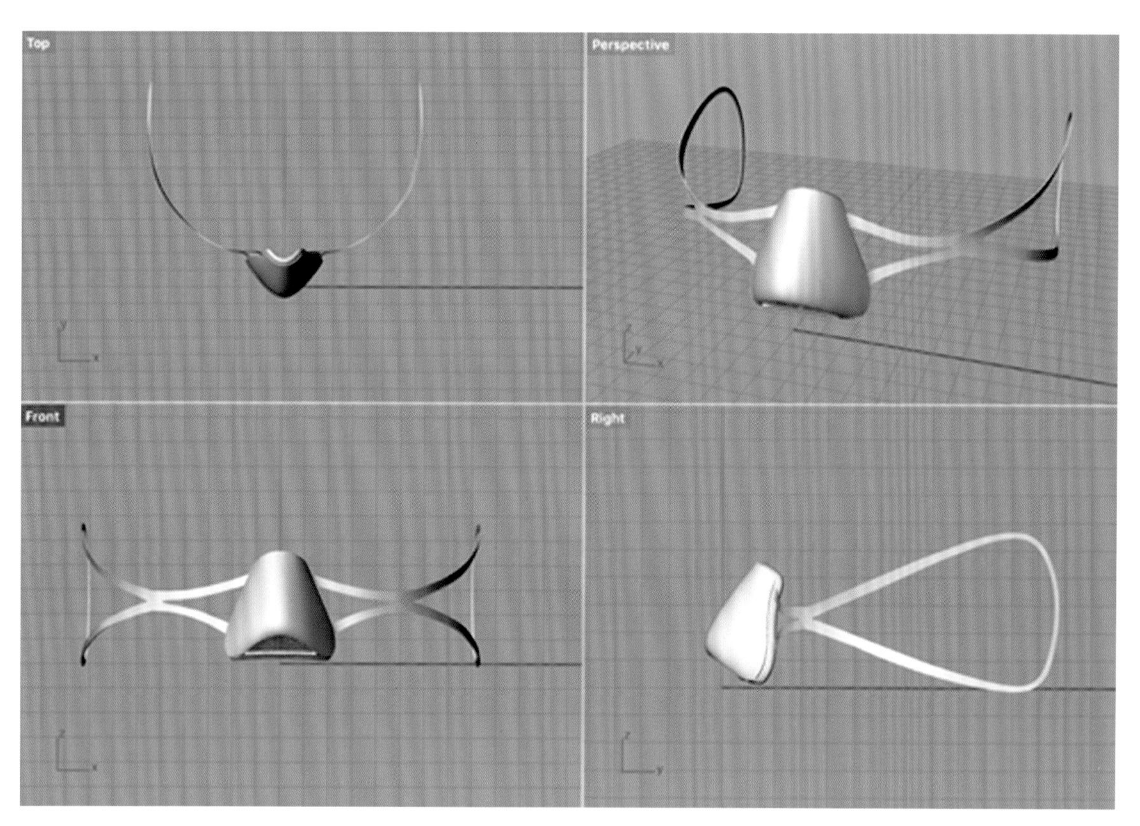

图7.6② 多功能鼻罩·3D建模图

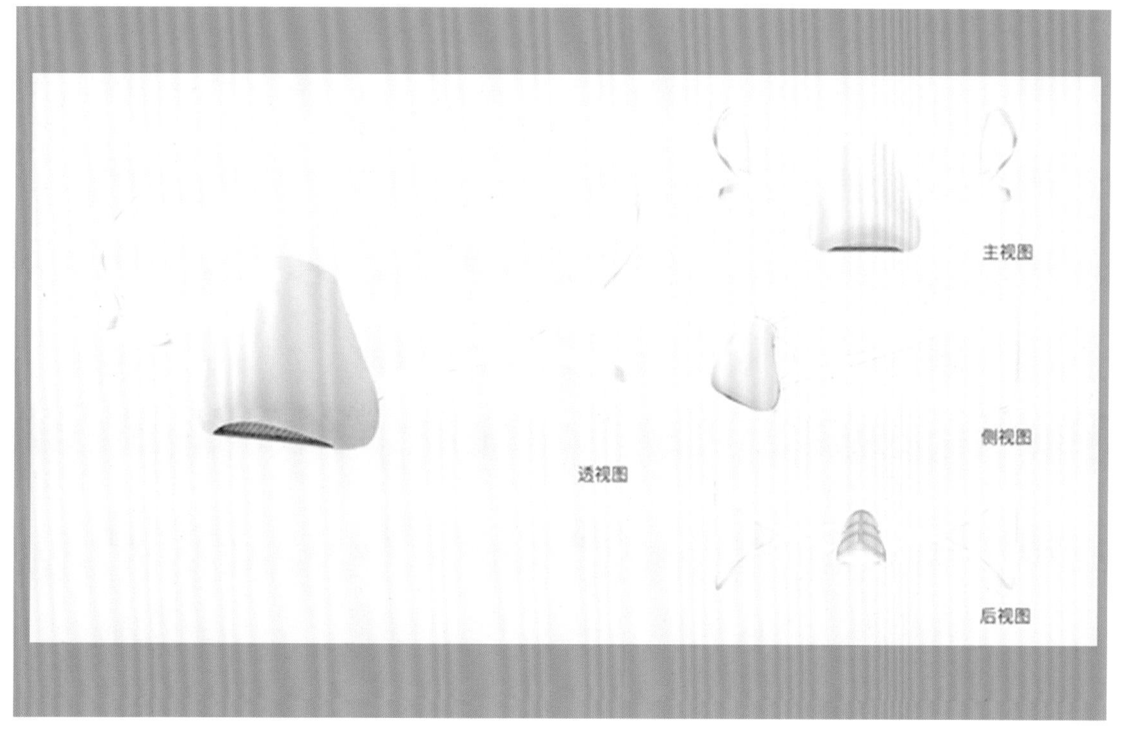

图7.6③ 多功能鼻罩·效果图

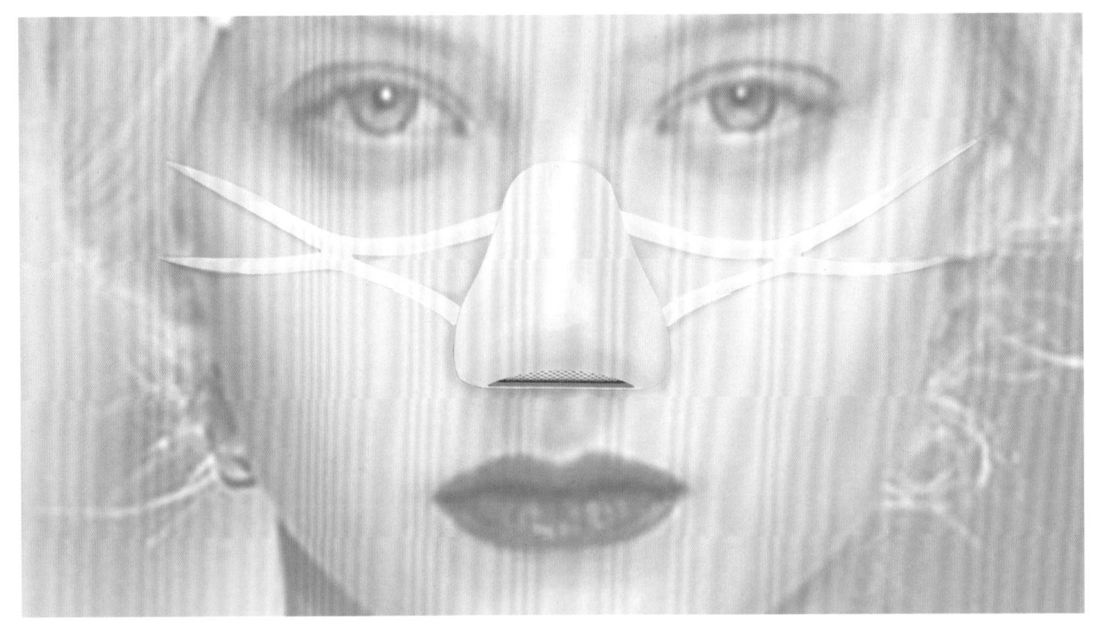

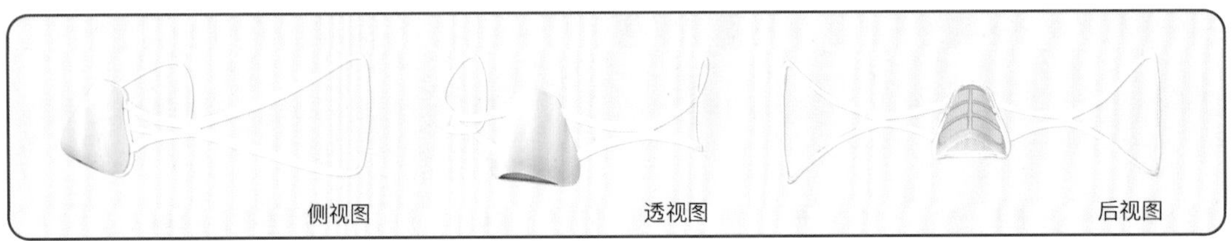

图7.6④ 多功能鼻罩·3视图及佩戴图

7.4.2.2 结构元素语言

多功能鼻罩由外壳和网架双层结构组成，其通过卡扣连接，以方便使用者拆卸清洗、更换棉签或滤片。多功能鼻罩的网架与皮肤接触的密封胶圈上设有透明医用硅胶，其柔软亲肤，对皮肤无腐蚀，能够与面部温柔紧密贴合。网架上对应两个鼻孔中间位置的网格有“对位点”标识，方便使用时更换棉签（图7.7）。

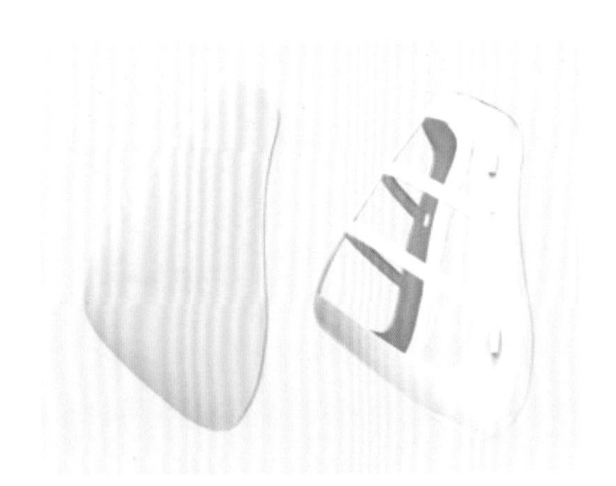

图7.7① 多功能鼻罩·外壳和网架

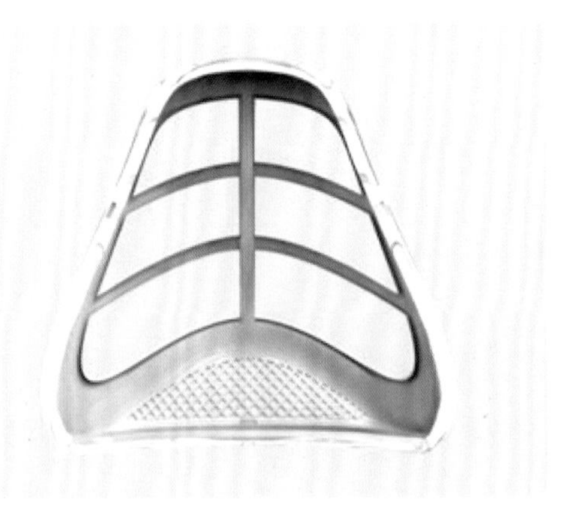

图7.7② 多功能鼻罩·网架上的密封胶圈

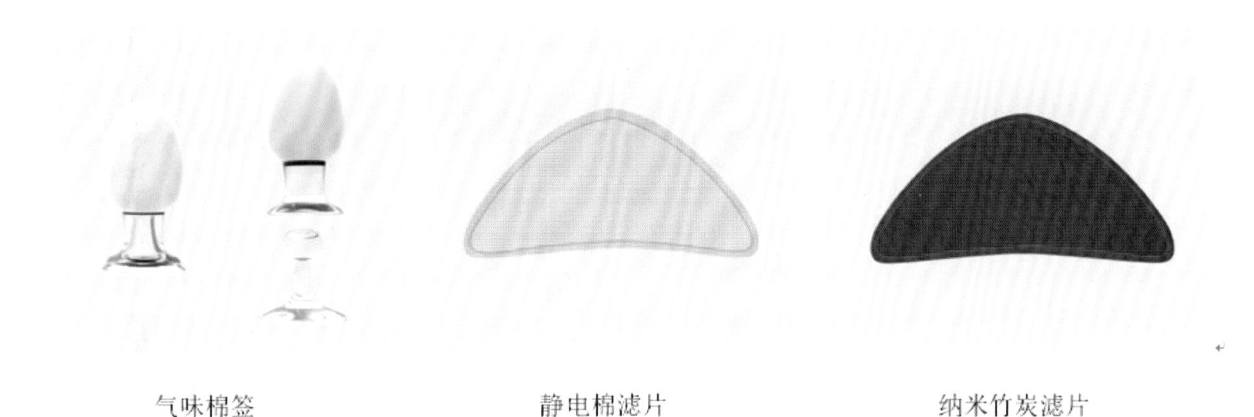

图7.7③　多功能鼻罩·棉签位置标识结构

多功能鼻罩搭配静电棉滤片或纳米竹炭滤片可作为空气过滤装置使用。将滤片卡在外壳和网架之间佩戴使用，过滤空气。静电棉滤片可过滤空气中的PM2.5、花粉等粉尘，纳米竹炭滤片可过滤空气中的甲醛、苯等有害物质。

图7.7④　多功能鼻罩·放置滤片位置

7.4.2.3　材料元素语言

多功能鼻罩主体材料是医用橡胶，有三种高新技术材料制成配套耗材，包括气味棉签、静电棉滤片、纳米竹炭滤片，通过更换不同的耗材，实现不同的功能（表7.1）。

表7.1

耗材名称	使用材料	材料属性
气味棉签	聚氨酯软泡	聚氨基甲酸酯，简称聚氨酯，是一种新兴的有机高分子材料，被誉为“第五大塑料”。聚氨酯具有较高的氧化稳定性、吸水性、柔曲性和回弹性，具有优良的耐油性、耐溶剂性和耐火性。其因卓越的性能而被广泛应用于国民经济众多领域
静电棉滤片	静电棉	静电棉是静电针刺棉的简称，是PP短纤维经过梳理、针刺成网后通过静电驻极处理得到的非织造材料，与同等面密度的普通针刺棉相比，针刺静电棉具有过滤效率更高、过滤精度更高、阻力更小、容尘量更大、使用寿命更长的优点。它可以有效过滤高达99%的花粉微粒，以及捕获相当于一根发丝直径四十分之一的粒子
纳米竹炭滤片	表面改性竹炭/二氧化钛纳米复合材料	廉价、天然绿色的竹炭（BC）通过湿法氧化处理，可制备具有良好吸附性、化学稳定性的表面改性竹炭（SMBC），经过改性，BC表面生成大量含氧官能团，因此SMBC粒子易分散于水中，并且与TiO2有较强的相互作用，确保TiO2均匀地负载在SMBC表面。SMBC/TiO2 比 BC/TiO2 有更大的比表面积，能提供更强的吸附性能

多功能鼻罩的配套耗材全部采用高新技术材料制作，比一般的材料具有更优良的性能，以更好地实现其功能。

7.4.2.4 色彩元素语言

多功能鼻罩有多种配色，用户可以根据自己的肤色深浅进行选择，使鼻罩佩戴在脸上时和谐不突兀，图7.8为色彩元素。

功能性服饰品，无论从功能实用性还是审美价值方面，不同人群的需求是不同的，对其造型、材质、佩戴方式也有不同的要求。当下快节奏的生活，人们往往有着多重身份，一天之内出入多种场合，这就要求服饰品具有较强的适应性，能够使佩戴者融入不同的场合。

图7.8 多功能鼻罩 · 色彩元素

第八章　逻辑思维与服饰品设计——留学

当前，有部分学习设计的学生希望通过出国留学开阔眼界，进一步学习设计方法。申请留学需要提交设计作品，研究和学习已申请成功的学生的设计作品对提高自己设计的逻辑思维能力、动手能力、创新实验能力、学习能力和设计视野是有帮助的。下面通过设计实例研究学习逻辑思维与服饰设计。

8.1 逻辑思维与服饰品设计·设计实例1
——漆艺服饰品设计

从双足到四肢·有关非直立行走的可行性研究

8.1.1 逻辑思维与服饰品设计

8.1.1.1 主题故事铺垫

A. 对于人类行走模式人机工学方面的研究

在人类的早期进化过程中，脑容量变大，智力增加，双足行走成为常态。从人机工学角度来看，从四足到两足行走的变化导致了一些影响深远的后果。一方面从四足到两足行走，由于两足压强的增加，人类行走所产生压强的支撑点由四肢转向骨盆与膝盖，导致用双足行走的人类的骨盆变得更大，腿部更粗壮。另一方面，受到地心引力的影响，两足行走的人类的器官下移，易出现内脏下垂，而较其他动物更大的头部也给脊椎和腰部带来了更大的负担，这也是人类容易出现颈椎病、脊柱侧弯病等的原因。随着双足行走的不断进化，肩部稳定性降低。由于前肢没有承重要求和重心，增高需要更强的稳定和平衡性，所以人类在行进时会比其他动物增加一些特殊的专属性行为，比如自然的胳膊晃动，是为了保持行进时的平衡。在这一点上，肩膀稳定性降低成为双足行为演变的一部分证据。

来自加州大学戴维斯分校的迈克尔·索科尔、亚利桑那大学的戴维·赖希伦和华盛顿大学的赫尔曼·庞泽尔在美国出版的《国家科学院学报》上撰文说，人类之所以最终进化成为两条腿走路的动物，主要是因为这种行走方式最为节省能量。并通过比较黑猩猩与人类行走时所消耗的能量得出了上述结论。

B. 有关动物行进模式的研究——以灵长类动物为例

设计者在上海动物园灵长类馆中进行了三天写生，观察了各种灵长类动物的行进方式和运动模式。在三天的写生过程中，发现了一些很有意思的现象（图8.1）。

图8.1① 动物写生1

图8.1② 动物写生2

8.1.1.2 借实作虚——编撰主题故事

在本设计中虚构了一个名为INBIPEDALISM UNION（简称IBU）非直立行走联盟，这个联盟倡导人们应该放弃直立行走的行进模式，这也是组织名称的由来。

IBU非直立行走联盟的徽章别具一格，是根据《欧洲皇室纹章学原理》一书为INBIPEDALISM UNION非直立行走联盟设计的一款以猿为主体物的徽章（图8.2）。这个徽章的中心是一个半站立的猿。过去，猿在徽章中运用较少，只有极少数的骑士和从事特殊行业的工匠会选用这个素材。猿左手握斧，右手扶地，代表文明与开化。设定徽章的座右铭是 Credo quia absurdum。这是一句拉丁文，原意是“因为荒谬所以 相信。”

在这里虚拟IBU非直立行走联盟发起于希腊，是一个拥有久远历史的组织。第一个提出非直立行走设想的人是古希腊数学家和哲学家阿基米德，他针对地形起伏极大的希腊山区，军队行进和战争需要，提出非直立行走的构想，很显然非直立行走的攀爬姿势更利于军队的行进。后来，罗马共和国摧毁希腊，统一地中海后转变国体为罗马帝国，而使用这种行进方式的军队也被吸收到罗马帝国，并作为专业应对复杂地形的军队进行专项使用。

在13世纪，东方漆器通过海上丝绸之路从福州传到意大利的威尼斯，尔后传入罗马，IBU没有将漆器当作一项手工艺品来对待，相反的，他们认为这个材料非常适合作为贴合人体的材质应用于防护装备，因为漆亲和肌肤，坚韧而轻盈。在此之后，IBU的意大利科学家致力于开发漆器作为防护的非直立行走装置。

8.1.1.3 服饰品设计内容
——制作一套脱胎大漆的行进辅助和装饰服饰品

制作一套脱胎大漆的行进辅助和装饰服饰品，主要采用非物质文化遗产干漆夹苎工艺（第一批国家级非物质文化遗产）、脱胎漆器髹饰（第一批国家级非物质文化遗产）、清刀微

图8.2 虚构的行走联盟徽章

劈法、螺钿漆器工艺等传统漆艺工艺技术作为支撑。

设计出的服饰品有手部护具和足部护具各一套。

手部护具主体部分采用干漆夹苎工艺进行制作，边缘采用夜光贝进行装饰，内刷朱漆，外罩黑漆。夜光贝的装饰连接部分来源于联盟设定中罗马帝国的海洋性特征和传统运用螺进行装饰的历史。连接处运用皮带和五金件进行连接和配合。表面手工雕银进行几何化处理并做旧。

足部护具分为两个部分，足弓部分依附关节，干漆夹苎做为主体部分，内部刷银朱漆，外部罩黑色推光漆，其颜色来源于假设联盟中古罗马帝国的军队配色，边缘采用绿松石进行装饰。

足部护具前掌部分配色与其他部分一致，边缘采用黑蝶贝进行装饰。黑蝶贝在历史上是海上丝绸之路东西方贸易文化交流的产物。非直立行走联盟运用黑蝶贝进行装饰，也是符合其自身历史和世界观的同一性。

8.1.2 动手能力与制作实验

8.1.2.1 漆艺服饰品模型制作

漆器服饰品模型的制作是个漫长而繁复的过程。首先是用石膏绷带制作出四肢的阴模。石膏绷带是一种具有附着性和一定强度的材质，利用它制作出来的模型可以很好地复制原有部位的细节。首先将石膏绷带剪成25cm的细条并打湿，然后用中指和食指将打湿后的细条捋平，使石膏粉与绷带充分融合，然后将石膏绷带均匀的贴合在准备做阴模的手部，反复三到五遍使其有一定的厚度，并等待其干燥后取出，制成阴模（图8.3①）。

接下来是利用阴模翻制石膏阳模。这个准备做阴模的方法在雕塑上被称为堆泥法。首先制作泥条，将泥条制成大小相似的泥板，围绕阴模制作泥坝。其次调好石膏浆缓慢而均匀的倒入阴模，待干燥取出，得到手部阳模（图8.3②）。

图8.3① 模型制作・制作手部阴模

图8.3② 模型制作・制作手部阳模

8.1.2.2 漆艺服饰品制作·髹漆

漆艺服饰品制作步骤繁多，髹漆前就有近10多项操作：刷底漆、上粗灰、打抹、裱布、脱模、修模、上细灰、上浆、清灰、刮浆、砂磨、制朱漆等。其中制朱漆是运用古法研磨制漆方法，首先需要将银朱粉和生漆进行混合，用牛角反复研磨，确保颜料和漆融合充分，再用纱布绞漆过滤，得到可以直接涂的朱漆（图8.4）。

图8.4① 古法研磨制朱漆

图8.4② 髹漆

8.1.2.3 漆艺服饰品制作·肌理装饰及配件制作

漆艺服饰品的边缘镶嵌螺钿。这里用到的是黑蝶贝和月光螺，切割螺钿片成长2cm，宽3cm，厚0.5cm的薄片，用不稀释的红锦漆进行镶嵌，镶嵌完成在表面上罩一层推光漆，阴干后观察效果，漆干后再用细砂纸打磨，露出原有的螺钿。装饰配件部分主要是皮带的制作和银扣的制作，其中银扣的制作采用传统失蜡法制作（图8.5）。

图8.5① 漆艺服饰品制作·镶嵌螺钿

图8.5② 漆艺服饰品制作·银扣雕蜡

8.1.2.4 漆艺服饰品实物效果展示（图8.6）

漆艺可以与服饰品进行非常好的结合，大漆在沉淀干透后具有特有肌肤亲和性，这也是上千年来人们选用漆作为表面肌理的处理方法和生活用具的原因。尤其是脱胎漆器，它轻便，耐磨，具有抗菌性和亲肤性。服饰漆艺艺术品展示呈现出“过去穿越未来”的艺术感染力，由此可引发观众的思考和探讨（图8.6）。

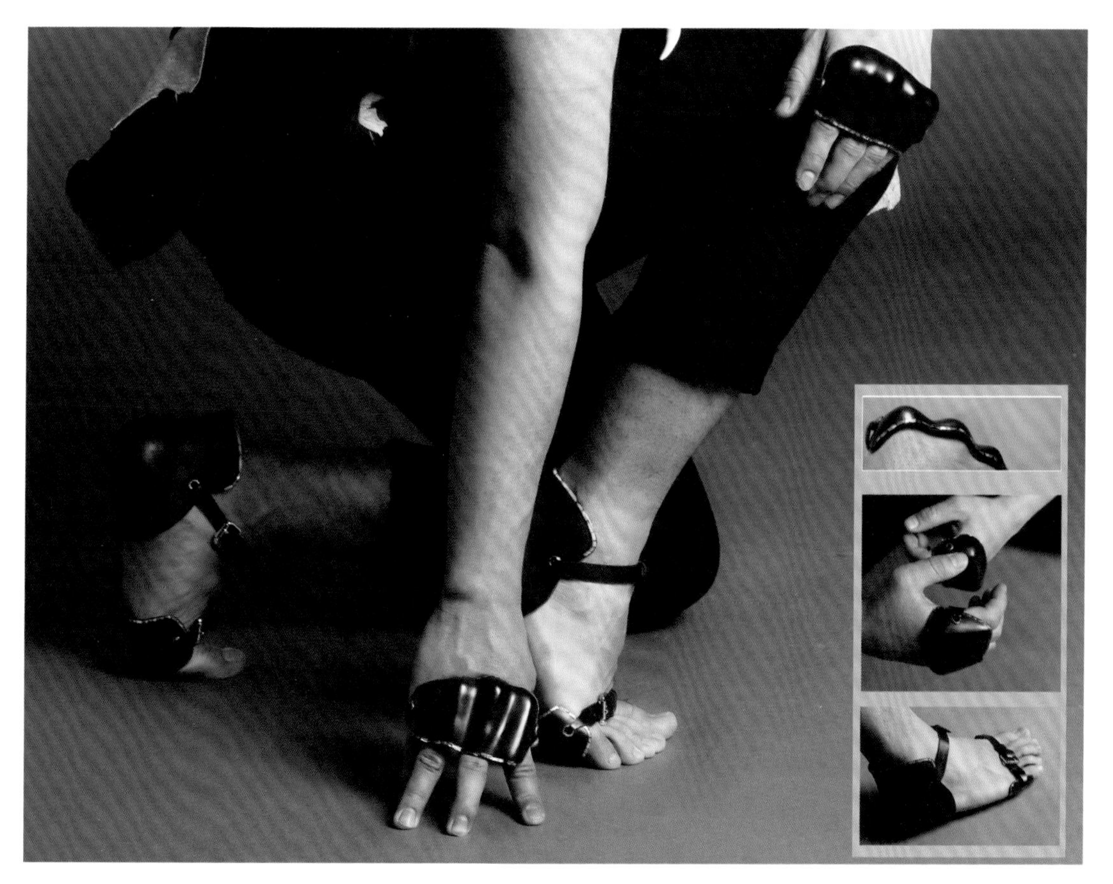

图8.6 漆艺服饰品实物展示

8.1.3 申请留学作品集·服饰品设计的着眼点

现代生活的多样化和精神需求是相互交织和密不可分的，服饰品不仅是具有穿戴的实用性的生活产品更是文化的载体。服饰品设计的着眼点有以下几个方面：1、满足生活的基本功能需要；2、传承文化和技艺；3、代表未来的新科技材料、技术、生产方式；4、带来温暖的美好情感：爱、和平、人文关怀；5、引发思考的哲理思辨。这几个方面在实际设计中可以有目的的突出某一点。这五个设计着眼点在申请留学作品集中尤为重要，特别注意的是：设计要有自己的文化属性和表达方式。

通常学生的服饰品设计着眼点和品牌商品的设计着眼点侧重不同，学生的设计目的是在设计过程中学习解决问题的方法，而品牌商品的设计目的是为品牌形象服务和为更好的售卖。这看起来这是一致的，实际有本质的不同，学生的设计着眼点可以是更新的材料技术和工艺，可以不计算制作成本，也可以是面对更小的受众群体，但在这些方面品牌服饰品是有制约的。

8.1.4 申请留学作品集·服饰品设计需要具备的能力

服饰品设计需要具备学习和研究的能力、逻辑思维能力、动手能力和综合表达能力。服饰品的品类繁多，每个品类从外形、制作材料到制作工艺都不尽相同，就以我们生活中最常用的四种服饰品为例——鞋、包、帽子和首饰，每一个品类都代表一个庞大的产业，都有自己独特的生产制作方式。另外，科技的飞速发展带来更加丰富的制作材料，工艺和制作方式也在发生变化，例如：激光雕刻、3D打印等，这些都需要设计师要具有不断学习的能力。单纯的学习还不够，还要具有主动探究的能力，要有创造的动力来创新设计服饰品。

申请留学的作品集要求有：缜密的逻辑思维能力，以及多角度全方位、全面的自我展示。这需要设计者具有逻辑思维能力，能够通过对事物的观察、比较、综合分析、推理判断，准确表达设计者的设计思维，得出合理的设计。

动手能力是服饰品设计教学中重要的一项能力。一个完整的服饰品设计过程是不能缺少“动手制作”的。动手制作实验会让设计者学到更多的设计制作方法，也会让设计方案更加符合设计。

综合表达能力是设计方案到作品集完成至关重要的一步，从页面文字内容的文案、整体作品集的色调风格设定、每一页的中心内容、图片剪裁构图、页面排版等都是设计者综合能力的表现。

所以，好的服饰品作品集是一个整体的呈现，需要设计者具有这些能力可以驾驭。

8.1.5 漆艺与服饰品设计
——申请留学作品

申请服饰配件设计专业留学，专业方向有配饰设计、首饰设计、包袋设计、鞋设计等，属于服装设计和时尚设计的范畴。申请设计专业留学都需要提交“设计作品集”，作品集一般要求包含4–5个设计项目，足够的工作量与丰富的表现形式、缜密的逻辑思维能力，以及多角度全方位、全面的自我展示。下面是申请留学作品集中的一个设计项目——漆艺服饰品设计，作品集通过设计项目封面、主题故事逻辑、主题图形色彩材料、设计过程草图、实物制作过程、实物穿戴效果展示7个版面展示申请者的自我能力（图8.7）。

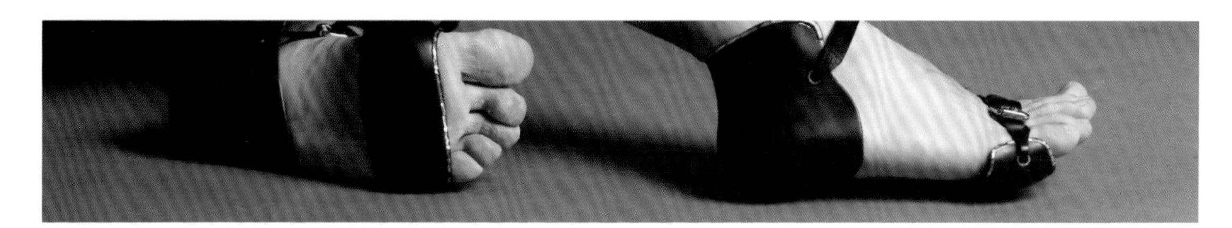

图8.7① 漆艺与服饰品设计作品集 · 设计项目封面

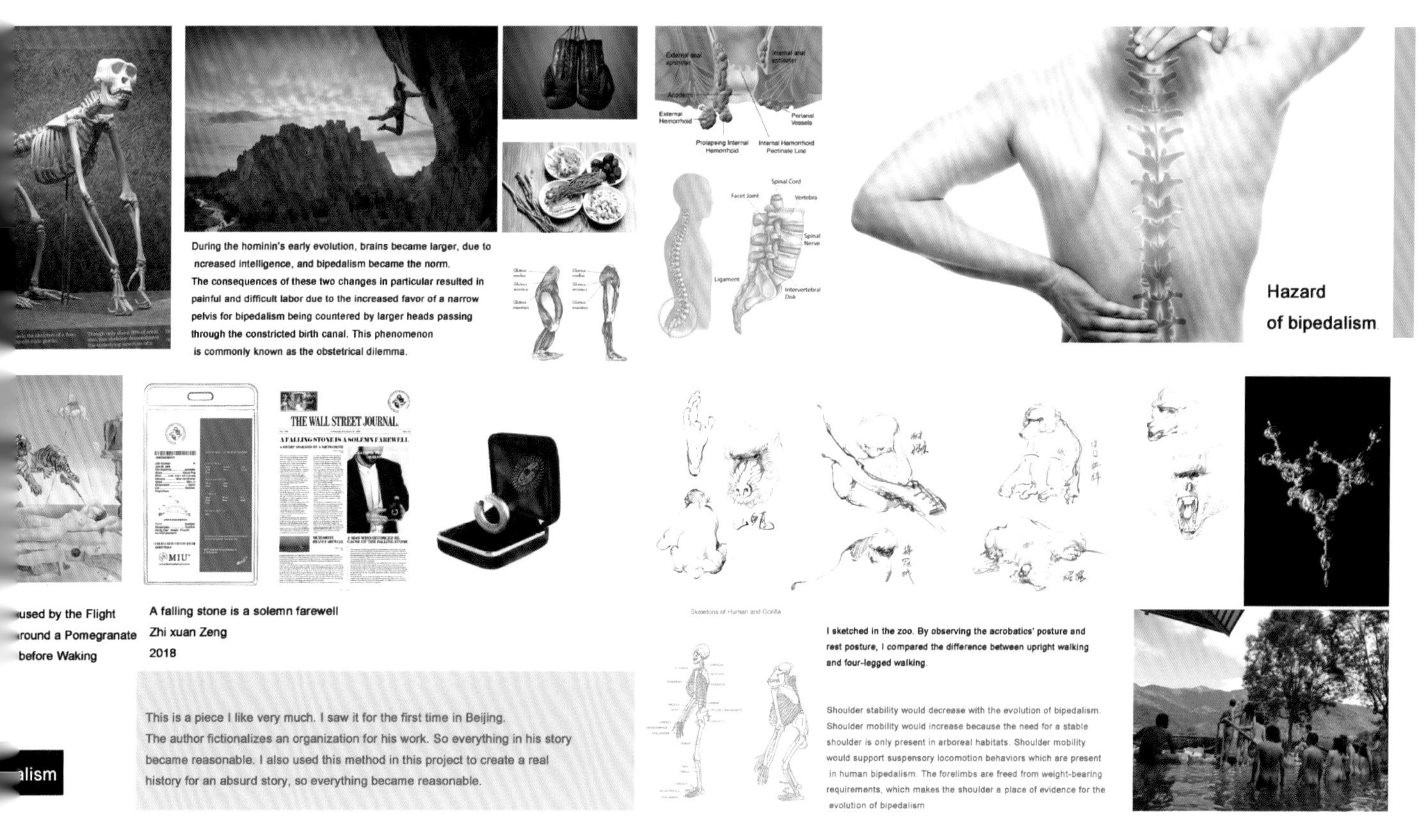

图8.7② 漆艺与服饰品设计作品集 · 主题故事逻辑

图8.7③ 漆艺与服饰品设计作品集·主题图形、色彩、材料

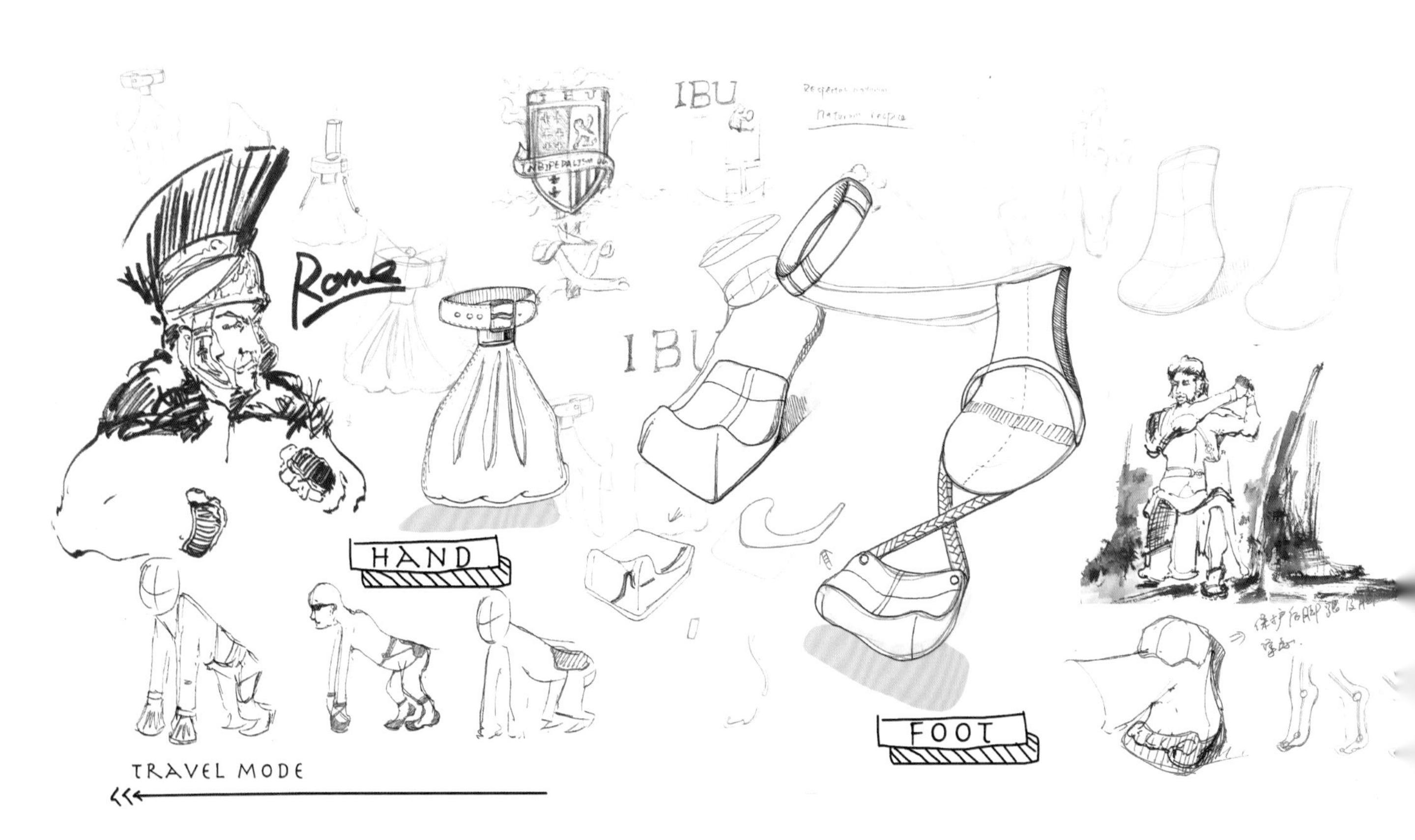

图8.7④ 漆艺与服饰品设计作品集·设计过程草图

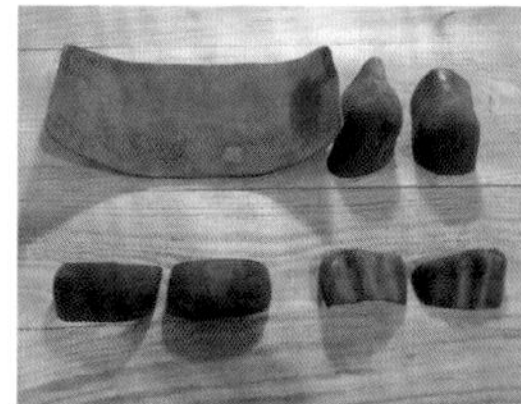

I begin to build them
layer by layer, using
a lacquer paste

At this stage, the paste
is made from raw lacquer
mixed with powdered clay.

The lacquer paste is applied
onto the plaster core.

Two layers of clay-lacquer
paste are applied

Each layer is cured and
sanded

Next I add layers of textile
to build up, the first layer
is alightweight fabric

the fabric will be
trimmed and sanded
after it's dry

Removed the plaster core

I get the lacquerware like p1

Then coated them again
like p2

The finest lacquer is used
for these layers

p1

p2

The insight is coated with lacquer mixed with red pigment,
I choose traditional pigment
this pigment needs to be grand to facilitate and mixing with the lacquer
Decorate lacquer with turquoise and screw

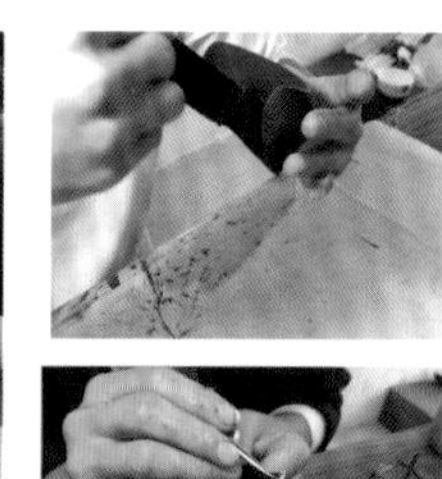

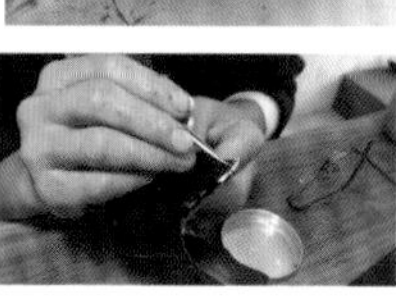

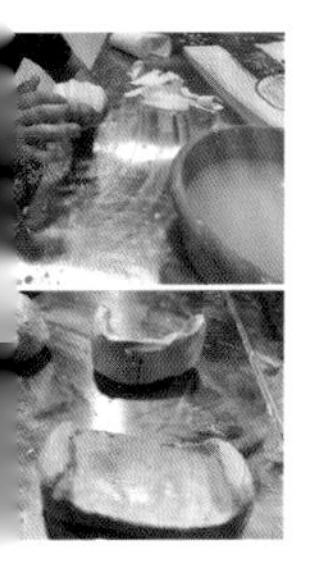

The lacquerware will be built around a plaster core
so i made a pair of "plaster hands"and "plaster feet" for myself
which could also be used for the exhibition

The first layer
lightweight farbic
and lacquer

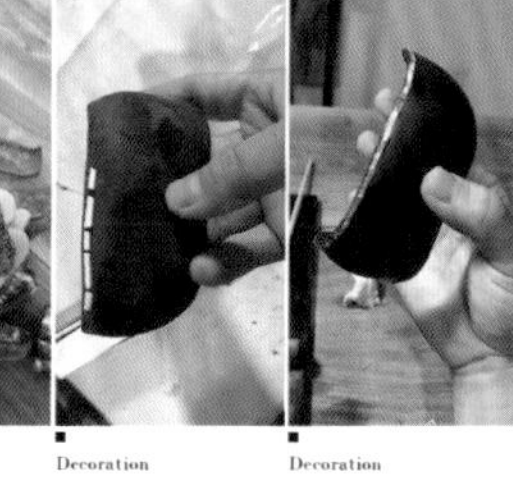

Decoration
Turquoise

Decoration
Screw

图8.7⑤　漆艺与服饰品设计作品集·实物制作过程

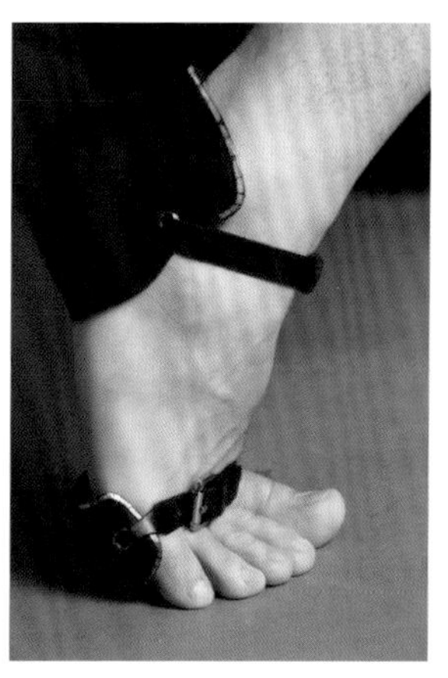

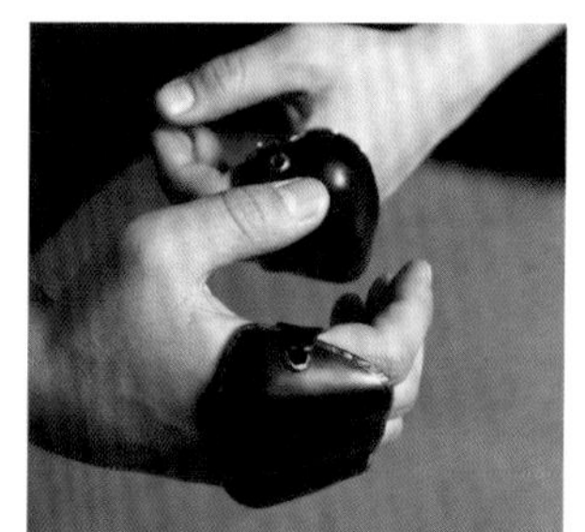

IBU

CREDO QUIA ABSURDUM

图8.7⑥　漆艺与服饰品设计作品集·实物穿戴效果展示1

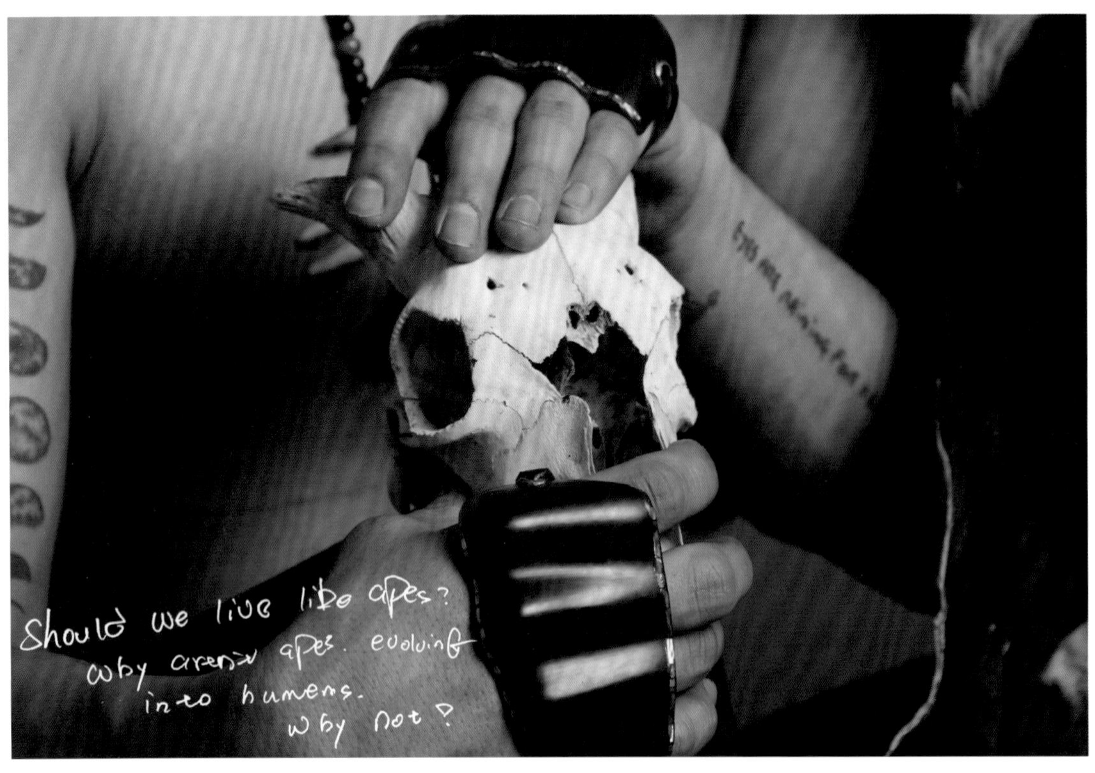

IBU
CREDO QUIA ABSURDUM

图8.7⑦　漆艺与服饰品设计作品集・实物穿戴效果展示2

8.2　逻辑思维与服饰品设计・设计实例2
——尼龙扎带首饰设计

8.2.1　尼龙扎带首饰设计主题故事

眼的联想・尼龙扎带首饰设计也是学生申请留学作品集中的一个设计项目。这个项目的设计灵感来源于设计者内心成长的思辨，她有感于“面对同一事物，因为站的角度不同而不同；事物的发展是由诸多因素构成，我们看到的只是一个片段。”（图8.8）

构成首饰的主要材料是尼龙扎带。制作工艺是整体构成的“束扎”方式和局部“扎结”，巧妙运用尼龙扎带材质特性，点——“扎结”的点；线——尼龙扎带的线条和由“扎结”形成的抛线；面——“束扎”把“扎结”好的尼龙扎带元素组合构成的面。色彩是由白色尼龙扎带经过整体构成的“束扎”方式和局部“扎结”的疏密关系构成具有黑、白、灰色感的体。图形整体是花环式的颈视，由一簇一簇尼龙扎带“花朵”构成，这些花朵是设计者内心的“眼”；细节上由尼龙扎带“扎结”形成的无数个“十字”形状就像“星光”，这点点“星光”就像是闪耀在人们眼眸上的神采。

图8.8 尼龙扎带首饰设计作品集·设计项目封面

8.2.2 灵感来源与发散思维

你能从眼睛里看到什么?

我们通过眼睛了解这个世界，但世界却比我们所看到的更多元与丰富，不同的人有不同的视角与观测点，所以即使是相同的事物，不同的人也可以看到不同的结果。

于是设计者找了与眼睛造型相似的物体——星云、花朵与细胞，他们看似造型像眼睛，但却有各自不同的特点。他们各自的特点是什么？相同点又是什么?

设计者希望以眼睛瞳孔为灵感，找到类似的几种事物，他们虽然从某一角度看上去相似，却各有各的特点（图8.9）。

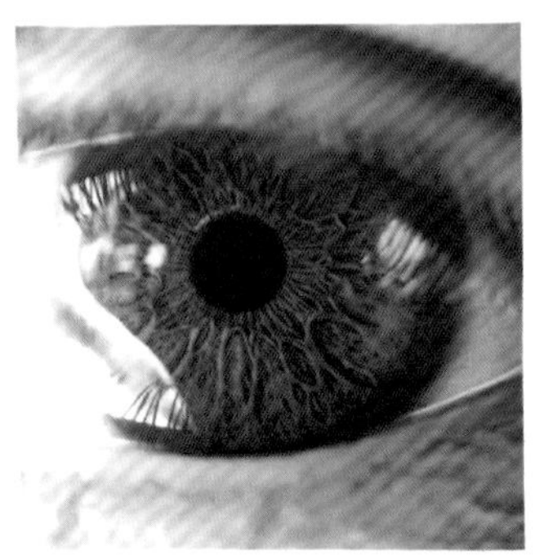

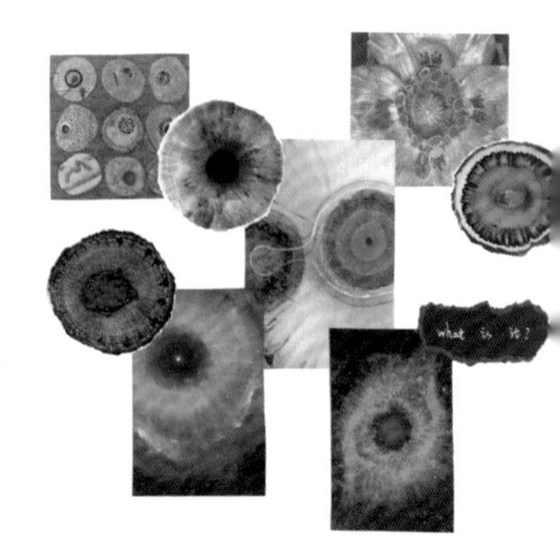

图8.9 尼龙扎带首饰设计作品集·灵感来源与发散思维

8.2.3 设计草图与图形元素

设计者分别研究了星云、花朵与细胞。根据每个图形的特征，归纳出各自的图形元素，绘画草图（图8.10）。

星云天体结构的形状就像是人的眼睛，瞳孔是“星”，黑眼球上的平滑肌纤维像是萦绕在“星”周边的云。形状特征：星的闪烁；云的飘逸。

花朵也有和眼睛类似的地方，瞳孔是“花芯”、黑眼球上的平滑肌纤维像是花朵层叠的花瓣。形状特征：“花芯”丝丝花蕊的簇拥；花瓣的错落有致。

细胞中癌细胞是最像眼睛，瞳孔是“细胞核”，细胞质像是眼球——胶状。形状特征：形状抽象、充满变化。

VELOPMENT

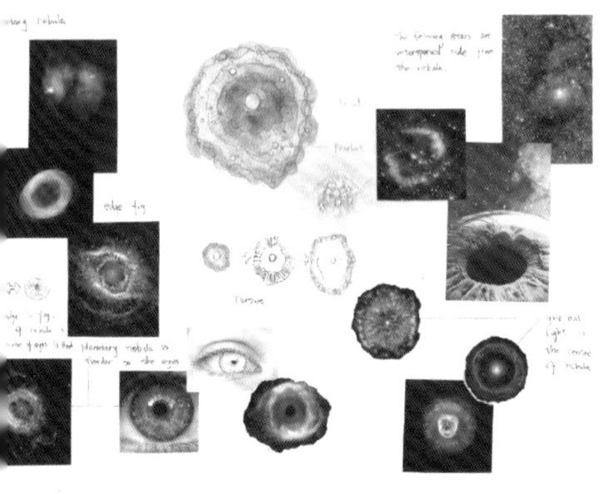

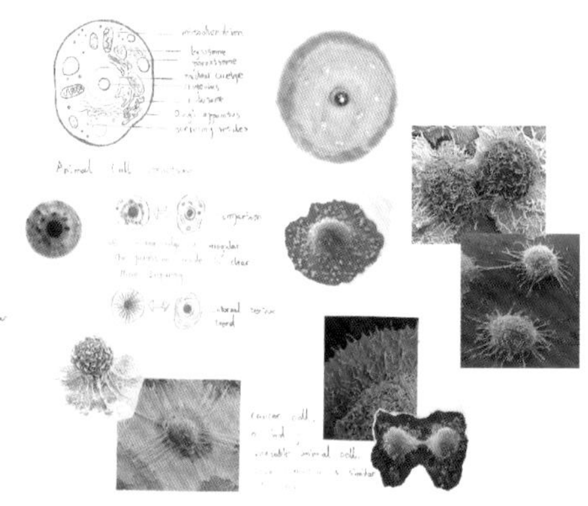

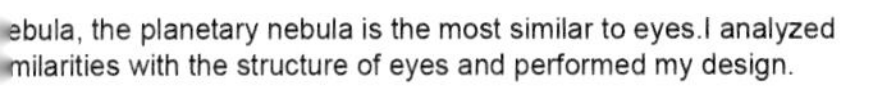

The different parts of the flower are similar to the different structures of eyes. I combined them for my design.

Among all kinds of cells, cancer cells have the structure most similar to that of eyes. I analyzed the similarities with the structure of eyes and performed my design.

TCH

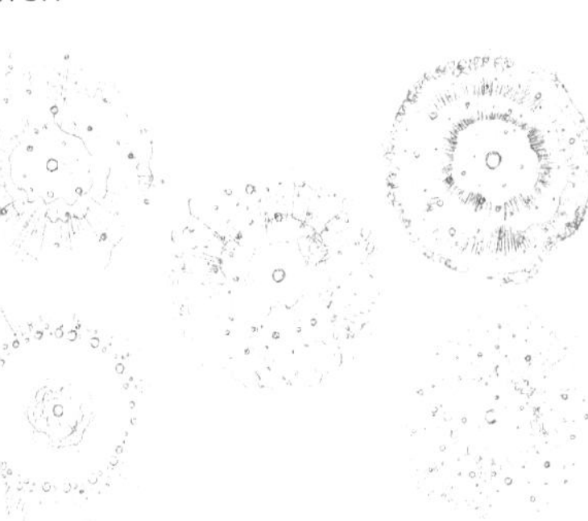

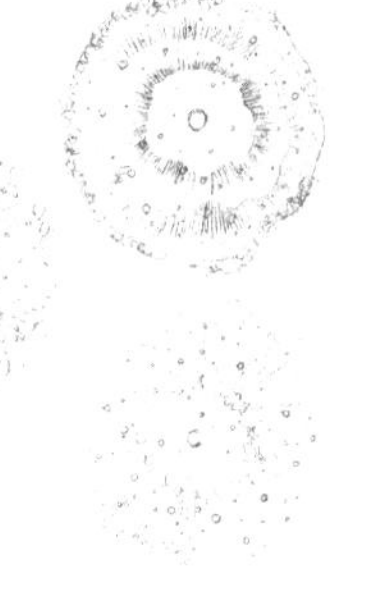

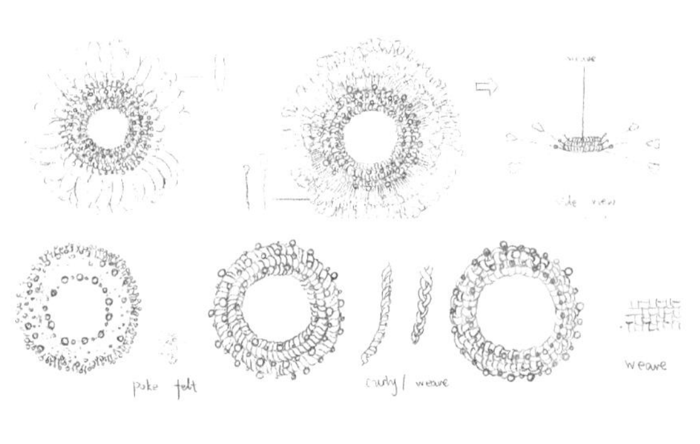

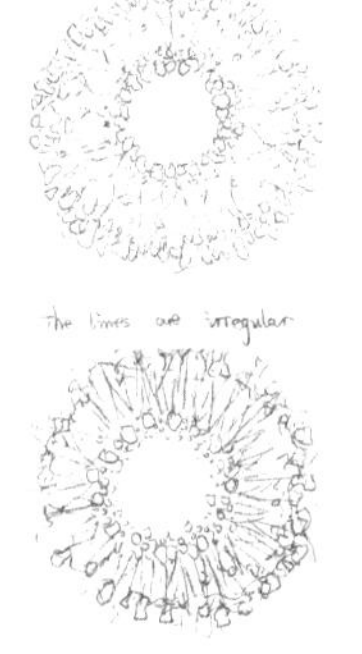

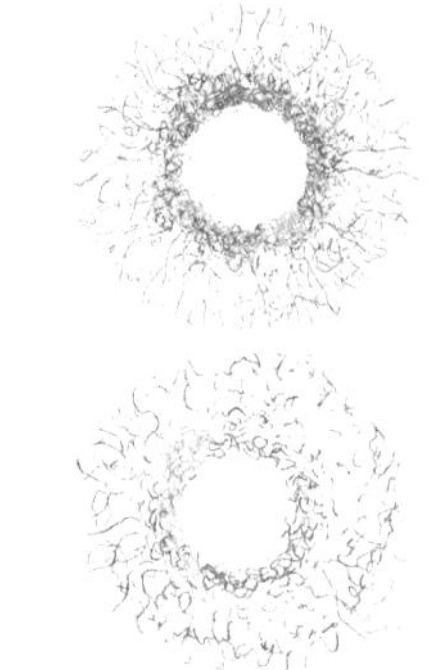

QIAN MA PORTFOLIO project 02

图8.10　尼龙扎带首饰设计作品集·设计草图与图形元素

8.2.4　图形特征与制作材料选择

根据星云、花朵、癌细胞的图形特征寻找收集制作材料，分别进行制作实验。星云图形制作材料有：毛毡、毛线、绣线等，用手缝、刺绣和戳戳秀的工艺；花朵图形的制作材料有金属丝、镭射幻彩纱、网布等，用金属丝做骨架塑形，上面附加层叠的网纱；癌细胞图形制作材料有透明塑料膜、纸、塑胶管、尼龙扎带等，分别用塑胶管和尼龙扎带做骨架塑形，尝试用塑料膜营造“胶状”感，实验用纸制造细胞核质感。经过多种材料实验，最终选择用白色尼龙扎带制作（图8.11）。

多种材料实验的目的是选择出理想的制作材料。理想的制作材料是：既丰富又概括，有想象空间；能准确地传达作品主题。选择制作材料的同时也是进一步完善设计图稿的过程。

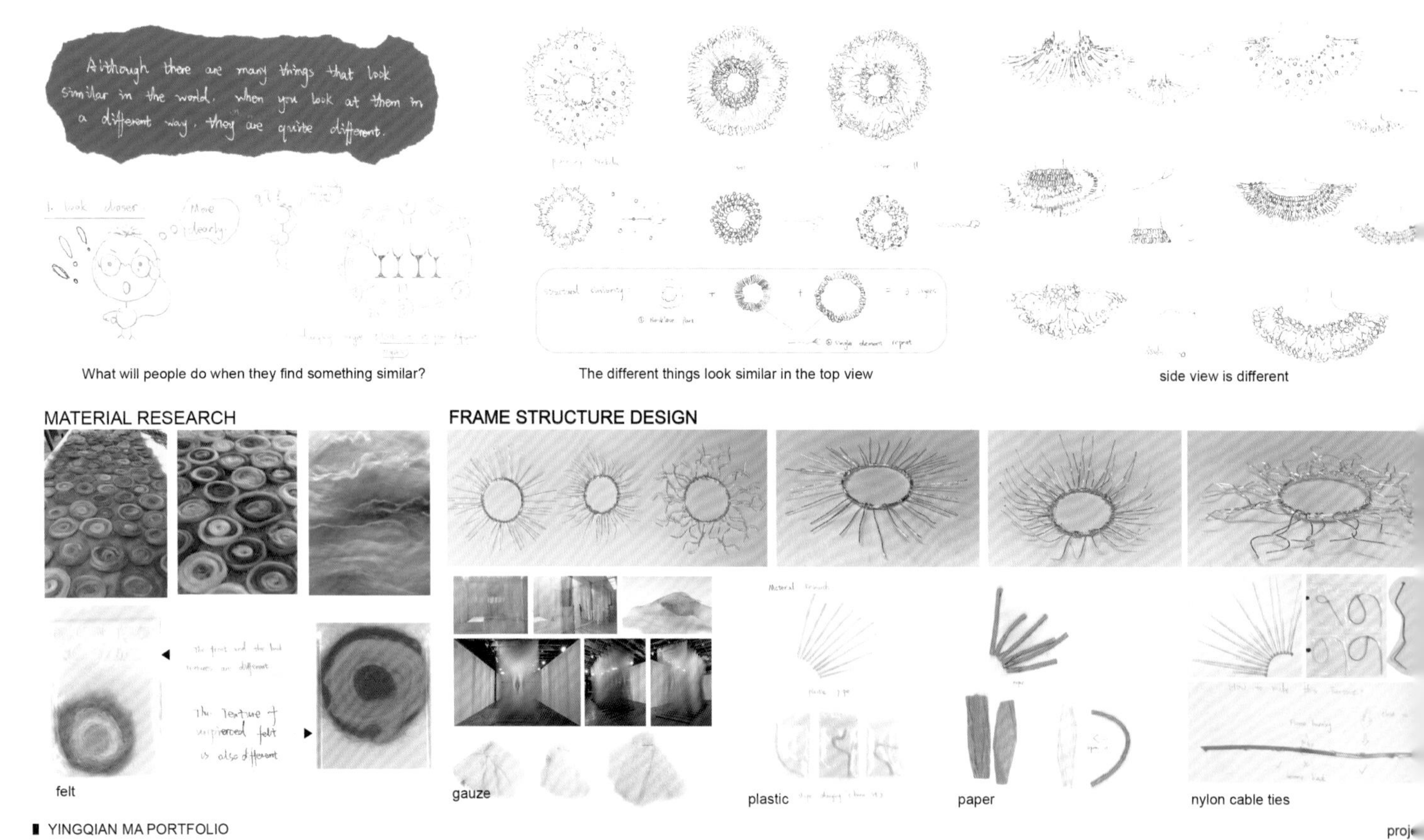

图8.11 尼龙扎带首饰设计作品集·图形特征与制作材料选择

8.2.5 工艺实验与制作过程

设计者进行了很多编制和塑形实验并制作工艺实验小样。用尼龙扎带通过不同的编织方式、热处理来分别塑造出星云，花朵和细胞的造型。最后将这些单个的小结构分别按照星云、花朵和细胞各自的结构叠加起来，组成了三个正面看似相似，但侧面结构完全不同的大型项圈（图8.12）。

ETCH AND MODELING

lace part

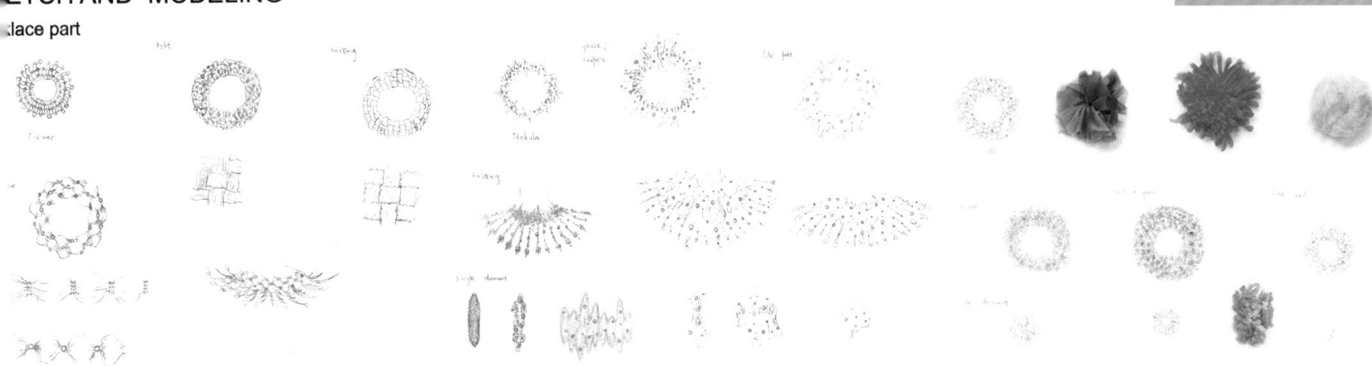

use neylon tie to weave necklace part?

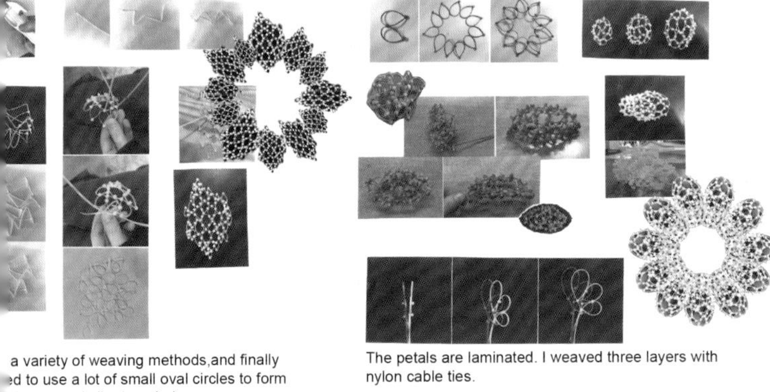

Why did I use the same white tie to weave these 3 necklaces?
I use the same color—white, because I hope people to understand the meaning of each thing in terms of the structure. white is the most pure and empty color.

a variety of weaving methods,and finally ed to use a lot of small oval circles to form al pattern similar to nebula.

The petals are laminated. I weaved three layers with nylon cable ties.

There are many hair like balls on the cancer cells.I made the similar shape by my weaving and cutting the nylon cable ties.

QIAN MA PORTFOLIO　　　　project 02

图8.12① 尼龙扎带首饰设计作品集·工艺实验与制作过程1

DEL PROCESS

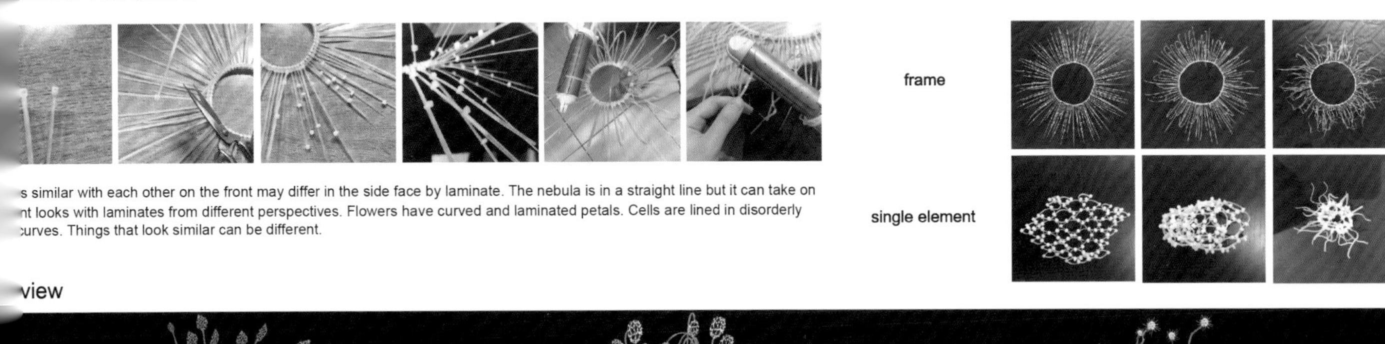

s similar with each other on the front may differ in the side face by laminate. The nebula is in a straight line but it can take on nt looks with laminates from different perspectives. Flowers have curved and laminated petals. Cells are lined in disorderly curves. Things that look similar can be different.

view

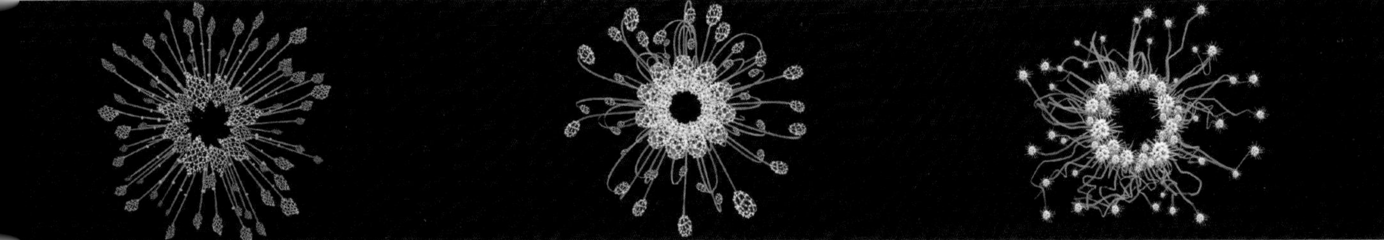

view

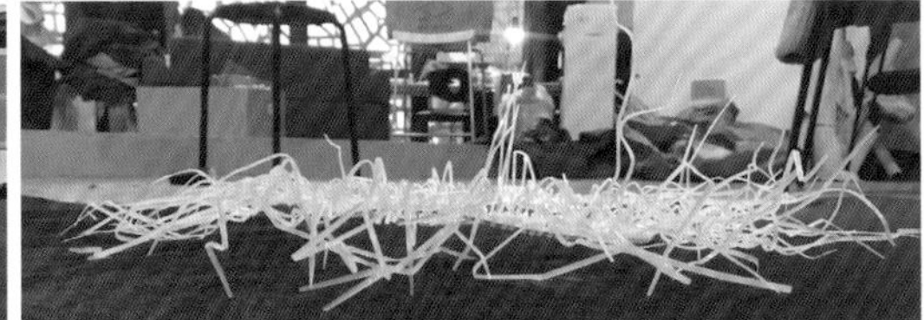

AN MA PORTFOLIO　　　　project 02

图8.12② 尼龙扎带首饰设计作品集·工艺实验与制作过程2

8.2.6 实物佩戴效果与综合能力体现

尼龙扎带首饰是设计者进行了反复的制作工艺实验，通过对尼龙扎带各种不同编织方式和元素组合方式尝试，最终制作出理想的尼龙扎带首饰实物。尼龙扎带首饰是为表达一种辩证的世界观：现实生活中我们看到的是事物的“表面”和“片段”，事物充满了“可变性”；善用“可变性”会为生活带来积极向上的力量。用尼龙扎带制作首饰正是为表达“可变性”，把常规概念上不是首饰的材料的尼龙扎带制成首饰，带给观者新的视觉美感（图8.13）。

作品集是设计者综合能力的体现。综合能力也包括美感的传达能力：设计作品的佩戴形象、模特的妆容、佩戴图的视角和画面感构图、作品集页面排版、主体色调、字体、每一页的中心内容等，都是设计者能力的展现。

图8.13 尼龙扎带首饰设计作品集·实物佩戴效果

第九章　科技与服饰品设计——设计专利

科技与服饰品的结合是社会发展的必然。当前，科学技术的飞速发展推动人们生活发生变化，人们需要更加舒适和方便的服饰品。科学技术进步应运而生的新材料、新技术、新生产方式成为科技服饰品的前提支持，并创造出社会和企业需要的“新的服饰产品价值”。

服饰品设计、制造和生产是多学科相互渗透交融、产业间相互的合作。在互联网和大数据时代背景下，科技和服饰品的结合使各种智能穿戴服饰产品应运而生，智能服饰品将成为产业发展的趋势，并伴随着科技的进步不断发展和完善。

实现科技和服饰品的结合，需要用新的概念、新的思路进行创新设计实验。设计的着眼点可以从追求便捷、高品质生活需求；核心智能科技；高新技术材料；舒适智能的穿戴方式等着手进入设计，服饰品的设计创新就是实现科技与艺术的结合。

服饰品设计教学中指导学生用申请专利的要求进行服饰品设计的目的是为培养学生拓展思维和深入研究的能力，在设计中学习新知识和解决问题的能力，还有交流和协调合作的能力。通过设计过程培育学生的设计使命感，要将设计看作帮助全人类与社会的一种工具。让学生用全新的角度看世界，培养学生具有洞察未来发展趋势的能力。

9.1 智能可穿戴服饰品——艺术与科技相结合的产物

智能可穿戴产品的出现丰富了传统的服饰品，激发了市场更多的需求，传统服饰品行业迎来新的发展转折点。服饰品作为人们在日常生活中经常佩戴的物品，如果能够在审美功能的基础上，融入实用功能，必将给人们的生活带来更多便利和趣味，一款内外兼修、融合时尚与功能为一体的服饰品必将受到市场的欢迎。

9.2 科技成为现代人的一种消费需求

第二次世界大战期间，人类社会开始经历第三次科技革命，这次科技革命的主要标志为人类在电子计算机技术、新材料技术等科学领域的重大突破，自此人类开始进入电子信息时代。今天，随着电子信息技术和互联网的迅捷发展，智能时代来临，各种高科技智能产品融入到人们生活的方方面面。科技不断改变着人类的生活面貌和思维方式，对人们的消费心理、消费需求、消费习惯都产生了重大影响。

现在，小米、华为等科技公司不断发展壮大，形形色色、功能多样的智能产品屡见不鲜，智能科技成为现代年轻人经常谈论的事情，社会上出现了大批智能科技发烧友。人们可以让语音助手执行指令，可以和天猫精灵对话，可以用平板电脑检测并远程控制家中的电器，智能科技产品已经完完全全融入到人们生活的各个角落，成为现代人的一种消费需求。

9.3 科技促进了服饰品的“跨界”融合

在多元化的社会背景下，各行业交融合作，“跨界”已经是一件很平常的事，目前的服饰品市场也已经出现了很多成功的“跨界”案例。美国Misfit公司联合奥地利珠宝品牌施华洛世奇，推出了两款流光溢彩的手环，其定位为一款糅合先进功能和时尚元素的身体功能监控首饰。手环表面镶满了水晶，外观更似传统珠宝，却有传统珠宝不具备的计算行走步数、监测睡眠质量等功能；2015年5月，中兴通讯子公司中兴思秸跨界珠宝首饰，推出了Charm Ring R1倾城系列智能戒指，这是一款含高科技的首饰，受众为都市女性，具有“自拍、健康管理、报警求救、防丢提醒、信息通知、社交分享”等功能。服饰品与科技结合是服饰品行业发展的迫切需求，服饰品科技化是科学技术和时尚设计跨学科协作的产物，是科技和时尚的交集，是当下炙手可热的行业领域之一。

9.4 科技与服饰品相结合
——智能服饰品设计的着眼点

9.4.1 对便捷、高品质生活的追求

社会经济发展让人们的物质文化生活愈加丰富，人们开始有条件追求精致、高品质的生活方式，他们关注生活中细微的地方和细小的问题，由此产生了具有针对性的、细化的各种需求，以解决生活中遇到的问题，达到获得更高生活品质的目的。服饰品作为人们日常佩戴的物品，在高品质生活中占有一定的位置，其服饰品中只要加入一些实用功能，就可以帮助人们针对性地解决生活中的一些问题，给佩戴者带来更好的生活体验。

9.4.2 支持智能服饰品的核心科技

智能服饰品技术可定义为任何加入电子装置、作为附件或服装一部分的可穿戴设备。可穿戴计算是可穿戴技术的一个特定子集，是智能服饰品中的核心科技，指的是服饰品中的计算或者传感设备，支持可穿戴计算的技术包括人机交互技术、微电子技术、通信技术、电池相关技术等。

9.4.3 高新技术材料的不断涌现

随着技术的发展，新型高科技材料不断涌现，这些科技材料为实现产品的智能化、多功能化、高性能化和个性化提供了更多可能性。例如，硅材料使微电子芯片集成度及信息处理速度大幅度提高，LED灯的光效给照明业带来革命性变化，镁钛合金等高性能结构材料加工技术的突破，使得应用重点扩展到民用领域。这些科技材料也为可穿戴智能服饰品的实现提供了可能。

9.4.4 佩戴舒适的服饰品形式

由人体可穿戴部位特点可以看出，人体的各个可穿戴部位都具备其独特性，因此在对佩戴于这些部位的服饰品进行设计时，要充分考虑结构特征，使智能服饰品的造型与人体部位达到良好的契合，且符合人体部位的运动特征。

9.5 智能服饰品的设计开发需要团队合作

智能服饰品的设计开发，首先设计师需要与其他科学领域的专业人员共同组建一支合作团队，从高科技技术应用入手，研究开发智能服饰品可实现的材料，并且在服饰品构成过程中科学合理地运用人体工学原理，兼顾其他学科，全方位展开设计。

智能服饰品的设计开发对一个设计师而言，必须要具备严谨的科学态度和艺术家的思维。服饰品的机能性研究中，探讨“仿生学”的应用也是很有意义的，这些来自于大自然的机能性原理有着不可低估的研究和应用价值，也是激发设计灵感的源泉，使设计师能够设计出符合人类需要的高性能服饰产品

9.6 科技与服饰品结合·设计实例1
——盲人社交智能眼镜

9.6.1 设计创想和思考

设计创想从“变化”开始入手，想要设计一个带有“伪装”感的眼镜，如看起来像某一个产品但功能上并不是这个产品。如想到设计一个带怀表造型元素的眼镜，合起来的时候像一个怀表，有着镂空的外壳，但打开怀表拿出伸缩的眼镜腿，则变成一副有着镂空雕花装饰的变形眼镜。亦或是考虑到它的符号化元素，采用口号slogan来体现反战（图9.1①）。

随后这个“伪装”的概念有了更深一步的发展构想，思考到如何把军事元素融合时尚，如何把战争元素和军事科技融入到日常生活中，结合智能服饰品的特性，想到新材料、新科技的应用，思考是否能把记忆棉融入到眼镜的设计中，提高它的使用舒适度和服贴度，更符合人体工学。

最后思考到“变化”的目的是什么，是否是为了产品的舒适度，或者实现了什么功能性，亦或是贴合现代人的什么样的需求。便想到了让视觉障碍人士可以“伪装”成一个视力健全人的想法，即有了盲人社交智能眼镜的设想。盲人社交智能眼镜，其外形的灵感来源来自于二战飞行员所使用的护目镜。功能灵感以传统盲人导盲眼镜为原型。是复古未来风格的功能眼镜（图9.1②）。

思考结论：针对视觉障碍人士在视觉信息获取上的障碍，产品通过CCD等技术来辅助视觉障碍人士来获取基本的视觉信息。通过图像识别技术，帮助他们获取必要的图像文字的信息。最后再通过声音耳反来反馈智能眼镜捕捉到的信息给使用者。设计可以使盲人与常人交流的“盲人社交智能眼镜”。

9.6.2 设计草图

设计草图之前先要根据设计的主题目标和设计风格定位收集大量的图形资料，然后绘画设计草图。草图设计过程是设计不断深入和不断完善的过程。草图设计除了要考虑要设计的眼镜的外形，还需要考虑如何通过外形实现功能。因为眼镜设计是应用3D建模完成设计图稿，所以手绘设计草图要思考结构和所有细节（图9.2、图9.3）。

盲人社交智能眼镜的草图设计过程中，考虑到眼神的交流在人与人的交往中其实是非常重要的。人们相互的信息交流，往往以目光的交流作为起点，眼神发挥着信息的传递的

图9.1① 盲人社交智能眼镜·设计灵感元素

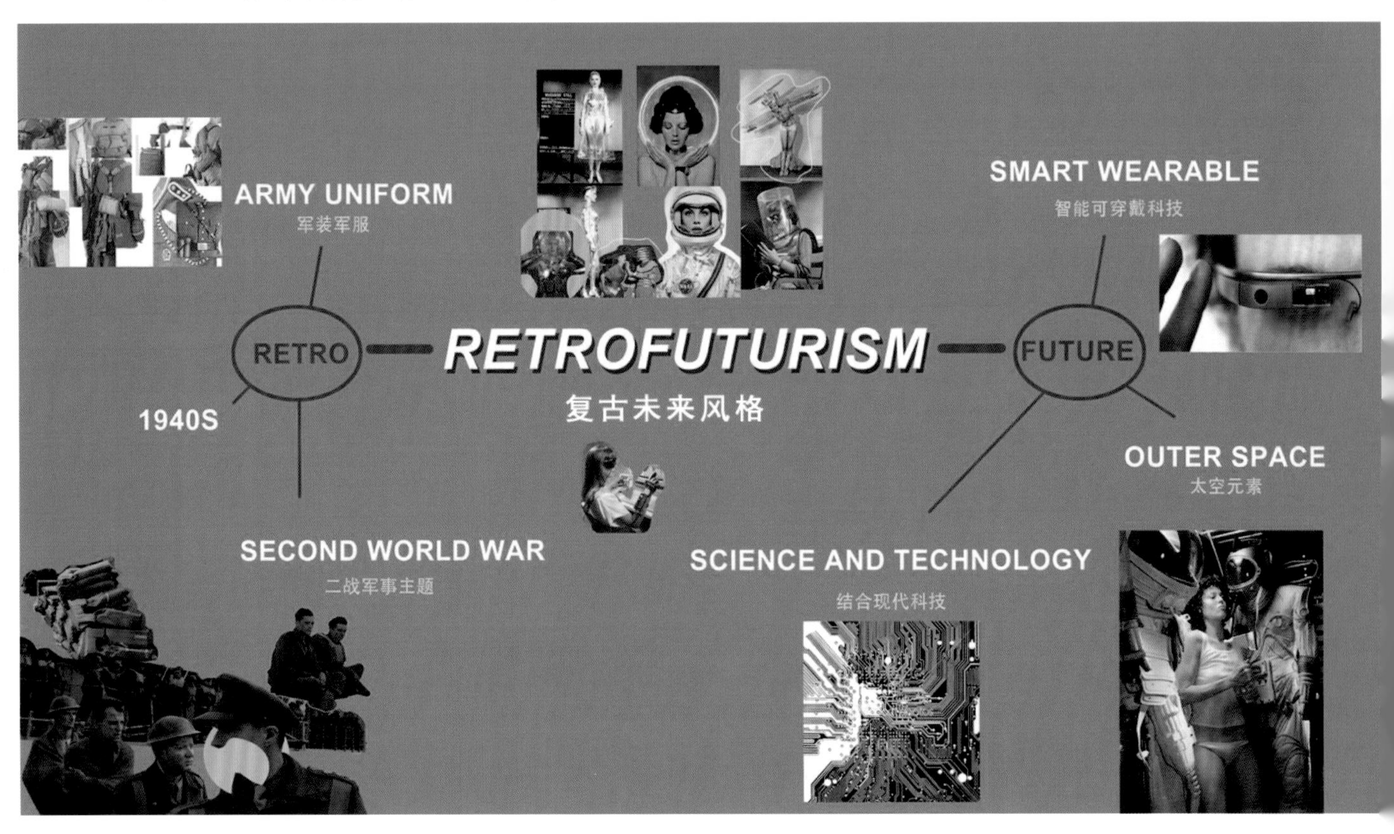

图9.1② 盲人社交智能眼镜·设计风格定位

图9.2① 盲人社交智能眼镜·图形资料收集

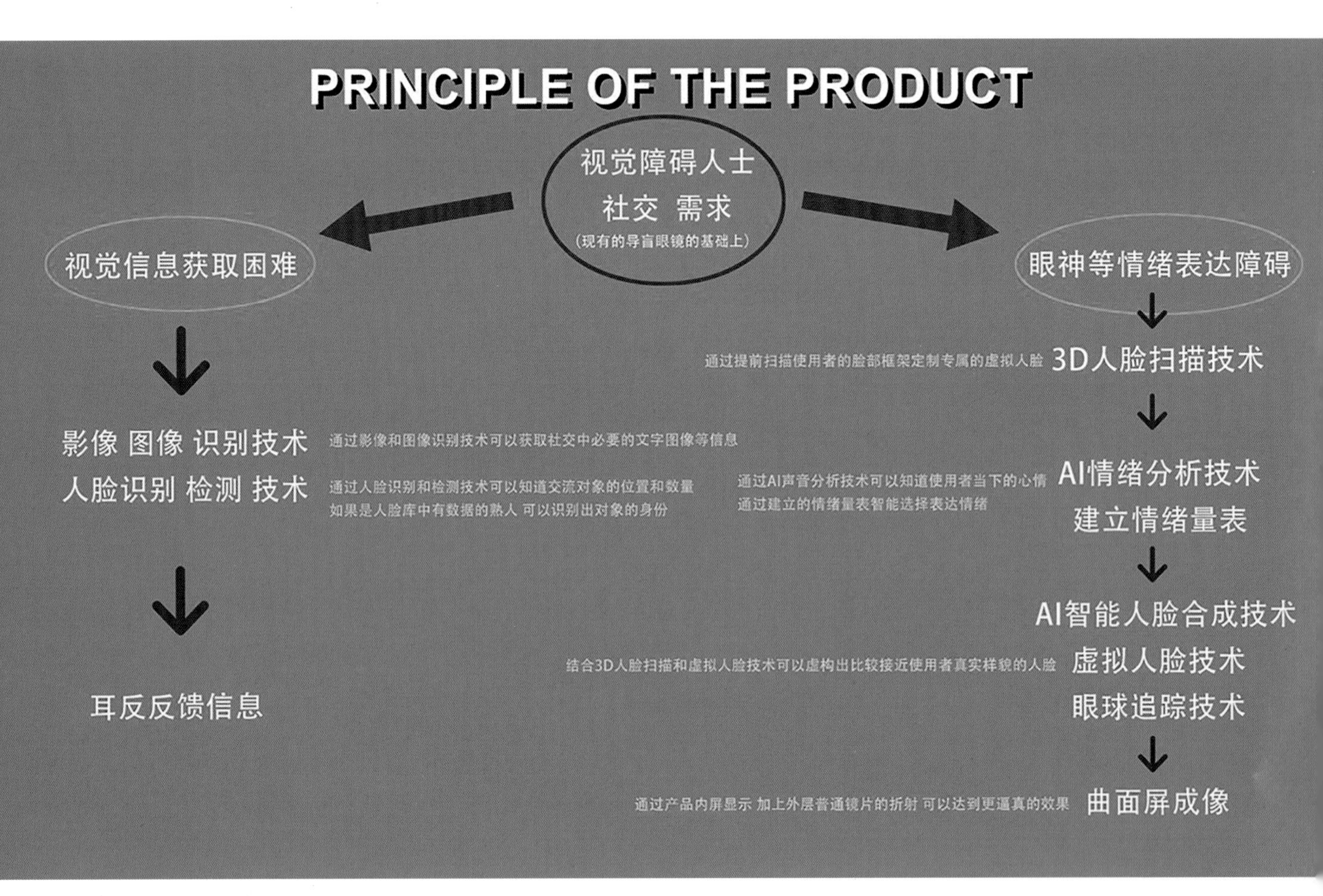

图9.2② 盲人社交智能眼镜 · 视觉障碍人士社交需求分析

重要作用，“眉目传情”就是这个意思，人与人之间的目光接触和人的面部表情可以传达非常重要的社会和情感的信息。但人们在生活中往往是无意识的这样做，使得很多人没有意识到它的重要性。目光和眼神的交流，在人的社会交往的所有阶段中都是非常重要的，而视觉障碍人士由于视觉障碍，无法获取和表达眼神和面部部分情感，且由于他们眼部神经或肌肉的萎缩、瞳孔的萎缩等，造成一些视觉上的抵触。

针对视觉障碍人士在视觉信息获取上的障碍，产品通过CCD等技术来辅助视觉障碍人士来获取基本的视觉信息。通过图像识别技术，帮助他们获取必要的图像文字信息。最后再通过声音耳反来反馈智能眼镜捕捉到的信息给使用者（图9.1）。

其次，针对视觉障碍人士在眼神、情绪表达上的障碍，产品首先通过AI声音分析技术来解读使用者的情绪变化，来捕捉使用者的情绪，再通过建立情绪图表和建立人物形象、表情库，来智能分析和选择适合的情绪表情表达（通过人脸检测和AI智能合成技术），最后通过虚拟成像技术在智能眼镜的曲面屏上呈现出对应的情绪图像，来达到表现视觉障碍人士情绪、眼神的作用，帮助他们更好地与人对话，交流。通过一边查找资料一边绘制设计草图，得到一个初步的盲人社交智能眼镜的图稿，接下来还要通过3D建模得到具体的设计效果图（图9.3）。

图9.3①　盲人社交智能眼镜·设计草图1

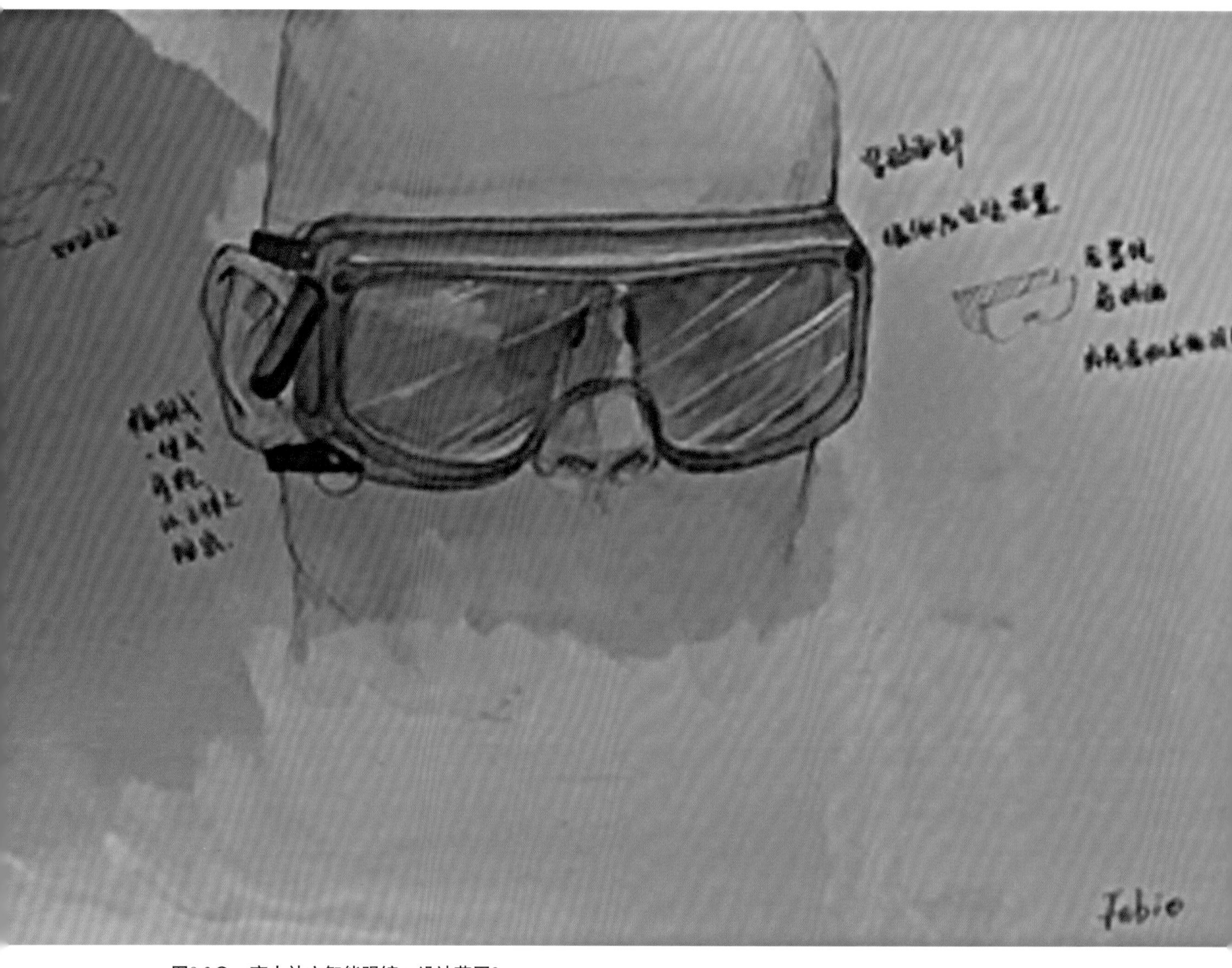

图9.3② 盲人社交智能眼镜 · 设计草图2

9.6.3 结构实验 · 3D建模图

草图确定后，采用了3D软件建模的方法进行设计的推进。通过犀牛软件，构建出盲人社交智能眼镜的立体造型，然后在其立体空间里不断地改进其结构和比例关系。在确定了眼镜的结构关系后，通过keyshot软件进行材质的渲染，模拟产品的具体材质，进行筛选和效果的比对和筛选，最后得出智能社交眼镜的渲染效果图。这个过程是反复进行推进的，设计的过程中没有一蹴而就达成理想状态，是在不断的建模渲染后得到一个相对理想的设计效果（图9.4）。

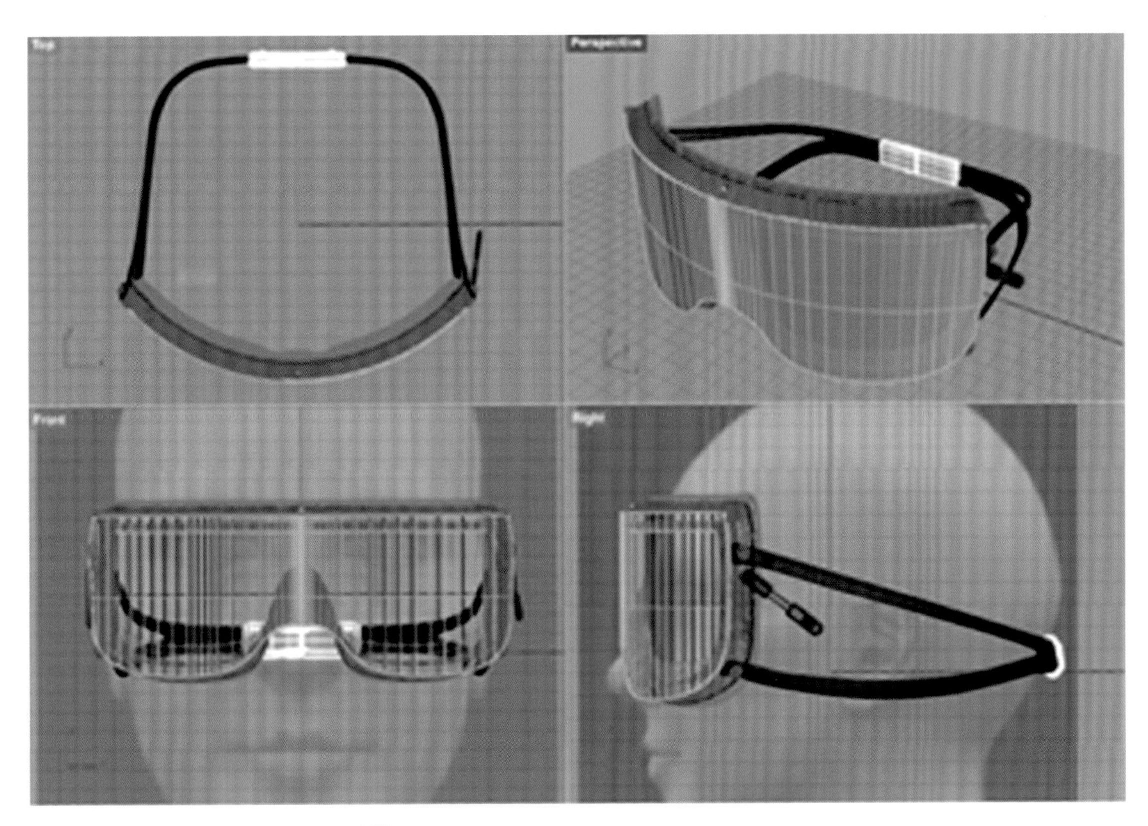

图9.4① 盲人社交智能眼镜·3D建模图1

图9.4② 盲人社交智能眼镜·3D建模图2

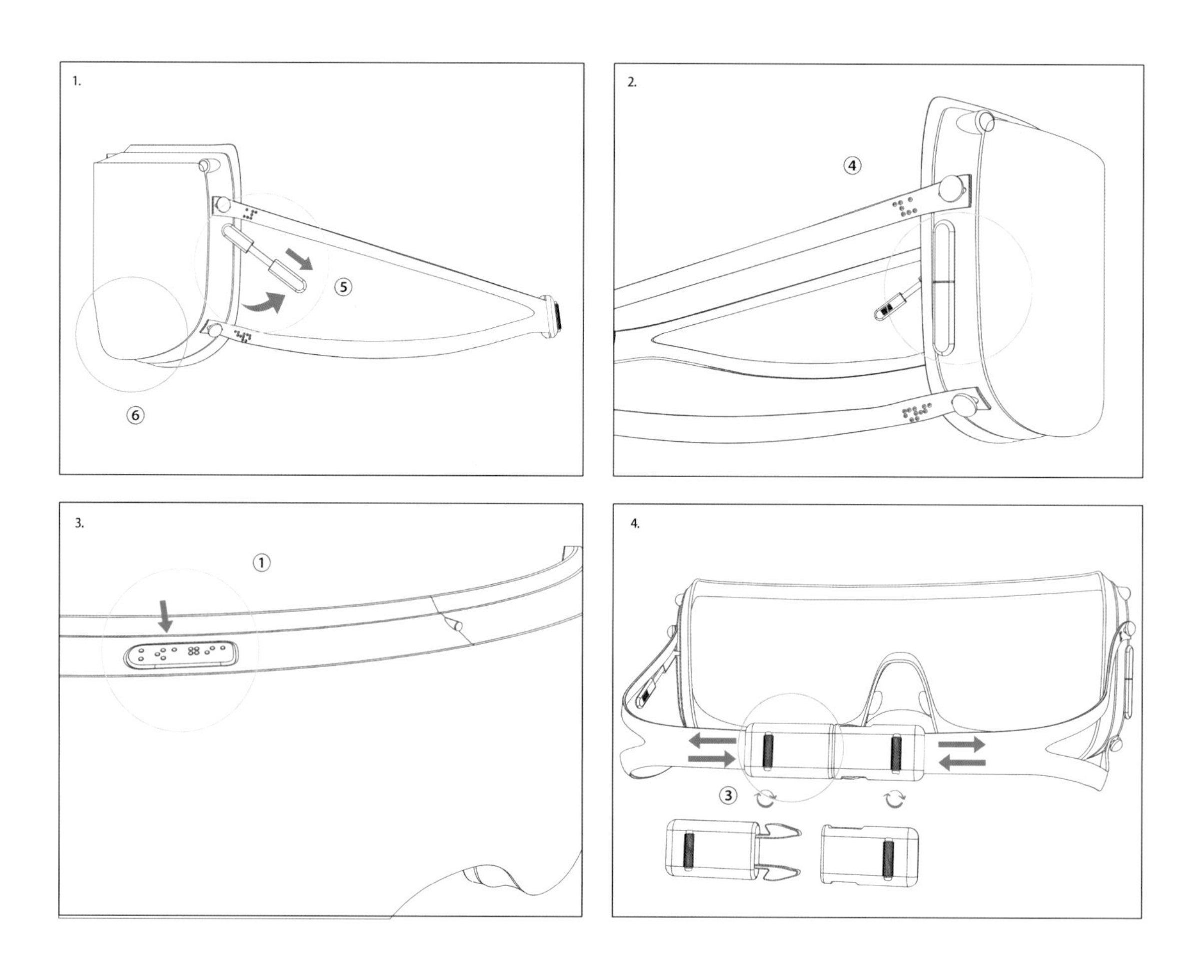

图9.4③ 盲人社交智能眼镜·结构示意图1

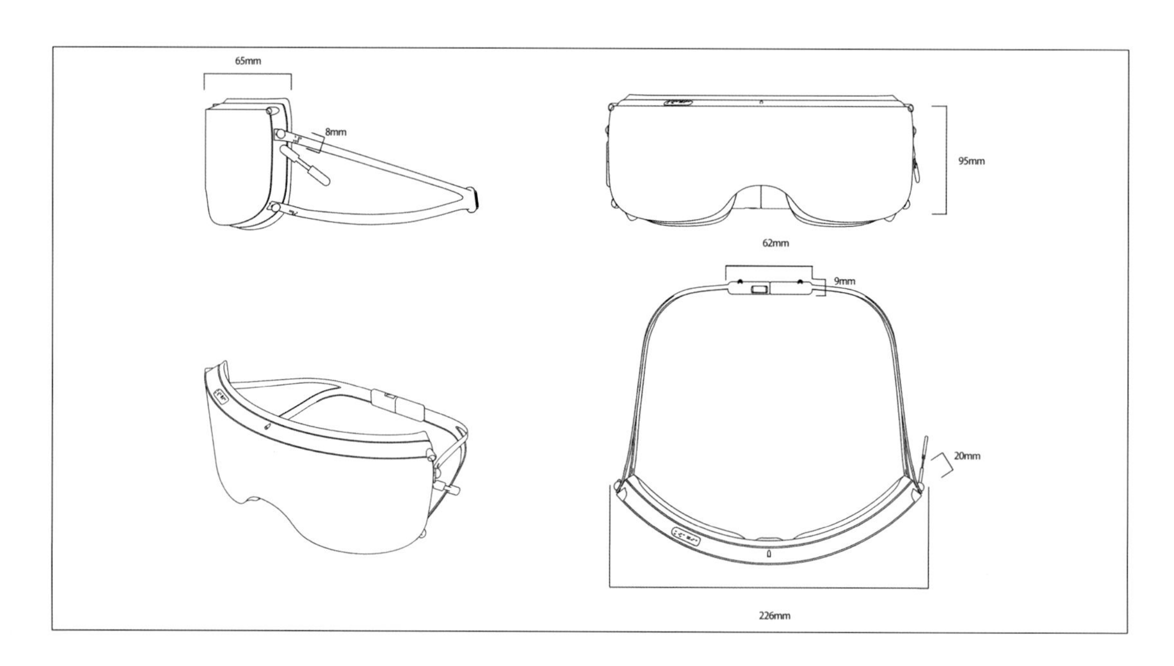

图9.4④ 盲人社交智能眼镜·三视图和尺寸

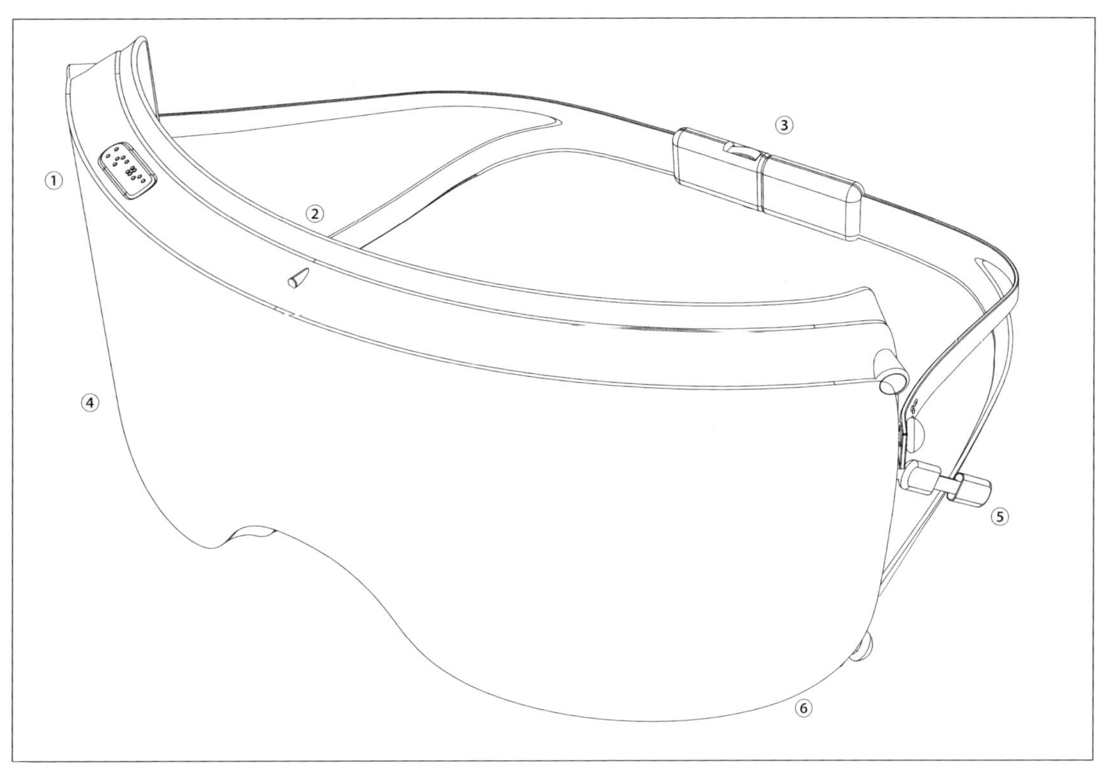

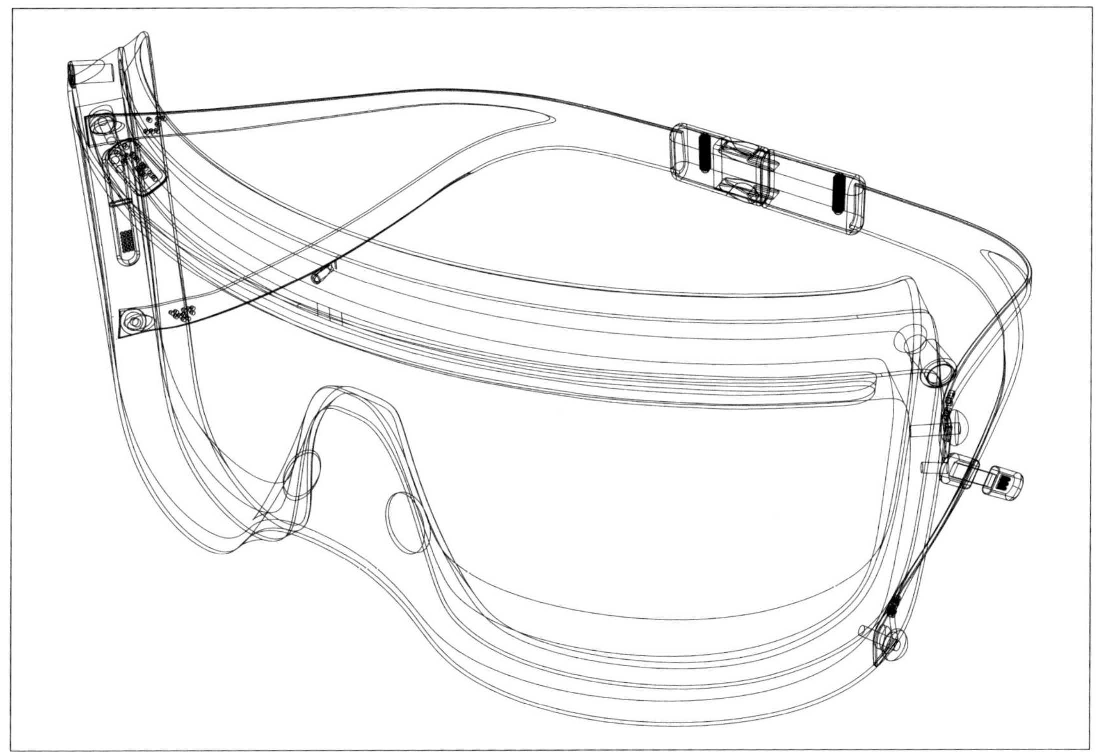

图9.4⑤　盲人社交智能眼镜·结构示意图2

9.6.4 技术背景资料收集学习

（1）现有的盲人导盲眼镜

现在市面上有的盲人导盲眼镜主要是通过设备来对盲人外出行走时的场景进行分析，帮助盲人能够正常的出行。其功能主要是：避让、交通信号灯识别、斑马线等交通指示的识别、GPS定位导航、语音提示等等。通过摄像头来获取图像等信息，通过图像识别来信息并通过计算机作出选择判断，再转换成语音信息通过耳机提示使用者。也采用了超声波技术进行辅助。

（2）图像识别理论与技术

图像识别技术即通过计算机识别和认知图片上的内容，主要包括：图像采集、图像预处理、图像特征提取和匹配识别几个部分。

（3）超声波测距方法及原理

超声波的测距方法有多种检测的原理，一般有：基于相位的检测方法、基于声波幅值的检测方法、基于往返时间的检测方法。分别是通过测量发射波和返回波来进行检测。

（4）AI声音分析技术

AI声音分析技术可以通过检测人的声音，让人工智能检测出相应的情绪，如：沮丧、满足、兴奋、礼貌、悲伤、同情等。IBM在服务器中增加了“客户互动音调分析”这个功能，最初的训练使用了Twitter的客服数据，企业客户可以用这个功能来监控客服的对话，以此来提高服务质量。软件学习了大量人类语言的数据，通过分析音频数据，可以知道说话的人的心情。在人们情绪转变时，语调和语速都会变化。这种情绪的波动不容易控制，比判断用词要更加的准确，对于AI来说这些变化都会显示在波形图的数据上。

（5）情绪分析

研究表明，人有快乐、悲伤、愤怒、惊讶、恐惧和厌恶6种基本情绪。研究人员通过收集2185段视频并让800多位志愿者观看三十段视频，然后让他们写出自己的情绪，最后得到了27种情绪，且每一种情绪与其他情绪有共存关系。

（6）人脸检测技术

人脸识别是可以识别人性别、年龄、姿态、表情的技术，能够自动识别摄像头视野中的人脸。人脸属性识别算法一般由人脸图和人脸五官关键点坐标组成，输出相应属性值。算法会根据关键点坐标把脸调整到预设的位置后进行分析。人脸验证则可以判断特征的相似度来判断是否为同一个人的算法。人脸聚类则是把集合内的脸进行身份分组。

（7）虚拟人脸技术

如今很多VR/AR类产品的最大障碍之一在于处理人的脸部时比较僵硬不够真实。MIT发布了捕捉面部表情，输入VR头显的方案，通过在VR头显前面增加可以识别佩戴者面部表情的硬件。原理是生物信号反馈，通过电磁传感器结合眼球追踪分析面部的肌肉和动作，达到模拟人类表情的目的。面罩内有可穿戴式的皮肤电阻传感器，以及GSR电极来测皮肤中的电特性和电导率，反应情绪和生理数据。谷歌也通过眼球追踪技术和机器学习技术，在VR中高度模拟表情。

（8）AI智能人脸合成技术

通过人工智能技术，结合自然交互和计算可以生成AI合成的人的形象和姿态，是通过人脸识别、面部特征捕捉、唇语识别、感情移植而重构出来的AI形象。是通过捕捉真人的面部动态而通过软件重构出来的虚拟的存在。搜狗公司和新华社就联合培育过AI主播。

9.6.5 盲人社交智能眼镜设计效果图和设计说明

盲人社交智能眼镜结构包括镜框和镜片，镜框前部设置有镜片，该镜片为双层镜片，其中内层为显示屏，外层为偏光镜；镜框的一侧设有声音输入设备；镜框的内部空间内设有主控制器和语音识别模块；主控制器分别与语音识别模块和显示屏相连；声音输入设备用于接收用户的语音信息，语音识别模块提取出语音信息中的声音基音频率特征信息，主控制器根据声音基音频率特征从表情库中选择出与特征信息匹配的表情并在所述显示屏上进行显示（图9.5）。

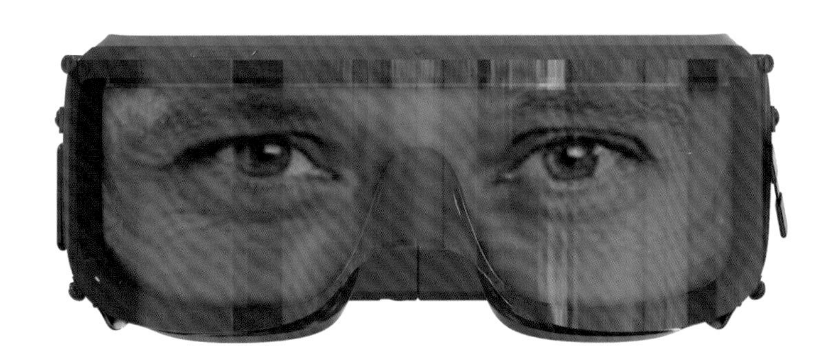

三视图

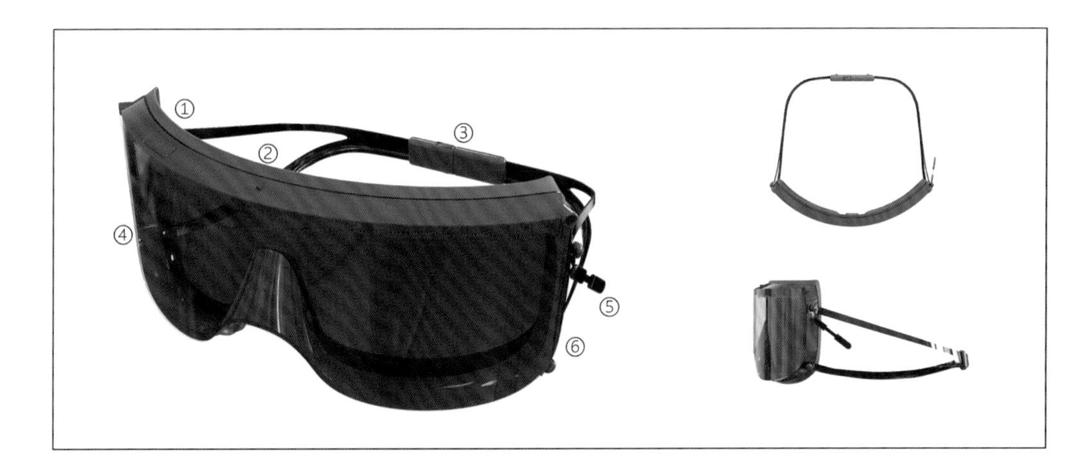

图9.5① 盲人社交智能眼镜·设计效果图1

细节图

①

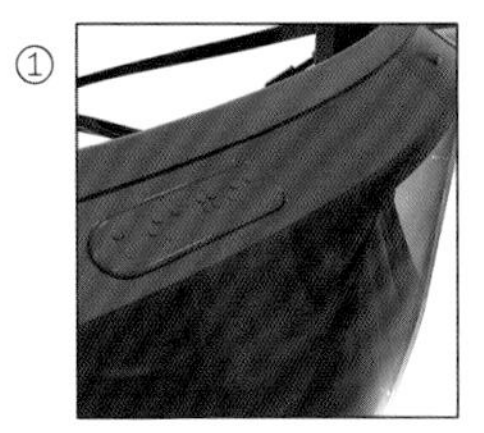

双按开关
一按开启摄像镜头
双按开启播放情绪图像

②

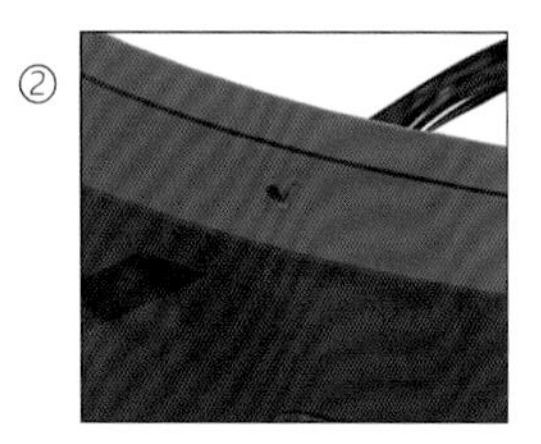

针孔摄像头

③

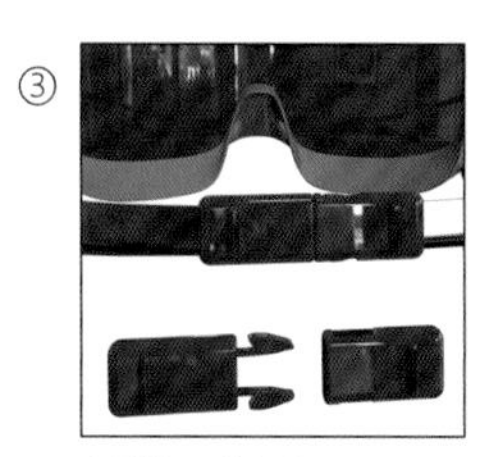

佩戴开启插扣
带子可调节松紧

④

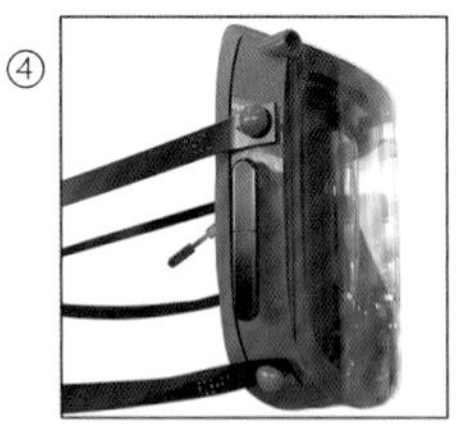

右侧耳机是传耳
传达给佩戴者语音信息

⑤

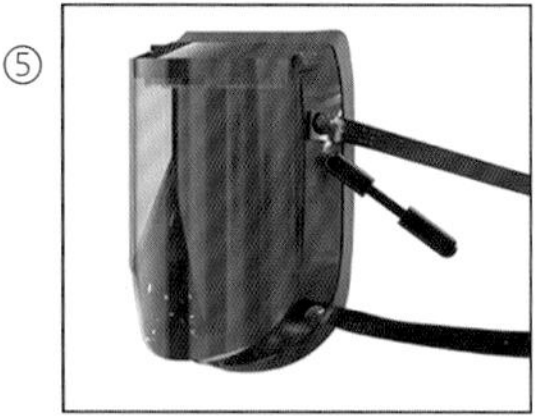

左侧耳机是听耳
听取佩戴者语音内容
同步播放表情画面

⑥

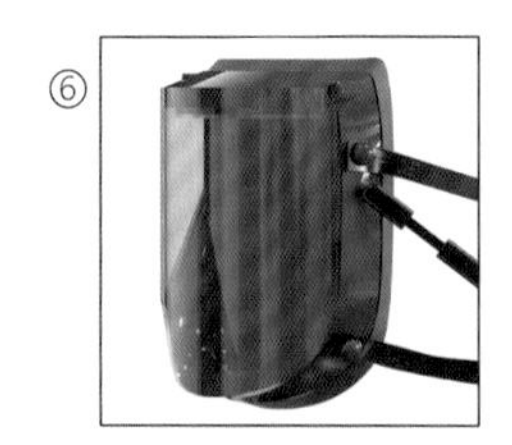

双层镜片
里层是播放情绪画面的屏幕
外层是偏光镜片

图9.5② 盲人社交智能眼镜·设计效果图2

9.7 科技与服饰品结合·设计实例2
——红外线助视器

9.7.1 发现和思考

现代都市人的生活节奏越来越快，人们每天被各种各样的信息包围，注意力也因此越来越分散，很容易忽略周围环境的情况，常常会发生边看手机边走路撞上障碍物、下楼梯踩空、雨雪天气路滑摔倒等意外事故；此外，人们的生活中也经常会遇到夜间照明设备或照明力度不足的情况，路上或楼道里比较昏暗，可见度不高，人在行走时很容易出现撞上障碍物、踩进水坑里等情况，给自身造成伤害或财产损失。

针对这种情况，设计者为快生活节奏的都市时尚群体设计了一款时尚助视器，利用红外线测距技术和红外传感技术对使用者周围的环境进行探测，将采集到的信息进行智能处理，转换成语音，通过耳机传达给使用者可能存在的障碍或危险，以达到提示的作用，避免不必要的伤害和损失。

9.7.2 设计草图（图9.6）

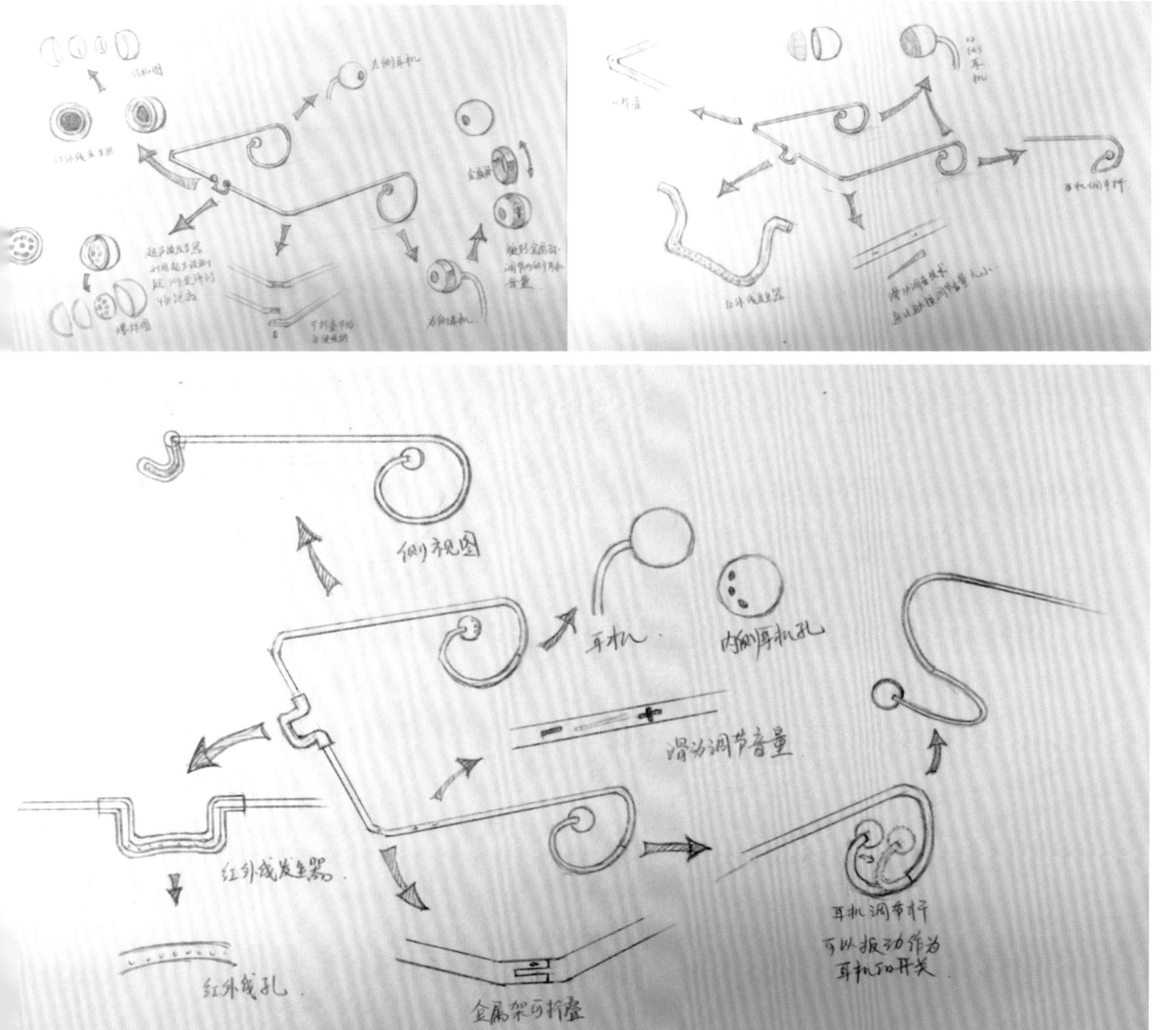

图9.6　红外线助视器·设计草图

9.7.3 3D建模图（图9.7）

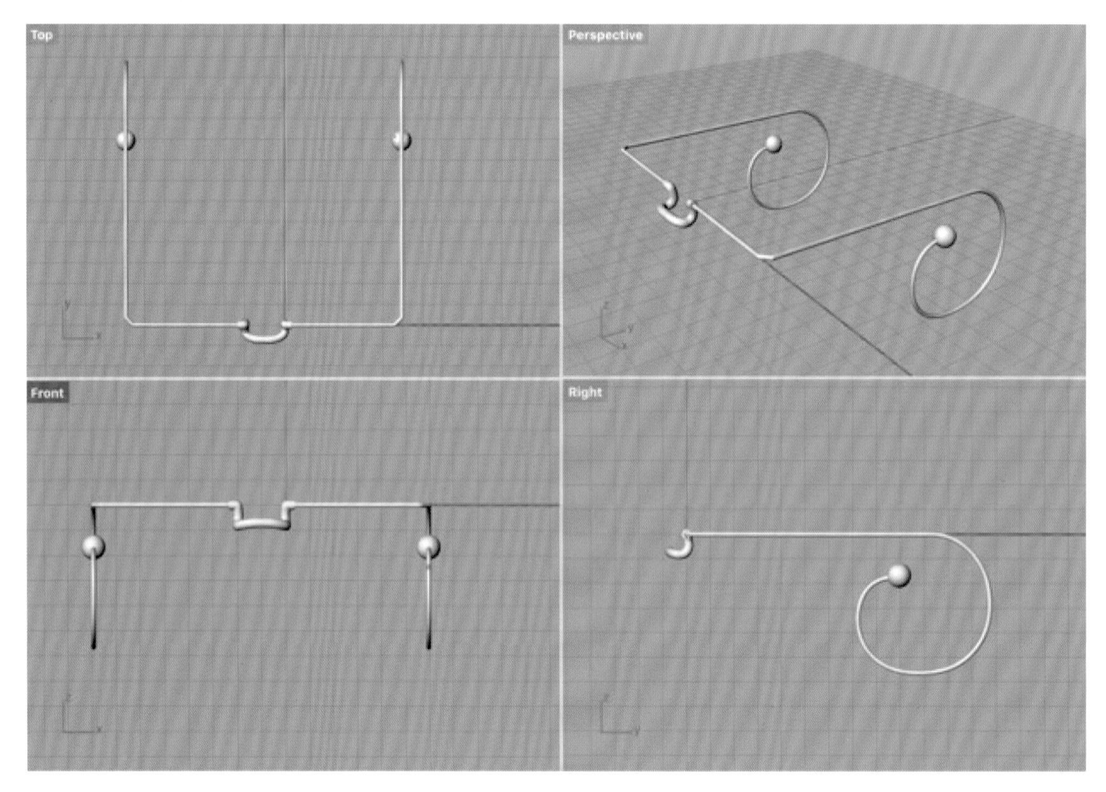

图9.7 红外线助视器·3D建模图

9.7.4 红外线助视器·3D打印草模

3D建模图完成后，通过3D打印技术，用不同的材料打印出草模进行试戴，记录佩戴中出现的问题，一步一步调整尺寸，调整各部分材料以达到红外线助视器的要求，让佩戴体验更加舒适，以此确定最终的尺寸（图9.8）。

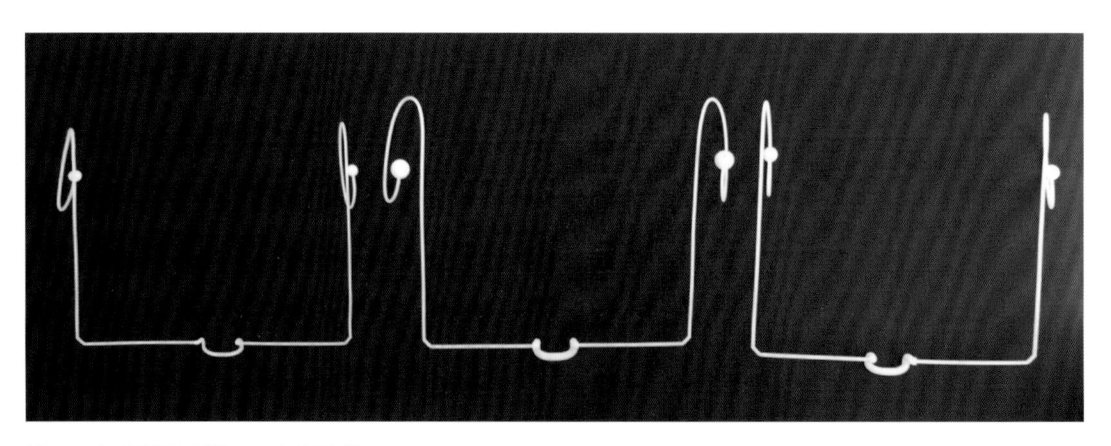

图9.8 红外线助视器·3D打印草模

9.7.5 红外线助视器·结构与功能（图9.9）

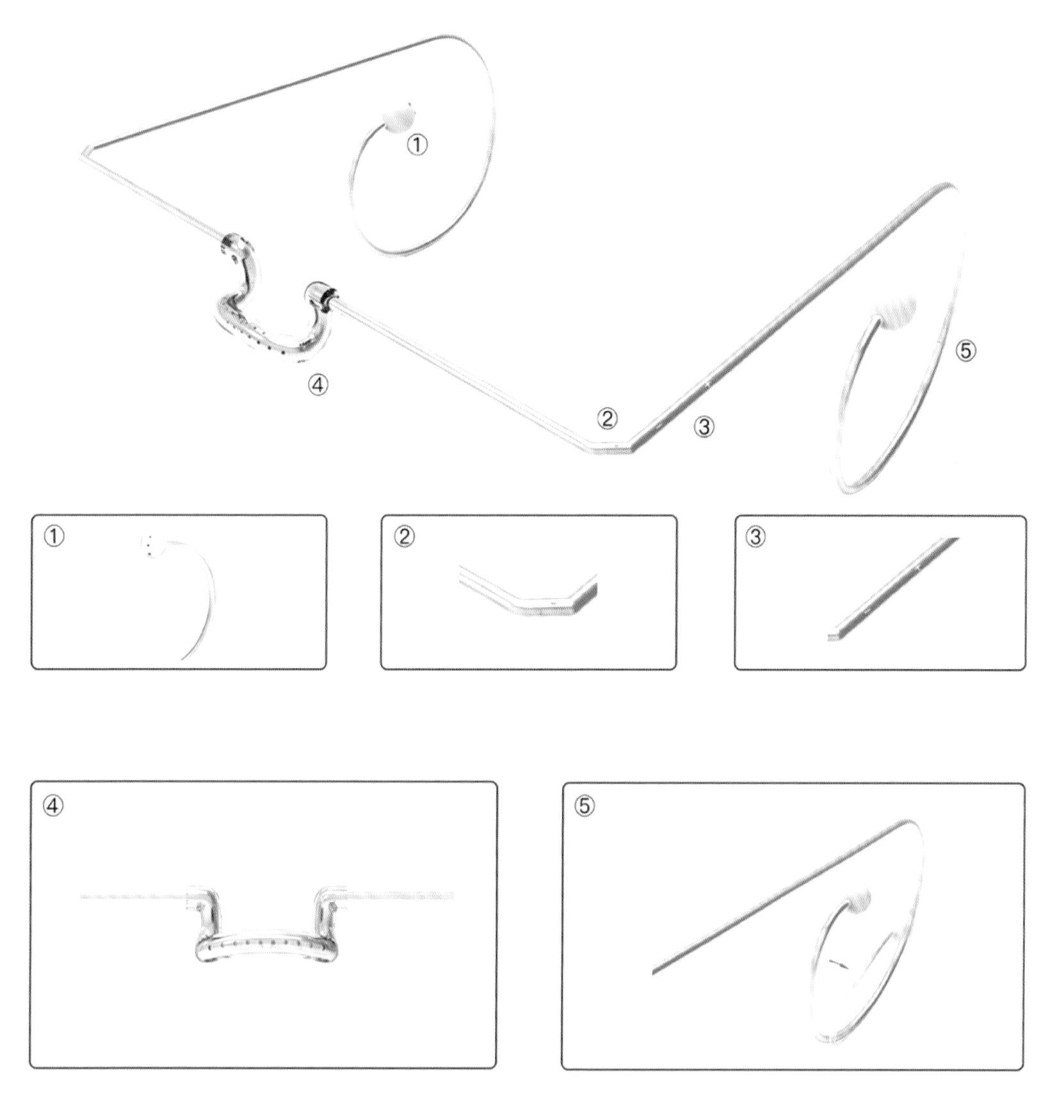

图9.9 红外线助视器·结构与功能

①耳机，耳机为蓝牙耳机，可以连接手机使用。耳机孔造型简洁，有珠宝感，时尚感强。
②折叠金属架，助视器可折叠收纳
③音量调节，使用者通过滑动触摸金属杆调节音量
④红外线发生器，由此处发射红外线，对周围环境进行探测。可进行30度空间的旋转调节，以适应不同的鼻梁高度。
⑤耳机角度调节杆，两侧连接耳机的金属杆均可进行扳动，靠近耳朵时耳机打开；远离耳朵时耳机关闭；耳机可单支使用。

9.7.6 红外线助视器·助视技术（图9.10）

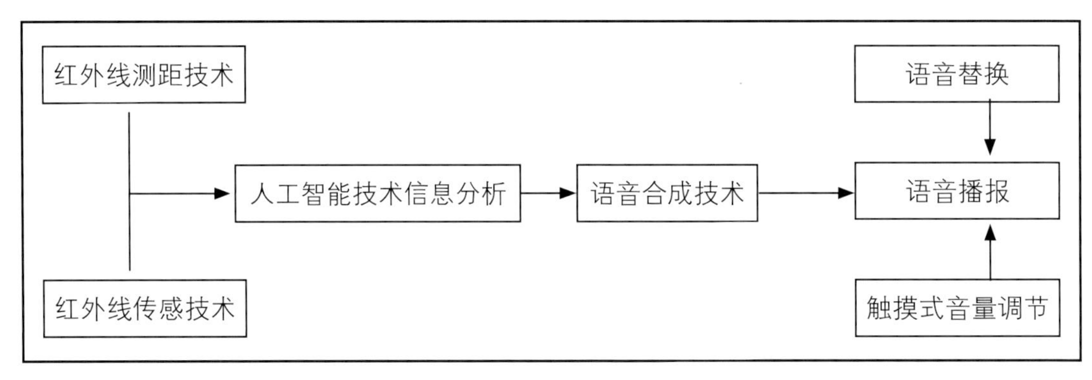

图9.10 红外线助视器·助视技术

人听到语音、看到障碍物、做出决策这个过程需要时间，因此语音提示会在距障碍物5米和1米处各进行一次播报，给用户留出反应时间，让提示有效准确，真正避免不必要的损伤。

9.7.7 红外线助视器·语音提示内容（表9.1）

表9.1 红外线助视器·语音提示内容

提示内容类别		标准提示音	定制提示音
障碍物	墙面	前方5米有墙面，道路不通。 前方1米有墙面，道路不通，请停止前行。	用户可根据自己的需要，录入家人或朋友的声音。 如：妈妈的声音，男/女朋友的声音。
	树木	前方5米有树木，请当心。 前方1米有树木，请注意避让。	
路面情况	水坑	前方1米有水坑，请注意避让。	
	积雪	路面积雪湿滑，请小心慢行。	
	不平	路面不平，请注意脚下。	
	沙地	沙地，请小心慢行。	
	泥泞	道路泥泞，请小心慢行。	
	台阶	前方五米有台阶。 前方1米上/下台阶，请当心。	
路线	岔路	前方5米出现岔路。 前方1米出现岔路，请注意选择道路。	

9.7.8 红外线助视器·材料选择

在红外线助视器材料的选择上，要充分考虑各个材料的属性，要既满足佩戴的舒适性又能体现红外线助视器质感，提高装饰美感。金属架用钛合金制作，人体的头部不宜放置重物，钛合金质量轻，硬度高，稳定性好，既能满足结构的制作要求，又能保证产品的轻质量。透明管采用医用硅胶材料，透明管是与鼻梁接触的地方，医用硅胶触感柔软，且对人体组织无刺激，能给用户提供舒适的穿戴体验。耳机的材质为塑料，在产品的末端，佩戴时要保持平衡，所以耳机的质量要很轻，塑料的着色性好，可以进行有色烤漆，成本低效果好（表9.2）。

表9.2 红外线助视器·材料介绍

结构	图片	材质	材质属性
金属架		钛合金	钛合金质量轻，强度高、耐腐蚀性好、耐热性高，韧性好
透明管		医用硅橡胶	硅橡胶具有良好的生物相容性，对人体组织无刺激、无过敏反应，弹性好，柔软度好，耐高温，可消毒，加工成型方便
耳机		塑料	塑料的化学性稳定，耐冲击性好，绝缘性好，导热低，着色性好，加工成本低

9.7.9 红外线助视器·具体实施方式说明

本设计是一种红外助视器，载架包括鼻托架、横向载架、纵向载架和挂耳架，鼻托架与鼻梁轮廓相匹配，鼻托架与横向载架限位转动式连接，横向载架与纵向载架可折叠连接，纵向载架与挂耳架连接，挂耳架为可限位转动结构，耳机设置于挂耳架末端，红外发射二极管和红外接收二极管设置于鼻托架上，分光镜设置于红外接收二极管的红外光接收路径，红外接收二极管与红外光整形电路连接并通过红外光整形电路进行A/D信号转换，红外光整形电路经过信号放大器连接到微控单元，语音合成芯片与微控单元连接，语音合成芯片与DSP音频处理器连接，DSP音频处理器经过音频放大器连接到耳机。本设计结构简单，时尚，适用性强，实现红外检测信息到语音信息自动转换，使用便捷。

9.7.10 红外线助视器・结构与佩戴部位关系（图9.11）

效果图

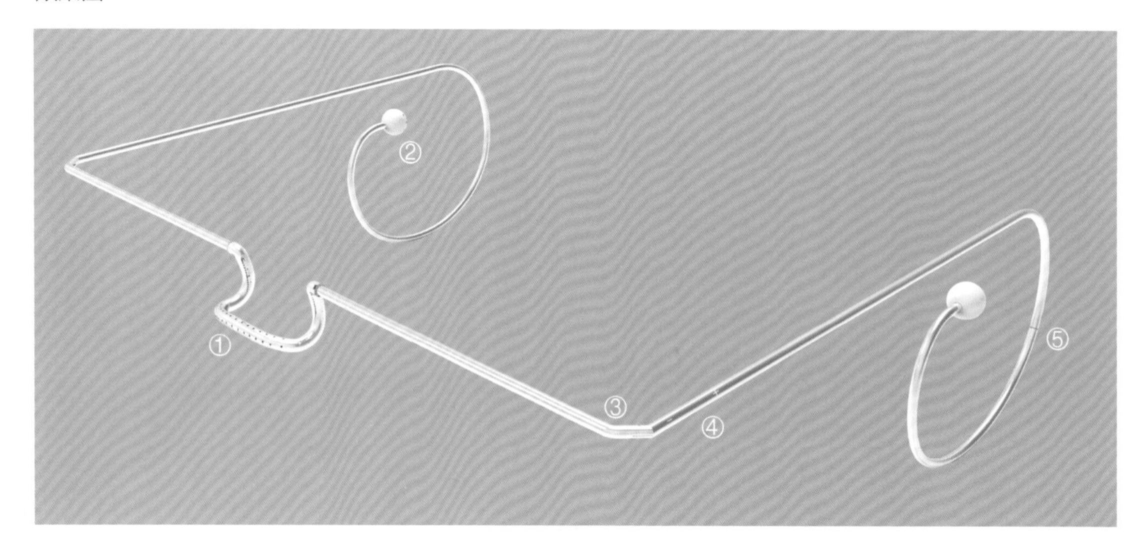

产品细节

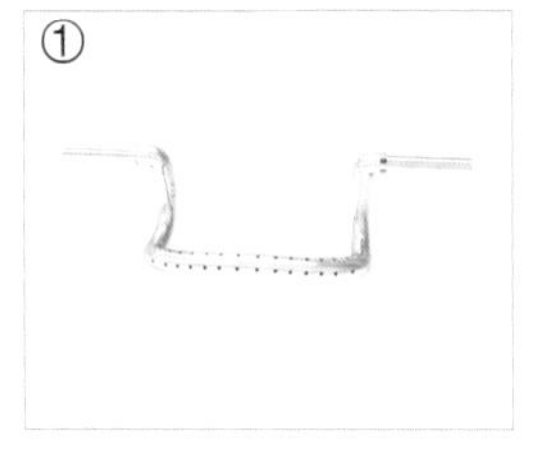

红外线发生器

由此处发射红外线，对周围环境进行探测。可进行30度空间的调节，以适应不同的鼻梁高度。

耳机

耳机为蓝牙耳机，可连接手机。耳机孔造型简洁，有珠宝感，时尚感强。

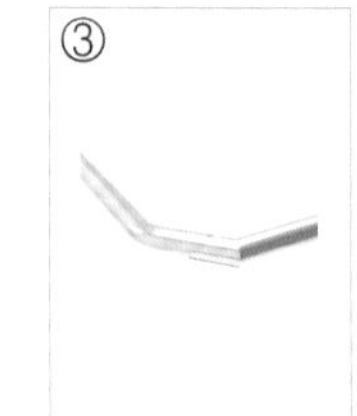

可折叠结构

助视器可折叠收纳。

音量调节

使用者通过滑动触摸金属杆调节耳机音量。

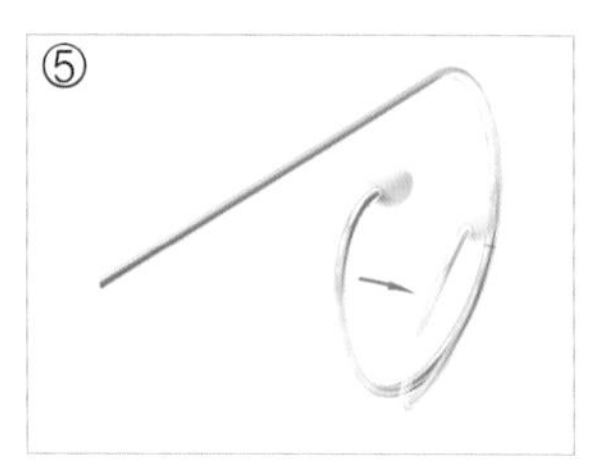

耳机角度可调节

连接耳机的金属杆可根据佩戴者喜好进行扳动。

佩戴图

耳机扳动贴近面颊佩戴效果：

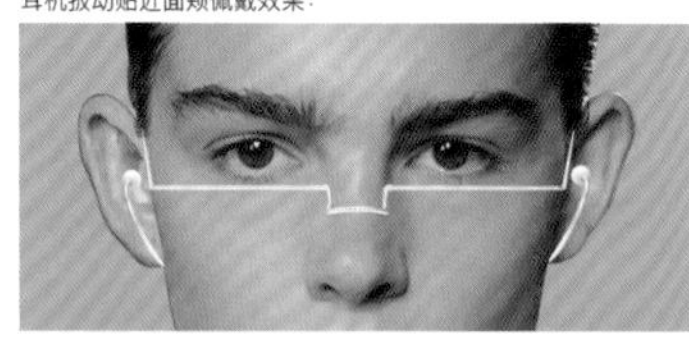
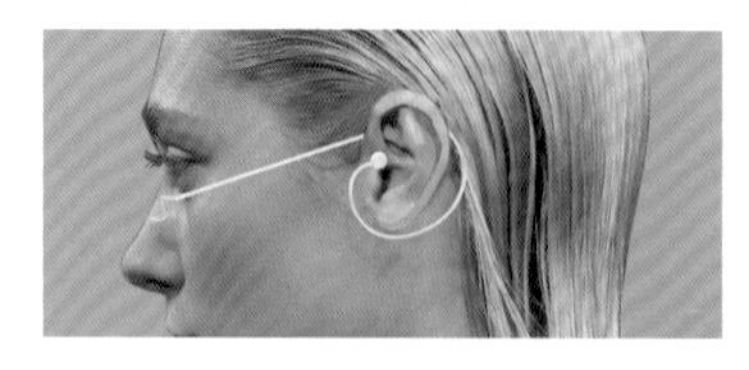
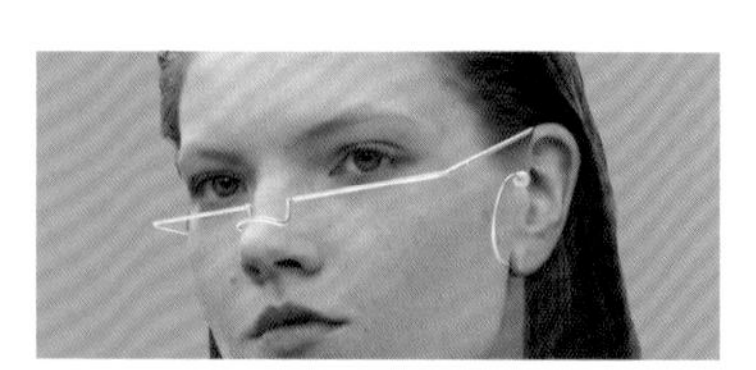

耳机扳动远离面颊佩戴效果：

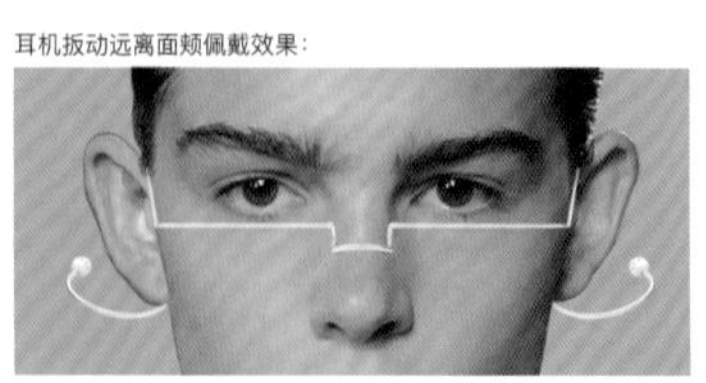
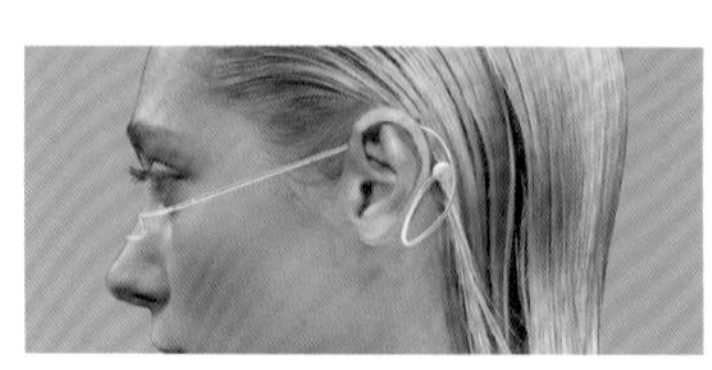
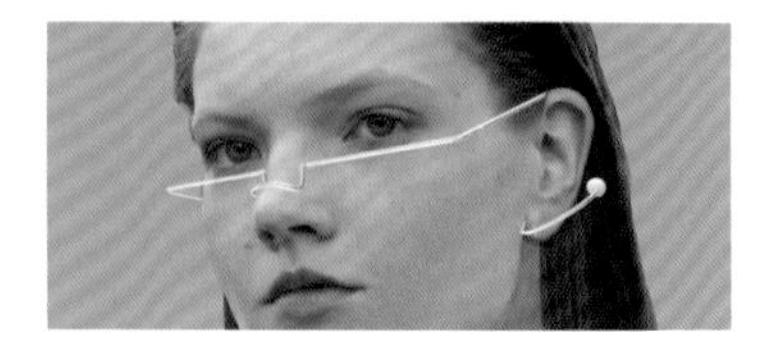

图9.11 红外线助视器・结构与佩戴部位关系

9.7.11 红外线助视器产品说明

红外线助视器需要用声音把信息传递给使用者，人类的听觉通道在头部，因此为达到更好传达信息的目的，红外线助视器佩戴于头部，这样红外线助视器可以随着头部的转动可时时检测佩戴者正面临的前方环境情况，且检测范围更加准确有效。

红外线助视器产品通过发射红外线对使用者周围的环境进行探测，检测使用者前方的障碍物及路面情况，将检测得到的数据进行智能处理转换成语音，再通过末端的耳机给予使用者相应的提示。提示语音可以替换成家人或朋友的声音，体现对使用者的情感关怀。日常生活中佩戴可作为面部的装饰首饰。产品上的耳机可以通过蓝牙连接手机作为一般无线耳机使用。佩戴效果如图9.12。

图9.12 红外线助视器佩戴效果图

第十章　非遗文化与服饰品设计——非遗培训

10.1 非遗文化与服饰品

10.1.1 非遗文化是服饰品设计的灵感源

我国是一个多民族的国家，每个民族都有自己在长期的历史发展中形成的传统文化，文化本身是一种活的历史，它不断的发生、积累和延续，所以每个时期的文化遗产总是包含着那个时期的文化信息和文化价值。对一个民族、一个国家来说，这种文化非常重要，它是一个民族的灵魂，一个民族的集体意识，一个民族赖以生存的精神支柱。非遗文化是服饰品设计的灵感源，服饰品设计者通过对非遗文化精神内涵的提炼，找出与时代的融汇点，用现代的表现形式及新的设计构思理念加以再设计，并以新服饰品形式再现。

10.1.2 非遗文化能唤起消费者内心的情感共鸣

非遗文化承载着人们的美好愿望和追求，例如，牛郎织女的爱情、花开富贵的吉庆、龙凤呈祥的喜庆等，人们每当说到这些世代相传的民俗故事和典故，就会不言而喻的体会到词汇蕴含的美好意义。设计师在服饰品设计中常常会融入这些美好祈愿，期望给佩戴者带来好运。

10.1.3 非遗文化“符号”要素的可辨识性

服饰品的款式、色彩、装饰纹样、工艺等，都打上了所属时代和所属民族的烙印，这个烙印就是非遗文化的“符号”。这个符号是一个民族区别于其他民族最显著的特征之一，它的形成和发展受这个民族生活地域的自然条件、生产方式、生产力发展水平、民族共同的审美观等多种因素影响。所以，服饰品上的非遗文化“符号”要素具有可被辨识性。在现代服饰品设计中非遗文化符号的融入可以使受众解读到其中蕴含的独特的文化内涵，由此产生经济价值。

10.1.4 服饰品设计与非遗文化传承

有形的、无形的还是群体记忆的，能够流传至今的非遗文化都是前人的杰作，它蕴含了不可替代的历史的、艺术的、科学的价值，其经过若干代人的保护和传承，甚至不断改造和创新而惠及后人。服饰品的变化历程见证了非遗文化世代相传的使命。为传承与发扬中华民族非遗文化，继承优秀的传统文化，对于服饰品设计师而言，取其精华，去其糟粕，努力创新，不断添加新的时代内涵和现代形式的表达，使中华民族最基本的文化基因与当代文化与现代社会相协调，只有这样的，民族文化才能真正源远流长，世代相传。

10.1.5 用服饰品讲好“自己民族的故事”

我国少数民族服饰中的一些图案通常蕴含着一段故事，一些图案与图腾崇拜有关，这些有趣的故事和图腾崇拜就形成了少数民族独特的图案题材。例如，苗族的“蝴蝶妈妈”，在苗族人的神话故事中，认为蝴蝶创造了人类，是人类的祖先，蝴蝶图案象征着重生以及苗族种族身份的延续，因而，蝴蝶图案经常出现在苗族服饰品的装饰上（图10.1）。黎族人“蛙”图腾崇拜，包括抽象的“青蛙纹”和具象的“蛙人纹”“祖公文”。黎族的蛙图腾崇拜是远古社会留下来的宗教观念，也是自然崇拜的观念，黎锦上的“蛙人纹”图案表达人们多子多孙的祝福（图10.2）。虎是彝族的原生图腾，虎图腾崇拜存在于彝族的历史传说和生活习俗中，彝语称虎为“罗”，约占彝族人口半数的一个支系自称“罗罗濮”，其义为“虎族”或“虎人”。彝族人民自认是“虎的民族”，他们在举行祭祖仪式时，用画有虎头的葫芦瓢来象征自己的祖先，虎图腾代表了彝族万物有灵的生命观和对大自然的尊重，对百兽之王力量的崇敬。虎图案四周环绕着彝族崇尚的火图腾，最外围则是火鸟和马樱花。这些图案代表了彝族人民对自然的尊重和对幸福生活的向往，这些也正是彝族火把节上的图腾。在当今的彝族人民生活中，服饰品中虎的图案随处可见（图10.3）。

图腾故事是人类创造的意识形态产物，每一个“故事”都有自己独特的历史和传承脉络。这些“故事”形成具有象征意味的图案，是一种特殊符号语言与艺术表达，它蕴藏着丰富的文化内涵、艺术魅力和审美情趣。非遗文化服饰品设计就是用服饰品讲好“自己民族的故事”。

图10.1 苗族的蝴蝶妈妈图案

图10.2 黎族的“蛙人纹”图案

图10.3 彝族的虎图腾

10.2 非遗文化传承的“可视”元素与文化特色

非遗文化传承的“可视”元素在服饰品中主要表达为服饰品的色彩、材质、工艺、款式、穿戴方式等方面。每一个民族都有自己的可视元素符号，这些“符号”就是这个民族的文化特色。

不同的民族有不同的服饰品用色习惯，其所表达的精神内涵不同。例如，苗族服饰品善于选用多种强烈的对比色彩，追求颜色的浓郁和厚重的艳丽感，多为红、黑、白、黄、蓝五种色彩搭配。侗族服饰品，喜用青、紫、白、蓝等色彩配合，通常以一种颜色为主，类比色为副，再用对比性颜色装饰。侗族服饰品用色主次分明，色调明快而恬静，柔和而娴雅。色彩在民间构成了以人为本的生活形态、多元的民族文化形态，也构成了各民族人民生活的精神依托。民族服饰品色彩是从自然色中加以提炼、变化而出，从而营造出一种艳丽多姿又与众不同的艺术效果。

不同的民族有不同的服饰工艺技艺，例如，国家级非物质文化遗产的苗族刺绣中的破线绣、马尾绣、锡绣都是其具有特色的代表性技艺；侗族的织布、染布技艺，其中“亮布”需要用蛋清或猪血涂布打磨，其工艺别具特色；黎锦为海南岛黎族民间织锦，黎锦以织绣、织染、织花为主，创造了多种织、染、绣技术；白沙县黎族人民有一种两面加工的彩绣，制作精美，多姿多彩，富有特色，有海南"双面绣"之美称。

不同的民族有不同的穿戴搭配方式。例如，苗族银饰。苗族银饰作为一种文化现象在历史上曾被许多民族青睐，成为多元文化交融的代表性服饰品。苗族银饰融合有来自南方少数民族的"耳档"，起源于北方少数民族的“跳脱”，以及从古代饰物中沿袭而来的“步摇”“五兵佩”和中国传统的龙、凤、鳞纹样等。苗族银饰以大为美，苗族大银角几乎为佩戴者身高的一半，足以体现苗族银饰独一无二的视觉特征。又如，布依族头饰。布依族妇女讲究头饰，婚前头盘发辫，戴绣花头巾；婚后则改用竹笋壳作“骨架”的专门饰样，名曰“更考”，意为成家人。黔西南安龙、兴仁一带妇女喜用有挑花绣装饰边缘的白布作头巾，戴各色绣花围腰，朴素无华，典雅大方。

非遗文化的“可视”元素与文化特色是服饰品设计的灵感源泉，设计师若立足于今天生活需要的服饰品设计，融合具有民族文化特色的“可视”元素，就会创造出更多的具有文化底蕴的服饰产品。创新是社会发展的动力，而文化遗产的一个基本功能是服务于文化创新，更好地服务于社会，为人们提供更多样的生活产品。

10.3 非遗文化元素服饰品的市场需求

非遗文化元素服饰品在当前的生活中有四种。① 收藏、把玩类服饰品。特点是传统技艺、手工制作，稀缺性的，强调文化价值。② 旅游纪念。特点是凸显地方文化特色。③ 新生活产品，由生活的改变增加的新品种，例如手机保护壳等。④ 文创服饰品。把现代生活服饰品融入一定的非遗文化元素，体现非遗文化内涵但保持和现代生活的融入度。上述四种服饰品由于受众不同、具体品种不同，在设计中还需要具体的详细分析，以便设计出对应需要的服饰品。

10.4 非遗文化传承与服饰品设计

非遗文化需要可持续发展，需要非遗文化的精神内涵加以活态传承，形成可以被利用的新内容和新形式。服饰品设计传承非遗文化不是对旧事物简单的重新装配和组合，不是对传统民族文化的肤浅理解和照抄，更不是用民族的东西来替代现代化，而是要将民族文化的精华、审美特征的精髓自觉地融入到现代设计理念中。

非遗文化不再是“束之高阁”的观赏对象，而是要走出“观赏”和“传统”的圈，以意想不到却又思之合理的突破传统运用手段的新方式和新理念出现在年轻人的视野，自由运用能使非遗文化焕发新生活力的一切方法，突破传统文化的窘境，突破现有的设计范畴，令民族文化在现代潮流中逆流而上，进入新一阶段创新应用的广阔可能。

设计是一种生活哲学和生活方式，设计的文化属性决定了设计是文明的延续。非遗文化服饰品设计的方法就是：讲好故事、突出特色、研究需要。

10.5 非遗文化传承与服饰品设计实例

10.5.1 抛花绣帽子

传承人胡运在东华大学学习期间结业课程完成的独立作业“抛花绣帽子”，是在任课教师傅婷老师（本书作者）指导下完成，2017年8月傅婷老师还专程到贵州省三都与抛花绣传承人胡运一起研究开发设计抛花绣产品，2017年10月傅婷老师代表东华大学和传承人胡运联合上海帽子设计师沈婕共同设计了抛花绣帽子《泳》《兽》《鸣》(图10.4~图10.6)。该系列帽子代表东华大学参加了：2017年11月15日上海大学"上海高校非遗培训成果联展"，2018年6月8日至6月26日北京恭王府的"中国非物质文化遗产传承人研修研习培训计划优秀成果展(上海高校专题)"(图10.7)2018年11月5日第一届中国国际进口博览会(图10.8)。

图10.4　抛花绣帽子《泳》

图10.5　抛花绣帽子《兽》

图10.6抛花绣帽子《鸣》

图10.7　参加北京恭王府的"中国非物质文化遗产传承人群研修研习培训计划优秀成果展（上海高校专题）"

图10.8　2018年11月5日第一届中国国际进口博览会

10.5.2　苗绣时装包

传承人胡运在东华大学学习期间介绍她的公司合伙人颜淑仪和傅婷老师认识，一起探讨传统刺绣创意产品设计，傅婷老师指导和参与了系列苗绣时装包“新颜系列时装包”的设计研发（图10.9苗绣时装包《回》、图10.10苗绣时装包《圆》）。该系列时装包代表东华大学参加了2018年6月8日至6月26日北京恭王府的“中国非物质文化遗产传承人群研修研习培训计划优秀成果展（上海高校专题）（图10.11）。

图10.9　苗绣时装包《回》

图10.10　苗绣时装包《圆》

图10.11 参加北京恭王府的“中国非物质文化遗产传承人群研修研习培训计划优秀成果展”（上海高校专题）

10.5.3 刺绣饰品

本书作者的学术研究方向是服饰品设计，结合自己的研究所长她和胡运团队一起研发设计刺绣饰品（图10.12），研发设计的刺绣饰品代表贵州省获得2019中国旅游商品大赛银奖（图10.13）。

图10.12 刺绣饰品

2019中国旅游商品大赛

证书

凤凰绣系列文创产品：

荣获“2019中国旅游商品大赛”银奖。

特颁此证。

中国旅游协会

二〇一九年四月二十七日

图10.13 研发设计的刺绣饰品代表贵州省获得2019中国旅游商品大赛银奖

10.5.4 刺绣格格旗袍娃娃

2017年6月以来傅婷老师一直和胡运团队交流探讨刺绣技艺创新方法，为了让这些技艺和方法产生价值，她们一起开发设计了刺绣格格旗袍娃娃（图10.4），该作品2019年5月获得了第十五届（深圳）国际文化博览交易会·中国工艺美术精品展，获中国工艺美术文化创意奖（图10.15）。

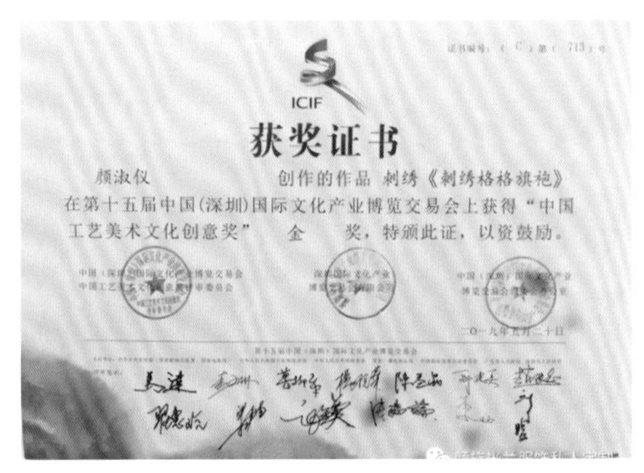
ICIF

获奖证书

颜淑仪 创作的作品 刺绣《刺绣格格旗袍》在第十五届中国(深圳)国际文化产业博览交易会上获得“中国工艺美术文化创意奖” 金 奖，特颁此证，以资鼓励。

二〇一九年五月二十日

图10.14 刺绣格格旗袍娃娃

图10.15 参加第十五届（深圳）国际文化博览交易会·中国工艺美术精品展，获中国工艺美术文化创意奖

10.5.5 刺绣衍生品设计·马尾绣茶具系列

传承人胡运在东华大学上傅婷老师“服饰品创意设计”课程学习中，结合傅婷老师讲到的“服饰品式样、材料、工艺和旅游商品融合的方法“——要结合当地特色和人们生活需要，课上胡运带来自己公司的产品马尾绣名片夹请教，傅婷老师给出修改完善产品的建议，胡运回到三都和团队一起完善改进了产品，马尾绣名片夹在2017年9月中国旅游协会举办的“中国特色旅游商品大赛”上获得2017中国特色旅游商品大赛银奖。三都是名茶三都毛

尖的产地，傅婷老师建议胡运和颜淑仪把刺绣和茶文化、茶用品结合开发产品，并且要结合材质特点改良工艺，设计出了马尾绣茶托，作品代表贵州省荣获2017“中国特色旅游商品大赛”金奖。作品参加了2018年6月8日至6月26日北京恭王府的“中国非物质文化遗产传承人群研修研习培训计划优秀成果展（上海高校专题）”。

为了拓展马尾绣在现代生活中的实用价值，傅婷老师从网袋、水果包装中汲取灵感和胡运、颜淑仪一起研发设计制作了马尾绣茶杯套和配套茶旗。作品马尾绣茶具系列（图10.16、图10.17）参加了2018年6月8日至6月26日北京恭王府的“中国非物质文化遗产传承人群研修研习培训计划优秀成果展（上海高校专题）马尾绣茶托获2017“中国特色旅游商品大赛”金奖。

图10.16　马尾绣茶具系列

2017中国特色旅游商品大赛

证书

纯手工青铜浅金马尾绣枫叶形状茶托

荣获“2017中国特色旅游商品大赛”金奖

特颁此证。

中国旅游协会

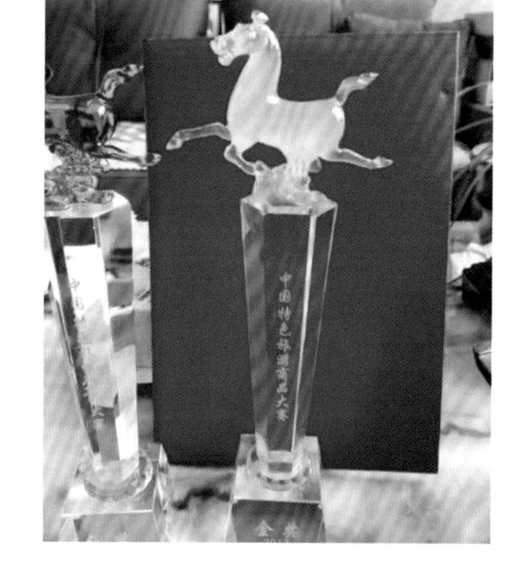

图10.17　马尾绣茶托获得2017“中国特色旅游商品大赛”金奖

参考文献

［1］许星. 服饰配件艺术.3版［M］. 北京：中国纺织出版社，2009.

［2］（法）奥利维埃·杰瓦尔. 时尚手册:服饰配件设计.二［M］. 北京：中国纺织出版社, 2000. 治棋 译

［3］郭丽. 服饰品创新设计［M］. 北京：清华大学出版社, 2012.

［4］马蓉. 服饰品设计［M］. 北京：中国轻工业出版社, 2001.

［5］刘晓刚. 流程.决策.应变——服装设计方法论［M］. 北京：中国纺织出版社, 2009.

［6］李俊. 服装商品企划学［M］. 北京：中国纺织出版社, 2010.

［7］吴静芳. 服装配饰学［M］. 上海：东华大学出版社, 2004.

［8］陈彬. 时装设计风格［M］. 上海：东华大学出版社, 2009.

［9］刘晓刚. 品牌服装设计［M］. 上海：中国纺织大学出版社, 2001.

［10］吴翔. 设计形态学［M］. 重庆：重庆大学出版社, 2008.

［11］（英）斯图尔特·克雷纳. 创新的本质［M］. 李月，徐雅楠，李佳胥译. 北京：人民大学出版社出版, 2017.

［12］王昀, 刘征, 卫巍. 产品系统设计［M］. 北京：中国建筑工业出版社, 2018.

［13］（美）爱德华·克劳利. 系统架构［M］. 爱飞翔译. 北京：机械工业出版社出版, 2018.

［14］（美）Dallen J.Timothy. 文化遗产与旅游［M］. 孙业红译. 北京：中国旅游出版社出版, 2014.

［15］（瑞士）布鲁诺·S弗雷. 艺术与经济学［M］. 易晔，郝青青译. 北京：商务印书馆出版, 2017.

［16］（英）大卫·赫斯蒙德夫. 文化产业［M］. 张菲娜译. 北京：人民大学出版社出版, 2016.

［17］潘天波. 试论《淮南子》之用漆科学思想［J］. 创意与设计, 2018, 55(02):37-42.

［18］上海民族民俗民间文化博览会组委会. 解读中华元素：上海文化论坛文集［M］. 上海：上海锦绣文章出版社, 2009.

［19］张杰. 世界文化遗产保护与城镇经济发展［M］. 上海：同济大学出版社, 2013.

［20］海南省博物馆. 海南省博物馆研究文集［M］. 北京：科学出版社, 2011.